"十四五"职业教育国家规划教材

软件开发人才培养系列丛书

U0734201

郭炜◎编著

Python

程序设计

基础及实践

慕课版｜第2版

人民邮电出版社

北 京

图书在版编目（CIP）数据

Python程序设计基础及实践：慕课版 / 郭炜编著
. -- 2版. -- 北京：人民邮电出版社，2024.8
（软件开发人才培养系列丛书）
ISBN 978-7-115-64147-2

Ⅰ．①P… Ⅱ．①郭… Ⅲ．①软件工具－程序设计
Ⅳ．①TP311.561

中国国家版本馆CIP数据核字(2024)第068859号

内 容 提 要

本书是一本零基础、重实践、大广度的 Python 编程教材。本书覆盖面广，包括计算机基础知识、
Python 的基本要素和语法、Python 生态、正则表达式、数据分析和可视化、网络爬虫、面向对象程序设
计、tkinter 图形界面程序设计等内容。本书还专门用一章的篇幅讲述基础算法，让读者初学编程就牢固
建立计算思维。

本书大量例题、习题来自北京大学开放在线程序评测平台 OpenJudge，例题、习题与当下许多软件
和互联网公司招聘面试题的形式相同，非常适合作为强调就业导向、强调高标准实践性的教学改革的配
套教材。

本书可作为高等职业院校计算机类专业的教材，文、理、艺术等各类专业的零基础学生亦可以学习
并掌握本书大部分内容，余下 10%的内容则面向计算机类专业学生。即便是已经学过其他程序设计语言
的计算机类专业学生，也可以通过本书来快速掌握 Python 语法及各种库的使用方法。

本书配套电子资源十分丰富，包括程序源代码、重点难点讲解视频、课程讲义、习题答案等。此外，
作者在中国大学 MOOC（慕课）开设的"实用 Python 程序设计"课程，提供了覆盖全书 90%内容的视
频讲解。

◆ 编　著　郭　炜
　　责任编辑　刘　博
　　责任印制　陈　犇
◆ 人民邮电出版社出版发行　　北京市丰台区成寿寺路 11 号
　　邮编　100164　　电子邮件　315@ptpress.com.cn
　　网址　https://www.ptpress.com.cn
　　三河市君旺印务有限公司印刷
◆ 开本：787×1092　1/16
　　印张：16.25　　　　　　　　　　2024 年 8 月第 2 版
　　字数：393 千字　　　　　　　　2025 年 6 月河北第 4 次印刷
定价：59.80 元
读者服务热线：(010)81055256　印装质量热线：(010)81055316
反盗版热线：(010)81055315

党的二十大报告中提到："教育、科技、人才是全面建设社会主义现代化国家的基础性、战略性支撑。"在教育改革、科技变革等背景下，程序设计领域的教学发生着翻天覆地的变化。

毋庸置疑，Python 是目前十分适合编程入门的程序设计语言，也是十分适合非计算机专业人士使用的计算机语言。即便对于专业程序员，Python 也是强有力的开发工具，是日常编写一些小工具的首选语言。

作者自 2019 年起在北京大学讲授以 Python 作为程序设计语言的"计算概论""问题求解与程序设计""数据结构与算法"课程，编写出版过 Python 程序设计和基于 Python 的数据结构与算法教材，对 Python 编程教学有丰富的经验和深刻的理解。通过对高等职业院校 Python 程序设计课程进行调研，作者编写了本书。本书是高等职业院校的编程入门教材，也适合社会各界人士自学使用。

作者认为，学习程序设计，在入门阶段就应该培养严谨、缜密的编程习惯。因此，作者在本书中基于北京大学开放在线程序评测平台 OpenJudge 讲解例题、设置习题。如今，大多软件和互联网公司在招聘时均会依托在线程序评测平台来考察面试者的编程能力，本书作为教材很好地适应了这种要求。

作者认为，如今程序设计课程的教学改革中，极为重要的一个方面就是应该让学习者在入门阶段就牢固建立计算思维。拥有计算思维的最重要表现之一，就是编程时不但要追求正确，还应当意识到正确的程序也有效率上的巨大差别，算法不佳的程序，即便正确，也可能因效率太低而完全不能解决问题。故本书专门用一章的篇幅来介绍枚举、二分、递归这 3 种基本的算法思想。虽然设计好的算法提高程序运行效率是后续数据结构等课程的内容，但作为初学者，不应该缺乏时间观念，随手写出一些降低程序运行效率的代码——例如用 Python 编程时本可以用集合进行查找的场合，却使用列表进行查找。对此，本书在算法章节引入时间复杂度的概念，并总结、强调在 Python 中各种常见操作的时间复杂度，让学习者在编程时随时关注程序的运行效率。

本书不但汇集作者多年 Python 教学的经验，还体现作者从事程序设计和算法教学 20 余年、从事商业软件开发 20 余年，以及担任北京大学程序设计竞赛队教练 10 年的心得体会。本书是一本从零到多方面掌握 Python 的教材，具有零基础、重实践、大广度 3 个特点。

一、零基础

本书对零基础学习者非常友好。除了内容从基础开始，本书还特意指出了作者在教学中收集的零基础学习者常犯的各种错误，比如标点符号输入成中文全角等。有了本书中设置的"常见错误"提示，初学者会少踩许多"坑"。

二、重实践

本书围绕北京大学开放在线程序评测平台 OpenJudge 进行教学，要求学习者必须实打实地编写出能解决问题的无隐错程序，而不是纸上谈兵地应付语法知识点考试，因而用本书作为教材，非常有助于提升课程的实践性。再以 Python 的一大优势应用场景——网络爬虫开发为例，大部分教材只介绍基于 requests 库的基础爬虫技术，然而在实践中，许多网站有反爬虫措施、大部分网页是包含 JavaScript 程序的动态网页、很多网站需要登录以后才能看到有用信息……对于这些情况，基础的爬虫技术均无法应对。本书则讲解高效且反反爬能力极强的 pyppeteer 技术，真正做到学则能用。另外，图形界面基本上是实用软件的必备特征，然而大部分 Python 入门教材并未涉及。本书用精练的叙述和样例介绍 tkinter 图形界面开发库，让学习者付出极少学习成本即可编写有图形界面的 Python 程序。

三、大广度

本书覆盖面非常广。除了基本的 Python 语法，本书还包括正则表达式、网络爬虫、图形界面等许多 Python 教材不涉及的内容。对 Python 第三方库的使用，本书亦介绍甚多，涵盖数据分析库 pandas、图像处理库 Pillow、绘图库 turtle、网络爬虫库 pyppeteer、数据可视化库 Matplotlib、分词库 jieba 等。本书专门用一章的篇幅讲述算法基础，让学习者初学编程就牢固建立计算思维。

本书少部分较难的章节内容以及习题带有"★"标记，属于较高要求内容，读者和教师可根据实际情况进行取舍。

除内容的 3 个特点以外，本书还配套十分丰富的电子资源，包括课程讲义，精心编写、风格简洁的程序源代码，习题答案，以及重点难点讲解视频等，读者扫描书中二维码即可观看视频。本书配套的慕课是中国大学 MOOC（慕课）平台上作者讲授的"实用 Python 程序设计"课程，覆盖全书 90%的内容。本书大部分例题、习题可以在"北京大学开放在线程序评测平台 OpenJudge"的"程序设计实习 MOOC"小组中的"Python 程序设计基础及实践（慕课版）教材题集"比赛中找到。例题、习题后面的编号如"P0410"就是题目在比赛中的编号。

在编写本书的过程中，作者得到了北京大学信息科学技术学院刘志敏老师的大力支持和鼓励，在与唐大仕、邓习峰等课程组教师的交流讨论中也颇受启发，在此表示感谢！

由于作者水平有限，书中难免存在不足和疏漏之处，恳请读者批评指正。读者可以通过 guo_wei@pku.edu.cn 与作者沟通、交流。

郭炜

于北京大学信息科学技术学院

2024 年 4 月

目录
Contents

第 1 章

计算机基础知识

开始学习编程之前，必须了解一些计算机的基础知识，否则很可能不知其然，更不知其所以然。

1.1 信息在计算机中的表示和存储

1.1.1 用 0 和 1 表示信息

在计算机内部，所有的信息都是用 0 和 1 表示的。计算机的电路可以看作由一个个开关组成，开关只有关和开两种状态，正好对应 0 和 1。因此，在计算机里，用 0 和 1 表示和存储各种信息十分方便。

位（bit）是计算机用来存储信息的最小单位。1 位可以由计算机电路里的 1 个开关来表示或存储，它只有两种取值：0 或 1。8 位组成 1 个字节（Byte）。

实际上，人们可以只用 1 和 0 表示和传播各种信息。假设事先约定好，用 8 个连续的 0 或 1（即 1 个字节）来表示一个字母、数字或标点符号，比如用 "00100000" 表示空格，用 "01100001" 表示字母 "a"，用 "01100010" 表示字母 "b"，用 "01100011" 表示字母 "c"……8 个连续的 0 或 1 组成的串一共有 2^8 即 256 种不同的组合，这就足以表示 10 个阿拉伯数字以及英语中用到的所有字母和标点符号。因此，在遵循相同的约定的情况下，一个人可以只用 0 和 1 来写文章，他的读者只需把每 8 个 0 或 1 翻译成一个字母、数字或标点符号，就能将这篇文章翻译成英文。

当然，在用 0 和 1 写的文章和普通文章之间转换是非常麻烦的。但是计算机不怕麻烦，所以，在计算机中，文章就是按上述的类似规则用 0 和 1 来表示并存储的。用 0 和 1 表示字母、汉字等字符可以有不同的规则或方案，这些规则或方案叫作"编码"。常见的编码有 ASCII、Unicode 等。ASCII 就是用 1 个字节来表示数字、字母、标点符号的一种编码。

即便是一幅图，也可以只用 0 和 1 来表示。很多个不同颜色的点集合在一起，就能形成一幅图。只要这些点挨得非常密，人眼就不会感觉出图是由一个个点组成的。我们常说一台数码相机是 1000 万像素的，指的就是用它拍出的照片是由大约 1000 万个不同颜色的点（像素）组成的，这些点可以组成如 3900 行、2600 列的点阵。那么如何只用 0 和 1 来表示这样一幅图呢？假定只有 256 种（当然实际上可以更多）颜色可以用来画图，那么图上的每一个像素就只能是这 256 种颜色中的一种。我们可以用 1 个字节给这 256 种颜色编号，比如用 "00000000" 表示第 1 种颜色，用 "00000001" 表示第 2 种颜色……图上每一行有 2600 个点，每个点的颜色用 1 个字节表示，那么一行所有的点就可以用 2600 个字节表示，从左往右数第 1 个点对应第 1 个字节、第 2 个点对应第 2 个字节……这样整幅图就可以用 0 和 1 表示出来。在计算机以及数码相机中，照片就是按上述的类似规则用 0 和 1 来表示并存储的。只要不嫌麻烦，人们也可以根据上述办法，用 0 和 1 画出一幅图，比如一幅别人看不懂的秘密地图，收到这幅地图的人根据事先约定好的对应规则，可以用颜料在画布上把所有点描绘出来，最终得到一幅普通的地图。

计算机执行的程序，即机器指令的集合，也是由 0 和 1 构成的。

总而言之，计算机中的信息都是用 0 和 1 来表示和存储的。内存、硬盘、光盘、U 盘上存放的各种可执行程序、文件、照片、视频、音乐，本质上都是一样的，都是 0-1 串。不过，它们有不同的格式，即约定的某种信息对应到 0 或 1 的规则。根据不同的格式，计算机能将图片、声音、视频等用 0 和 1 来存储，以及根据 0 和 1 还原出原来的东西。

1.1.2　二进制和十六进制

我们日常使用的是十进制数。准确地说，"十进制数"是"数的十进制表示形式"的简称。数就是数，只有大小之分，没有进制之分。只有数的表示形式，才有进制之分。正如相对论就是相对论，没有中文相对论和英文相对论之分，只有相对论著作，即相对论的表示形式，才有中文版和英文版之分。

二进制和十六进制

十进制数有 10 个数字，即 0～9。之所以会使用十进制数，是因为人有 10 根手指。如果人有 12 根手指，那么现在大家使用的就会是十二进制数，而不是十进制数。计算机使用二进制数，因为它只有 2 根"手指"——其电路开关只有开和关两种状态。

原始人数数时，10 根手指数不过来了，就在别处记下"我已经用 10 根手指数过一遍"这件事（比如让第 2 个人伸出 1 根手指），然后第 2 遍又从 1 开始数。这就是十进制数的"逢十进一"。

K 进制数（就是数的 K 进制表示形式），就是"逢 K 进一"。假设有一个 $(n+1)$ 位的 K 进制数，它的形式如下：

$$A_nA_{n-1}A_{n-2}\cdots A_2A_1A_0$$

那么这个数到底有多大呢？答案就是：

$$A_0 \times K^0 + A_1 \times K^1 + \cdots + A_{n-1} \times K^{n-1} + A_n \times K^n$$

比如 5 位十进制数 19085，实际上就等于 $5 \times 10^0 + 8 \times 10^1 + 0 \times 10^2 + 9 \times 10^3 + 1 \times 10^4$。

二进制数"逢二进一"，只能包含 0 和 1 两个数字。如何将一个二进制数转换成我们熟悉的十进制数呢？还是用上面提到的原理。表 1.1.1 列出了一些二进制数转换为十进制数的例子。

表 1.1.1　一些二进制数转换为十进制数的例子

二进制数	转换计算过程	对应的十进制数
0	0×2^0	0
1	1×2^0	1
101	$1 \times 2^0 + 0 \times 2^1 + 1 \times 2^2$	5
10110	$0 \times 2^0 + 1 \times 2^1 + 1 \times 2^2 + 0 \times 2^3 + 1 \times 2^4$	22

十六进制数应该包含 16 个数字，但是阿拉伯数字只有 10 个，于是引入"A""B""C""D""E""F" 6 个字母（小写亦可），作为十六进制的数字来使用。"A"代表十进制的 10，"B"代表十进制的 11……"F"代表十进制的 15。因此，十六进制数就是由阿拉伯数字加 6 个字母组成的。表 1.1.2 列出了一些十六进制数转换为十进制数的例子。

表 1.1.2　一些十六进制数转换为十进制数的例子

十六进制数	转换计算过程	对应的十进制数
0	0×16^0	0
1	1×16^0	1
A	10×16^0	10
10	$0\times16^0+1\times16^1$	16
100	$0\times16^0+0\times16^1+1\times16^2$	256
AFD2	$2\times16^0+13\times16^1+15\times16^2+10\times16^3$	45010

由于信息在计算机内都是以二进制数的形式表示的，所以在计算机学科的学习和实践中我们经常要用到二进制数，这样才能直观地看出某项数据的各位都是什么。但是，由于二进制数的位数太多，写起来和看起来比较复杂，解决这个问题的办法就是用十六进制数。4 位二进制数的取值范围是 0000 ~ 1111，即十进制的 0 ~ 15、十六进制的 0 ~ F。因此，十六进制数的 1 位就正好对应二进制数的 4 位。十六进制数和二进制数的相互转换非常直观、容易，不需要做算术运算，十六进制数写起来很短，所以十六进制数用起来比二进制数更为方便。二进制数转换成十六进制数的方法，就是从右边开始，依次将每 4 位转换成 1 个十六进制位。十六进制数转换成二进制数的方法，就是从右边开始，依次将每 1 位转换成 4 个二进制位，转换结果不足 4 位的，要在左边补 0 凑齐 4 位（最左边一位转换时不用补 0）。表 1.1.3 列出了一些二进制数和十六进制数对照的例子（为了易于理解，二进制数每 4 位之间用空格隔开）。

表 1.1.3　一些二进制数和十六进制数对照的例子

二进制数	十六进制数
0	0
1	1
101	5
1010	A
1111	F
100 1101	4D
111 1100 0101 1111	7C5F

如何将一个十进制数转换成二进制数或十六进制数呢？有通用的办法，叫作"短除法"。给定一个整数 N 和进制 K，那么 N 一定可以表示成以下形式：

$$N=A_0\times K^0+A_1\times K^1+A_2\times K^2+\cdots+A_{n-1}\times K^{n-1}+A_n\times K^n$$

上面式子中，$A_i<K$（$i=0,\cdots,n$），且 A_n 不为 0。

那么，N 的 K 进制形式就是 $A_nA_{n-1}\cdots A_2A_1A_0$，关键是如何求 A_0……A_n。

N 除以 K 所得到的余数是 A_0，商是 $A_1+A_2\times K^1+\cdots+A_{n-1}\times K^{n-2}+A_n\times K^{n-1}$。将这个商再除以 K，就得到余数 A_1，新的商是 $A_2+A_3\times K^1+\cdots+A_{n-1}\times K^{n-3}+A_n\times K^{n-2}$。如此不停地将新得到的商除以 K，直到商变成 0，就能依次求得 A_0、A_1、A_2……A_{n-1}、A_n。显然，$A_i<K$（$i=0,\cdots,n$），

那么，A_i 就可以用一个 K 进制的数字表示出来（例如，若 $K=16$，$A_0=15$，那么 A_0 可以用十六进制的 F 表示）。

下面演示用短除法求 32 的三进制表示形式的过程。

32 除以 3，商为 10，余数为 2

10 除以 3，商为 3，余数为 1

3 除以 3，商为 1，余数为 0

1 除以 3，商为 0，余数为 1

商为 0 时短除法停止。此时将所得余数按照从后往前的顺序排列，可得 1012，这就是 32 的三进制表示形式。如果求二进制表示形式，则只需每次都除以 2。

关于 K 进制小数的说明，请扫描二维码观看视频。

K 进制小数

1.2 计算机程序设计语言

1.2.1 机器语言

计算机能够执行的指令叫作机器指令。机器指令完全由 0 和 1 构成。一台计算机有哪些机器指令，每条机器指令是什么格式以及用于实现什么功能，是由 CPU（中央处理器）的设计者事先定好的，这就叫指令系统。由机器指令组成的程序叫作可执行程序。例如，完成一次加法运算的几条机器指令可能如下：

```
1000 0001 0000011000000000
1000 0010 1000000000000000
1100 0001 0010
1001 0001 0000110000000000
```

上面的每条机器指令都是二进制数。高四位（左边为高，右边为低）代表机器指令所要进行的操作，比如加法、乘法、将数据从内存复制到寄存器或将数据从寄存器复制到内存等。其余的部分表示要进行操作的对象。CPU 进行各种运算，都需要先将数据从内存复制到 CPU 中的寄存器，然后通过寄存器进行运算。

上面第一条指令中，高四位"1000"表示要进行将数据从内存复制到寄存器的操作；"0001"表示要将数据复制到 1 号寄存器（寄存器有多个）；"0000011000000000"表示数据来源于内存地址 0000011000000000。不妨假定寄存器的宽度是 16 位，那么有 16 位的数据被复制。

同理，第二条指令表示要把内存地址 1000000000000000 处的数据复制到 0010 号即 2 号寄存器。

第三条指令中，高四位的"1100"表示要进行加法操作，相加的两个数分别位于 1 号寄存器和 2 号寄存器，操作结果放到 1 号寄存器里。

第四条指令中，高四位的"1001"表示要进行将寄存器的内容复制到内存的操作。后面的部分表示要将 1 号寄存器的内容复制到内存地址 0000110000000000 处。

上面 4 条指令完成了将内存地址 0000011000000000 和 1000000000000000 处的两个 16 位二进制数相加，并且将结果放到内存地址 0000110000000000 处。

用上面的办法编写程序，编写的是计算机能够理解的 0-1 串，即机器指令，因此这也被称作用机器语言编程。

在只有机器语言的时代，程序员不得不记住每一条指令的格式。写一段两个数相加的程序，就要像前面那样编写，同时还要确定相加的两个数应该放在内存的哪个位置，相加的结果又放在哪里，实在是非常麻烦。而且，早期的计算机没有键盘，所谓编写程序，就是在纸质卡片上打孔，打孔的地方就是 0，没打孔的地方就是 1，一排孔就是一条指令，然后用专门的读卡器将卡片上的程序读入计算机的内存再运行。

1.2.2 汇编语言

机器语言用起来非常麻烦，因为要记住每个操作所对应的指令是一件很困难的事。于是汇编语言出现了。汇编语言和机器语言的主要区别，就是将机器指令中难记的操作代码用直观的英文"助记符"来代替，比如用"ADD"代替表示要进行加法操作的"1100"，用"MOV"代替表示要进行复制数据操作的"1000"和"1001"，甚至用"AX"代替 1 号寄存器，用"BX"代替 2 号寄存器。此外，还有加标点符号、用十六进制数替代二进制数等改进。1.2.1 节中的机器语言程序，可以用汇编语言编写成如下形式：

```
MOV   AX,0600
MOV   BX,8000
ADD   AX,BX
MOV   AX,0C00
```

显然，这比机器语言程序易写、易懂。

在"汇编语言时代"，程序员已经可以通过键盘编写程序，再由专门的汇编器将汇编程序编译成由机器指令组成的可执行程序。一般来说，一条汇编指令对应一条机器指令。

1.2.3 高级语言

汇编语言虽然比机器语言方便得多，但用起来依然麻烦，程序员必须对计算机的指令系统乃至硬件很了解，比如知道有几个寄存器，还要记住每条汇编指令的格式。而且，用汇编语言编写的程序，是和具体的计算机系统紧密相关的，其很难在不同的计算机系统上运行。比如，用汇编语言编写的运行在 Intel 80x86 上的程序，就几乎不可能在苹果公司的 iPhone 上运行。

人们既希望能用比较接近自然语言的语言来编写程序，又不想考虑把数据放到哪个内存地址、什么时候把数据复制到寄存器里这些和硬件相关的细节，甚至根本不想知道计算机有几个寄存器。而且，人们还希望编写的程序能在不同的计算机系统上运行。于是，高级语言应运而生。高级语言有点接近自然语言。用高级语言编写前面提到的加法运算程序，只需类似下面的这条语句：

```
c = a + b
```

如果想从键盘输入 a、b 的值，在 a、b 相加后输出结果，那么用下面的几条语句就可以完成：

```
input a
input b
c = a + b
print c
```

input 表示输入数据，print 表示输出数据。输入数据和在屏幕上输出结果是一个很复杂的过程，如果用汇编语言编写程序，可能需要几十条甚至上百条语句，但是用高级语言来完成，一条语句就能做到，而且直观、易懂、易记。

不同的高级语言有不同的语法，并不是每种高级语言输入、输出以及做加法运算的语句都像上面的短程序那样。

之所以高级语言用起来如此方便，是因为有编译器或解释器的支持。编译器和解释器都是将高级语言程序编译成机器语言程序的软件，但是工作方式有所不同。需要编译器支持的高级语言，称为编译型语言；需要解释器支持的高级语言，称为解释型语言。

编译器可以将高级语言程序转换成由机器指令组成的计算机可执行文件。这样的转换只需要做一次。可执行文件可以被分发到不同计算机上，不需要编译器就能独立运行。编译的过程可以类比为笔译，编译结果可以脱离翻译员被使用。常见的编译型语言有 C 语言、C++语言等。

解释器会将高级语言程序载入内存，在内存里逐条将高级语言语句解释成机器指令，然后执行。解释器对高级语言程序的处理，是边解释边执行，可以类比为同声传译。因此，用解释型语言编写的程序不可以独立运行，运行时必须有解释器的支持。由于程序是边解释边执行的，所以一般来说，用解释型语言编写的程序明显比用编译型语言编写的程序运行得慢。而且，要分发用解释型语言编写的程序，需要将解释器和程序一起打包后再分发，或者要求分发的目标计算机上必须安装有解释器。解释型语言种类繁多，比如 Java、Python、PHP、JavaScript 等。

用高级语言编写的程序与硬件以及操作系统的关系不是非常密切，因此在一个系统中编写的高级语言程序经过一定的改动，并且经过针对其他系统的编译器编译后，是可以在其他系统上运行的，这个过程叫作程序的"移植"。我们经常看到同一个软件有针对不同系统的版本，比如《植物大战僵尸》游戏，不仅有 Windows 版，还有 iPad 版、Android 版，这就是程序经过移植的结果。移植的工作量是很大的，但比针对每个系统都重新编写程序省事得多。

用 Python 编写的程序在 Windows、macOS 和 Linux 上可以互相移植，几乎不用做什么修改，只要有针对不同系统的 Python 解释器支持即可。

1.2.4　Python 简史

Python 的发明人是生于 1956 年的荷兰程序员吉多·范罗苏姆（Guido van Rossum）。1982 年，吉多在荷兰阿姆斯特丹大学获得数学和计算机科学硕士学位，后来在荷兰和美国的一些研究机构工作过，也曾加入 Google 公司和 Dropbox 公司，2020 年又加入微软公司。2006 年，吉多被美国计算机协会（ACM）认定为著名工程师。

吉多于 1989 年底开始创造 Python。那时他正好在读一本 Monty Python 喜剧团的剧本，觉得"Python"这个名字又酷又好记，Python 语言因此得名。第一个公开发行的 Python 版本是 1994 年发布的，2000 年 Python 2.0 发布，2008 年 Python 3.0 发布。Python 3.x 的语法与 Python 2.x 及以前版本都不兼容，即 Python 2.x 的程序在 Python 3.x 环境中无法运行。本书写作时 Python 的最新版本是 3.12。

Python 在早期发展得并不顺利，主要原因就是慢。Python 是解释型语言，用它编写的程序的运行速度比较慢，在计算机性能不够高的时代，这是一个严重的问题。随着计算机硬件的运行速度越来越快，Python 的短板变得越来越无关紧要，从 2014 年开始 Python 迎来了井喷式发展，目前其市场份额已几乎赶超 C 语言和 Java，成为流行的程序设计语言。

　　Python 流行的第一个原因是易学、易上手。Python 语法简单、简洁且自然，不容易理解的概念和细节相对较少，非常适合非计算机专业人士学习。用 Python 编写的程序明显比用 C++、Java 等语言编写的程序更简短。

　　Python 流行的第二个原因是其有数量远超其他语言的、功能繁多的第三方库。这些库大多数可以免费使用。如果把编写程序比作造汽车，用 C++、Java 等语言编写程序，相当于要从头造轮子、发动机、变速箱等部件；而用 Python 编写程序，由于可用的库很多，相当于各种部件都是现成的，只要把它们拼装起来就能造出一辆汽车。用 Python 进行软件开发，工作效率往往是用其他语言的数倍甚至数十倍。因此，Python 界有句名言："人生苦短，我用 Python。"对于非计算机专业人士来说，用 Python 编程绝对是不二之选。

1.3　习题

1. 下面 4 个整数中，_____（下标代表数的进制）超出了一个字节的表示范围。
   A. $(231)_{10}$　　　　B. $(257)_{8}$　　　　C. $(102)_{16}$　　　　D. $(111)_{2}$
2. 请写出十进制数 3732 的二进制和十六进制表示形式。
3. 请写出二进制数 011 1010 0011 的十六进制和十进制表示形式。
4. 请写出十六进制数 6DA8 的十进制和二进制表示形式。
5. 八进制数会是什么样的？请写出十进制数 3732 的八进制表示形式。
6. 汇编语言为何比机器语言方便？
7. 编译型语言和解释型语言有何不同？优劣对比如何？

第2章 Python 的基本要素

2.1 Python 开发环境的搭建

可以到 Python 的官网下载 Python 的安装包，其中针对 macOS 和 Windows 系统有不同的版本。一般来说，适用于 Windows 系统的是 64 位的版本。安装包的名字类似：

macOS 64-bit universal installer

Windows installer (64-bit)

访问国外的网站一般都很慢，仅打开网页可能就要几分钟，要耐心等待。

并非下载好安装包后就可以使用 Python，必须运行安装包进行安装。安装 Python 开始界面如图 2.1.1 所示，当然版本号会有所不同。

Python 开发环境的搭建

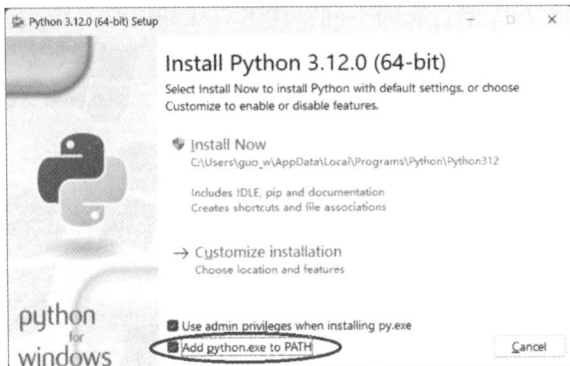

图 2.1.1　安装 Python 开始界面

注意要勾选下方的两个复选框，**尤其是 "Add python.exe to PATH" 复选框。否则在后续安装的集成开发环境 PyCharm 中可能找不到 Python 的解释器。**

单击 "Install Now"，用默认方式安装即可。如果要自定义安装，注意最好不要将 Python 安装到名称为中文名的文件夹下。在 Windows 中，默认情况下 Python 会被安装在类似下面的文件夹下：

C:\Users\guo_w\AppData\Local\Programs\Python\Python312

Users 文件夹在 Windows 资源管理器中显示为 "用户" 文件夹，guo_w 是用户名，每台计算机都不一样。运行该文件夹下的 python.exe 就可启动 Python 的解释器。

在 Python 官网下载的 Python 3.x 只是 Python 的解释器，虽然有了它就可以进行 Python 程序的编写和运行，但是不够方便。建议使用 PyCharm 这个 Python 的集成开发环境来编写程序。

在 PyCharm 官网可以下载 PyCharm。建议下载带"Community"标志的版本，因为它是免费的。带"Professional"标志的版本则是收费的。

安装 PyCharm 时使用默认的文件夹即可。如果要指定安装的文件夹，应注意不要指定名称包含中文的文件夹。

安装过程中出现图 2.1.2 所示界面时，将所有复选框都勾选。

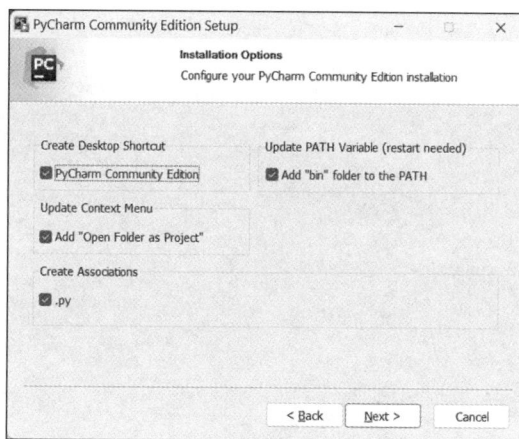

图 2.1.2　PyCharm 安装界面

此后用默认的设置，单击"OK"或"Next"按钮完成安装。

安装好 PyCharm 后运行 PyCharm。第一次运行 PyCharm 会出现"Welcome to PyCharm"界面，在该界面中单击"New Project"，进入图 2.1.3 所示界面，新建一个工程。Python 程序必须被包含在一个工程中才可以被 PyCharm 运行。一个 Python 程序就是一个扩展名为".py"的文件。一个 PyCharm 工程中可以包含多个.py 文件，并且可以独立运行这些.py 文件。编程的时候，可以为每一个程序写一个.py 文件，并且把这些文件都放在同一个工程中。

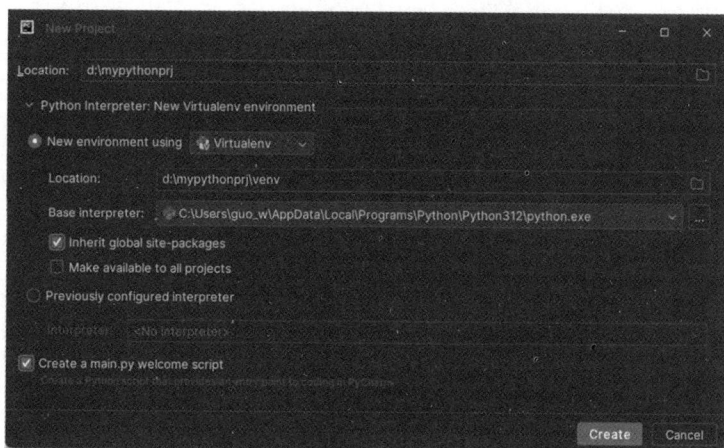

图 2.1.3　在 PyCharm 中新建工程

在图 2.1.3 所示的界面中，在上方的"Location"文本框中输入要将工程建在哪个文件夹，下方的"Location"文本框中的内容会自动做相应修改。

"Base interpreter"下拉列表框用以指定 Python 解释器 python.exe 的位置。只有在图 2.1.1 所示的界面中勾选"Add python.exe to PATH"复选框，此处才会列出 Python 解释器的位置。如果没有列出，那么可以卸载 Python 并重新安装，再重新启动 PyCharm。若同时安装了多个版本的 Python，比如先安装了 Python 3.10，然后安装了 Python 3.12，则该下拉列表框中会包含多个 Python 解释器。选择需要的 Python 解释器即可。

注意勾选"Inherit global site-packages"复选框。然后单击"Create"按钮，即可完成新建工程，进入图 2.1.4 所示的界面。

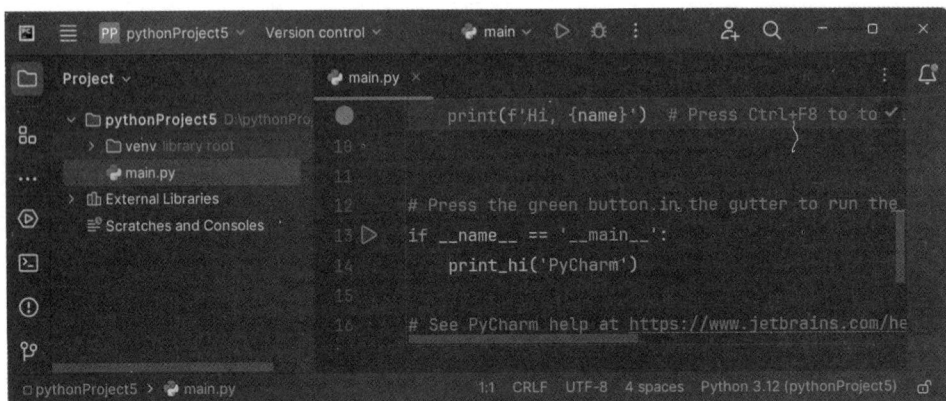

图 2.1.4　PyCharm 新建工程成功

新建的工程包含一个 PyCharm 自动生成的 main.py 文件，可以新建.py 文件来编写程序，也可以删掉 main.py 文件原有的内容，在 main.py 文件中编写程序，然后单击界面上方的 ▷ 运行程序。

第二次及以后运行 PyCharm，就不会出现"Welcome to PyCharm"界面，而是直接进入图 2.1.4 所示的界面。如果还想要新建工程，先单击左上角的 ☰ 图标，然后单击"File"→"New Project"即可进入图 2.1.3 所示界面新建一个工程。

新建工程完成后，按以下步骤编写并运行程序。

（1）单击"File"→"New"，选择"Python File"，输入任意文件名。这样程序文件会以.py 作为扩展名保存。注意，程序文件必须以.py 作为扩展名保存，否则无法运行。

（2）编写程序。写好后单击"Run"运行程序。如果同时打开了多个.py 文件，则右击上方的某个.py 文件名（假设为 test.py），则在弹出的菜单中单击"Run test"就可以运行程序 test.py。运行过的程序的名称会显示在窗口上方偏右处，如图 2.1.5 所示。若要再次运行它，只需要单击其右边的绿色三角图标即可。

（3）程序的输出结果显示在图 2.1.5 所示界面下方的窗格中。如果程序运行时需要输入，也可以在该窗格中进行输入。

还有一种运行 Python 程序的方式，叫作"命令行方式运行"。在 Windows 上，按 Win+R 组合键，会弹出图 2.1.6 所示的"运行"对话框。

输入"cmd"，按 Enter 键，就会进入图 2.1.7 所示的命令提示符窗口。

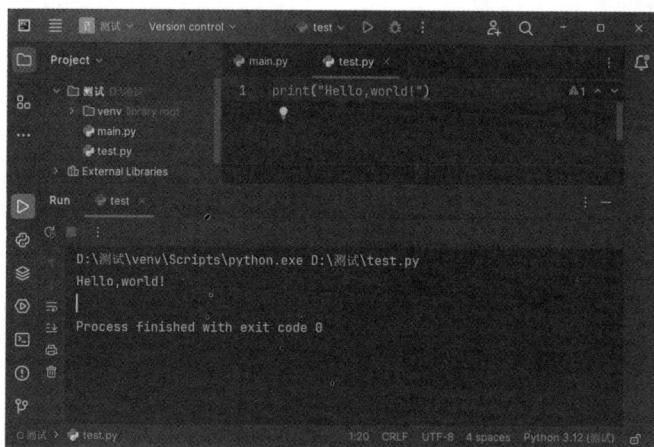

图 2.1.5　PyCharm 运行程序界面

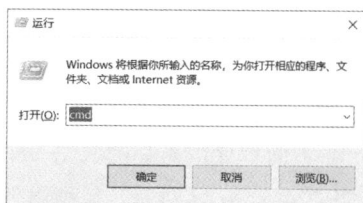

图 2.1.6　"运行"对话框

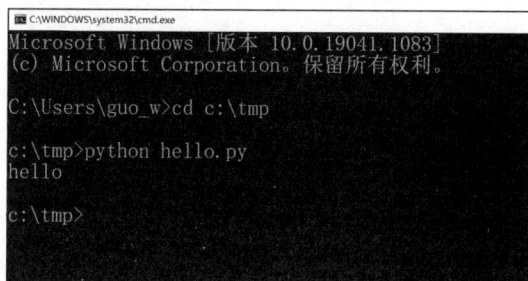

图 2.1.7　命令提示符窗口

在该窗口中输入 cd 命令并按 Enter 键切换到保存 .py 文件的文件夹，比如 hello.py 存放在 C 盘的 tmp 文件夹下，就输入"cd c:\tmp"并按 Enter 键，再输入 python hello.py 并按 Enter 键，就可以运行程序 hello.py 了。如果无法运行程序，则需要重新安装 Python，安装时注意勾选图 2.1.1 所示界面的"Add python.exe to PATH"复选框。

在其他编辑软件如 Notepad 中编写 Python 程序，如果不是存为 UTF-8 编码（一般情况下默认为 UTF-8 编码），则可能无法运行程序。将其在编辑软件中另存为 UTF-8 编码即可。

另外，还可以在 Python 自带的 IDLE 中编写和运行程序。在 Windows 中按 Win 键，然后输入"IDLE"就可以找到和启动 IDLE，其界面如图 2.1.8 所示。

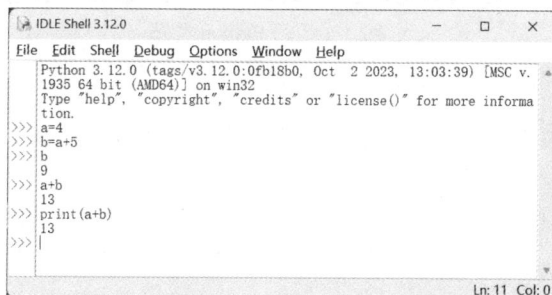

图 2.1.8　IDLE 界面

在 IDLE 中，输入 Python 语句，IDLE 会立即执行该语句；输入表达式，IDLE 会立即显示表达式的值，便于初学者观察程序执行过程。

2.2 Python 的语句

下面是一个非常简单的 Python 程序：

```
print("hello,world")
```

运行上述程序，会在屏幕上产生下面的输出：

hello,world

注意，本书用斜体字表示程序输出的结果。

下面程序的意思是，分两行输入两个数，并输出它们的和：

```
a = int(input())
b = int(input())
print(a+b)
```

上述程序运行后，输入一个数并按 Enter 键，再输入一个数并按 Enter 键，程序就会输出两个数的和。

在 PyCharm 中编写该程序，运行后的效果如图 2.2.1 所示。在下方的窗格中输入 4 并按 Enter 键，再输入 5 并按 Enter 键，程序就会输出 9。

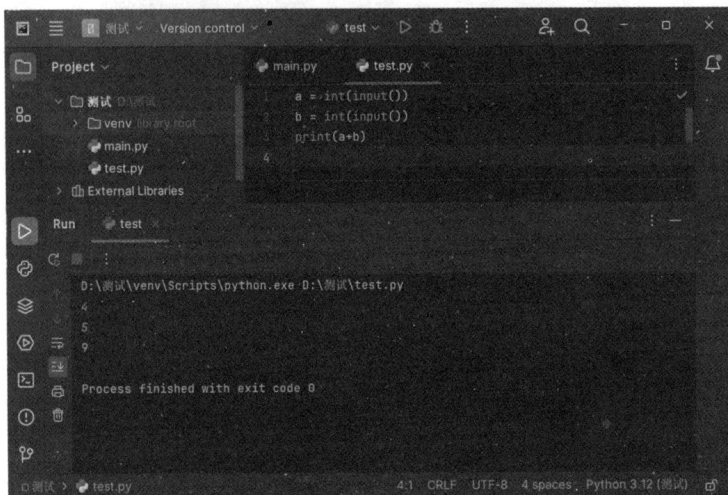

图 2.2.1　运行 Python 程序

Python 程序中的一行可以称为一条语句。

Python 程序是用英文字母、数字、标点符号和空格写成的。应该在英文输入状态而非中文输入状态下输入程序，确保输入的字符都是英文半角的字符。如果输入各种中文全角的标点符号或空格（中文全角的标点符号和空格看起来比英文半角的更宽），那么 Python 的开发环境就会用红色浪纹线提示语句非法。

⊗ **常见错误**：将 **Python** 程序中的标点符号输入成中文全角的标点符号，如将 ' 、(、) 、" 、:输入成 ' 、（、）、" 、：，以及将空格输入成中文全角的空格。

除非满足必须缩进的特定条件，Python 程序的每一行都要靠左顶格书写，行首不能加空格。比如下面的程序：

```
a = int(input())
  b = int(input())
print(a+b)
```

第二行行首加了空格，这是不允许的。有的开发环境会在本行开头处加红色下画线，提示错误。

在一行的中间加些空格，是不会提示错误的。比如"b=a"和"b =   a"是一样的，"print(a+b)"和"print(a+   b)"也是一样的。

如果一条语句太长，看着不方便，则可以分若干行写，但并不是随意断行都可以。如果随意断行，就要在断行处写"\\"（在有些地方断行可以不写"\\"）。一条语句分多行的情况下，除第一行外，其他行随便怎么缩进都行。例如：

```
c = 1 + 2 \
    + 3
print("hello",
  c)
print("hello \
world")
```

输出：

```
hello 6
hello world
```

一条语句分多行这件事情很不重要，搞不清规则也没关系，用的时候再试也不迟。

实际上，Python 还允许将多条语句写在同一行，语句之间用";"分隔即可。例如：

```
a = int(input()); b = int(input()); print(a+b)
```

一般情况下，不推荐在一行中写多条语句。但为了节约篇幅，本书的一些习题会采用这种写法。

⊗常见错误：**Python 程序中的括号一定是成对出现的，如果在行末出现红色下画线提示有错误，通常就是因为括号没有成对出现（左括号和右括号数目不等）。**

2.3 注释

软件一般是由多个程序员合作开发的，因此一个程序员常常需要阅读别人编写的代码。想看懂别人编写的代码并非易事，常常会看着看着就恨不得干脆自己重写一遍。即便是自己写的程序，过了一两个月再看，很可能也会想不起来某段代码的作用是什么，为什么要那样写。因此，在程序中需要书写一些提示，或者解释性的文字，用以说明某段代码的作用。很多公司还会要求程序员在程序中写上自己的名字，以免出了 bug 找不到责任人。这部分说明性的、用于帮助自己或别人理解程序的文字称为注释，其不是程序的一部分，不会被执行。几乎所有的程序设计语言都支持注释。在实际的软件开发工作中，写程序而不写注释，就是不讲"码德"。

对于某段代码，若想将其删掉或者修改，但又不确定这么做是否正确，也可以将删改前的代码变成注释保留在程序中，以后要恢复就很容易。

Python 中的注释以"#"开头，从"#"开始到行末都是注释。例如：

```
#下面输入两个数，输出其和
a = int(input())              #输入 a
b = int(input())              #输入 b
print(a+b)                    #输出 a+b 的值
```

注释不是程序的一部分，因此用什么文字写都行。

一般来说，注释多点没坏处，应该积极编写注释。但是，为作用一目了然的代码编写注释就没有必要了。比如上面程序中的注释，都是画蛇添足，只是为了举例说明单行注释的用法才这么写。

有时想把连续多行都变成注释行，在每行开头加"#"显然比较麻烦。在 Python 开发环境里，选中这些行，然后按 Ctrl+/组合键，就可以自动在这些行前面添加"#"，将这些行都变成注释行。再按 Ctrl+/组合键，可以将其恢复成正常代码。

许多教材和网络资料中称 Python 有一种多行注释，是用一对 3 个引号引起来的，这是不正确的说法。

2.4 常量

各种程序设计语言中都有"常量"的概念，其表示固定不变的数据。Python 中的常量有整数（如 123）、小数（如 34.54）、字符串（如"hello"）、True（表示真）、False（表示假）、None（表示空）等。下面程序用于输出一些常量：

```
1.  print(123)          #>>123
2.  print(34.54)        #>>34.54
3.  print("hello")      #>>hello
4.  print(0b1101)       #>>13          0b 表示二进制整数
5.  print(0xa8)         #>>168         0x 表示十六进制整数
6.  print(None)         #>>None
7.  print(True)         #>>True
```

第 4 行：二进制整数常量以 0b 开头。比如 0b10 就是 2。

第 5 行：十六进制整数常量以 0x 开头。比如 0xf 就是 15。

在本书中，为讲解方便，大部分程序都会像上面的程序一样，每行前面都会加行号。但真正可以运行的程序是不允许带行号的，也不能随意在行首加空格。

在本书中，使用大量注释对程序进行说明。这些注释的目的是帮助初学者掌握 Python。对程序员来说，本书程序中绝大部分注释都没有必要，可以不用写。

在本书中，注释中的"#>>"表示后面就是本行输出的结果。">>"不是输出结果的一部分，也不是写注释必需的。

2.5 变量

各种程序设计语言中都有"变量"的概念。变量是用来存储数据的，它有名字，其值可变。例如：

```
1.  a = 12
2.  b = a              #让 b 的值变得和 a 的值一样
3.  print(a+b)         #>>24
4.  a = "hello"
5.  print(a)           #>>hello
```

第 1 行：a 是一个变量，它的值被设置成 12。

第 2 行：b 也是一个变量，它的值被设置成和 a 的值一样。

第 3 行：输出 a+b 的值，于是输出 24。

第 4 行：将 a 的值改成字符串"hello"。

第 5 行：输出变量 a 的值，于是输出 hello。

Python 中变量名由英文字母、数字和下画线构成，中间不能有空格且不能以数字开头，长度不限。以下是一些合法的变量名：

```
name   _doorNum   x1   y   z   a2   A   number_of_students   MYTYPE
```

变量名最好能够体现变量的含义（虽然语法上无此要求），以便理解程序。必要时应该使用多个单词作为变量名，以便一眼看出变量的含义。对于含多个单词的变量名，最好第一个单词小写，后面每个单词首字母大写。例如：

```
dateOfBirth      numOfDogs      bookPrice
```

上面这些变量名，含义自明。如果偷一时之懒，变量名都是 a、b、c、x、y、z 之类的，过一段时间，自己都会忘记这些变量是用来做什么的。

Python 中变量名的大小写是有区别的，即 a 和 A、name 和 Name 是不同的变量名。

Python 预留了一些有特殊用途的名字，称为保留字。保留字不可用作变量名。部分保留字如下：

```
and as assert break class continue def del elif else except exec for finally from
global if import in is lambda not or pass print raise return try while with yield
```

如果用保留字作为变量名，Python 会报错。

2.6 赋值语句

赋值语句格式如下：

```
变量 = 表达式
```

其作用是对变量进行赋值，即将变量的值变得和表达式的值一样。变量、数字、字符串等，以及将它们通过各种运算符组合在一起形成的式子，都可以称为表达式。在 Python 中表达式是一个很宽泛的概念，没有必要严格描述其定义。

赋值语句中的"="称为赋值号，不要将其理解为数学中的等号。赋值号左边必须是变量。对一个变量的首次赋值，称为对这个变量的"定义"。程序示例：

```
#prg0010.py
1.  a = "he"              #定义变量 a，其值为字符串"he"
2.  print(a)              #>>he
3.  b = 3+2               #b 的值为 5
```

```
4.   a = b                      #将 a 的值变得和 b 的值一样
5.   print(b)                   #>>5
6.   print(a)                   #>>5
7.   b = b + a                  #将 b 的值变为 b 的值加 a 的值
8.   print(b)                   #>>10
9.   a,b = "he",12              #将 a 的值变为字符串"he"，b 的值变为 12
10.  print(a,b)                 #>>he 12
11.  a,b = b,a                  #交换 a、b 的值
12.  print(a,b)                 #>>12 he
13.  c,a,b = a,b,a
14.  print(a,b,c)               #>>he 12 12
15.  a = b = c = 10             #将 a、b、c 的值都变成 10
16.  print(a,b,c)               #>>10 10 10
```

第 7 行：b=b+a 不是数学中的等式，它的意思是将 b 的值变为其原来的值加上 a 的值，因此 b 的值变成 5+5，即 10。

第 11 行：将 a 和 b 的值分别变为原来 b 的值和 a 的值，即交换 a 和 b 的值。如果同一个变量同时出现在赋值号的左、右两边，那么出现在右边时取其原来的值，即执行赋值语句前的值。同理，第 13 行就是分别用 a 原来的值、b 原来的值、a 原来的值对 c、a、b 进行赋值。

上面程序的输出结果是：

```
he
5
5
10
he 12
12 he
he 12 12
10 10 10
```

⚠ 注意：Python 程序是顺序执行的，即从上到下依次执行。其他程序设计语言的程序也是这样的。

下面的程序是不对的：

```
a = b + 3
b = 5
print(a)
```

写出上面程序的人，心路历程如下：我一开始就讲得很清楚了，a 的值等于 b 的值加 3；后面我又告诉你 b 的值等于 5，那么谁都应该知道这时 a 的值应该是 8。可惜 Python 解释器并不智能，看不懂这"高级"的倒叙编写手法。程序是顺序执行的，首先执行 a=b+3，此时就需要用到 b 的值。然而 b 此时没有值，即没有定义，所以程序在这一行就会提示错误。

程序顺序执行，这好像是天经地义的，甚至用不着说。但如果不解释，总有个别学生不明白这句话的真实含义。

2.7 Python 数据类型

Python 中的数据有不同的类型。例如，有整数类型的数据如 123、100，字符串类型的

数据如"hello"、"123"。每种数据类型有特定的名称，比如整数类型，名称就是 int。表 2.7.1 列出了 Python 中的数据类型的名称、含义以及数据示例。

表 2.7.1　Python 中的数据类型的名称、含义以及数据示例

名称	含义	数据示例
bool	布尔（真和假）	True、False
int	整数	0、2345、6899899
float	小数，也叫浮点数	3.2、1.5E6
complex	复数	1+2j
str	字符串	"hello"、'1233'、'a'
list	列表	[1,2,'ok',4.3]
tuple	元组	(1,2,'ok',4.3)
dict	字典	{"tom":20,"jack":30}
set	集合	{"tom",18,71,1200}

1.5E6 也可以写成 1.5e6，表示 $1.5×10^6$。

bool 类型的数据只有两个取值，即 True 和 False（注意首字母都是大写），表示真和假。其余数据类型后文会详细讲解。

2.8　字符串简介

2.8.1　字符串的基本概念

Python 中的字符串代表一串文字，必须用单引号、双引号、三单引号或三双引号引起来。例如：'abc'、"123 您好"、'''67,3'''、"""this is ok"""等。字符串中可以出现中文。程序示例：

```
#prg0020.py
x = "Hello,world!"      #x 的值是一个字符串，其中的文字是 Hello,world!
print(x)                #>>Hello,world!
x = "I said:'hello'"
print(x)                #>>I said:'hello'
print('我说:"hello"')    #>>我说:"hello"
print('''I said:'he said "hello"'.''')  #>>I said:'he said "hello"'.
print("""I said:'he said "hello"'.""")  #>>I said:'he said "hello"'.
```

使用单引号、双引号、三单引号或三双引号，基本无区别。如果字符串中本身包含单引号，那么用双引号引起来比较好，否则字符串中的单引号还要用"转义字符"来表示，不太方便。同理，如果字符串中本身包含双引号，那么用单引号引起来比较好。

""和''也是字符串，引号里面一个字符也没有，空格也不能有，称为"空串"。

⊗常见错误：误以为字符串里面可以包含变量。需要强调的是，用各种引号引起来的就是字符串，引号引起来的部分就是一个个字符（文字），字符串里面不会包含变量。这个错误看似匪夷所思，实际上并不稀有。例如下面的代码：

```
s = 1.75
print("I am s m tall")        #>>I am s m tall
```

第 2 行代码中的"s"就代表英文字母"s"，不代表第 1 行代码中的变量 s，因此上述代码输出的结果就是"I am s m tall"，s 不会被替换成 1.75。同理：

```
print("4+5")
```

其输出结果是 4+5，而不是 9。

　　想要输出一串文字就要通过字符串来实现。print(hello,world)这样的语句不会输出"hello,world"，因为语句中的 hello,world 没有用引号引起来，不能代表一串文字，而是代表两个变量 hello 和 world。

2.8.2　字符串的下标

　　有 n 个字符的字符串，其中的每个字符从左到右依次编号为 $0,1,2,\cdots,n-1$，从右到左依次编号为 $-1,-2,\cdots,-n$。编号也称为下标。通过在方括号中填入下标的方式，就能查看字符串中指定位置的字符，例如：

```
a = "ABCD"
print(a[0])          #>>A
print("ABCD"[2])     #>>C
print(a[-1])         #>>D
i = 3
print(a[i])          #>>D    变量也可以作为下标
```

　　值为整数的表达式，都可以作为下标使用。

　　Python 中，单个字符就是长度为 1 的字符串。上面程序中的 a[0]、a[−1]都是长度为 1 的字符串。

　　字符串中的字符是不能修改的。例如：

```
a = "ABCD"
a[1] = "K"
```

　　上面第 2 条语句试图修改 a 中下标为 1 的字符，这是不可行的，会引发运行时错误。

2.8.3　连接字符串

　　用"+"可以将若干个字符串连接起来得到新的字符串。若 a 和 b 都是字符串，则 a+b 也是一个字符串，内容是 a 的内容后面再拼接上 b 的内容。例如：

```
a = "ABC"
b = "123"
a = a + b
print(a)        #>>ABC123
a = a + a[1]    #a[1]是单个字符，也是长度为 1 的字符串
print(a)        #>>ABC123B
a += b          #a += b 等价于 a = a + b
print(a)        #>>ABC123B123
```

2.8.4　用 in、not in 判断子串

　　一个字符串中连续的一部分，称为该字符串的子串。一个字符串的子串也包括它自身。在实际应用中，经常需要判断一个字符串是不是另一个字符串的子串。若 a 是 b 的子串，则 a in b

的值是 True，否则是 False；若 a 不是 b 的子串，则 a not in b 的值是 True，否则是 False。例如：

```
a = "Hello"
b = "Python"
print("el" in a)        #>>True
print("he" in a)        #>>False    字符串的大小写是有区别的
print("th" not in b)    #>>False
print("lot" in a)       #>>False
print(3 in "123")       #运行错误，不能判断整数是否为字符串的子串
```

2.8.5 字符串和数值的转换

字符串和数值可以互相转换，具体方法如下。

int(x)：把字符串 x 转换成一个整数。

float(x)：把字符串 x 转换成一个小数，x 的形式可以是整数、小数。

str(x)：把数值 x 转换成一个字符串。

eval(x)：把字符串 x 看作一个 Python 表达式，并求其值。

字符串和数值
的转换

"把……x 转换成……"是一种约定俗成的说法，从字面上看是 x 变了，其实上述转换操作不会改变 x，而会生成一个新的值。所以精确的说法是"从 x 转换出一个……"。程序示例：

```
#prg0030.py
1.  a = 15
2.  b = "12"
3.  c = a + b            #错误的语句，字符串和整数无法相加
4.  print(a + int(b))    #>>27  b 没有变成整数，int(b)的值是整数 12
5.  print(str(a) + b)    #>>1512  str(a)的值是字符串"15"
6.  c = 1 + float("3.5") #float("3.5")的值是小数 3.5
7.  print(c)             #>>4.5
8.  print(3+eval("4.5")) #>>7.5
9.  print(eval("3+2"))   #>>5
10. print(eval("3+a"))   #>>18
```

eval(x)的值，是将字符串 x 的内容看作 Python 表达式后，求这个表达式的值得到的结果。例如，第 8 行中的 eval("4.5")，将字符串"4.5"中的 4.5 看作一个 Python 表达式，那么其值就是小数 4.5。同理，第 9 行中将 3+2 看作 Python 表达式，其值就是 5。第 10 行中，eval("3+a")的值就是表达式 3+a 的值，由于此时 a 的值为 15，因此 3+a 的值是 18。

需要注意的是，int(x)要求字符串 x 必须是整数的形式（只包含数字），float(x)要求字符串 x 必须是整数或者小数的形式，否则转换不合法，会导致程序运行出错。

⊗ **常见错误：程序出现运行时错误（Runtime Error），经常是由于做了不合法的转换。** *如 x 为"a12"或"12.34"时执行 int(x)，或 x 为"abc"时执行 float(x)。将字符串与数值相加* **也会导致运行时错误。**

另外，int(x)也能用于从小数 x 转换出整数，转换的规则是去尾取整，即舍去小数点后面的部分。例如，int(4.9)的值是 4。round(x)用于求得和小数 x 最接近的那个整数。例如，round(4.9)的值是 5。round()的策略不是四舍五入，因为四舍五入是不公平的，长此以往将导致

偏大的累积误差。round()的策略是五有时舍，有时入。比如 round(4.5) 和 round(3.5) 的值都是 4。

2.9 输入和输出

2.9.1 输入语句 input

Python 中输入语句格式如下：

```
x = input(y)
```

x 是变量；y 是字符串或任何值为字符串的表达式，y 也可以不写。

此语句输出 y，并等待输入。输入并按 Enter 键（一定要按 Enter 键）后，input(y) 的值就是输入的文字，并且该值被赋给 x。y 可以是提示信息。如果不写 y，就不会输出任何信息，直接等待输入。例如：

```
s = input("请输入您的名字：")
print(s + ",您好！")
```

程序运行时显示：

请输入您的名字：

然后等待输入。若输入"Tom Lee"并按 Enter 键，则程序输出：

Tom Lee,*您好！*

运行效果如下：

请输入您的名字： **Tom Lee**✓
Tom Lee,*您好！*

本书中，✓表示按 Enter 键。

⚠ **注意**：执行 x=input() 后，**x 的值一定是一个字符串**，即使输入的是一个整数。

在 PyCharm 中运行需要输入的程序，则在 PyCharm 下方的窗格中进行输入，输出结果也会出现在下方，如图 2.9.1 所示。

图 2.9.1 所示界面中的 PyCharm 程序运行时，分两行输入 4 和 5，输出 9。

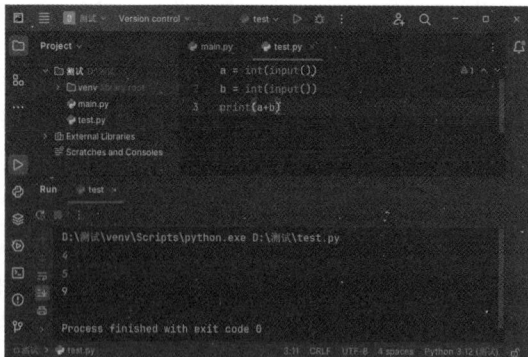

图 2.9.1　输入和输出示例

⚠ **注意：使用一次 input 会输入一行的内容。** 如果是在一行里输入数据，比如在一行里输入多个整数并用空格隔开，那么也只能使用一次 input。如何使用一次 input 就得到多个整数，后文会说明。**如果输入数据有 *n* 行，就必须要使用 *n* 次 input。**

2.9.2　输出语句 print

Python 用 print 语句进行输出。print 语句格式如下：b2

```
print(e1,e2,e3,...)
```

准确地说，print 是一个"函数"，括号内的是函数的参数。参数 e1、e2、e3 等都是表达式，可以有任意多项。上面的语句会依次输出每项的值，各项之间用空格分隔，然后换行。换行的意思是，下次再执行 print，就会输出到新的一行。例如：

```
print("hello")
print("world")
```

上面程序的输出结果是：

```
hello
world
```

如果不希望 print 的输出结果换行，则可以用 end 参数指定输出的结束符。例如：

```
print(x,y,z,..., end="")
```

上面程序会连续输出多项，各项之间用空格分隔，输出以后不换行。end=""表示结束符是空串。不指定 end 就默认 end 的值是换行符，因此会导致输出结果换行。例如：

```
print(1,2,3,end="")
print("ok")
print("hello",end="!?")
```

上面程序的输出结果是：

```
1 2 3ok
hello!?
```

请注意，输出完"1 2 3"后没有换行，执行 print('ok')时就在同一行紧接着输出。

print 输出多项时，可以用 sep 参数指定分隔符，例如：

```
print(3,4,5,sep=",")
print(3,4,5,sep="")      #分隔符是空串就相当于没有分隔符
print(3,4,5,sep="..")
```

上面程序的输出结果是：

```
3,4,5
345
3..4..5
```

2.9.3　输出格式控制

```
s = 1.75
print("I am s m tall")       #>>I am s m tall
```

我们已经知道，上面的程序并不会输出"I am 1.75 m tall"。然而，将变量 s 的值嵌入输出结果，又是我们的需求。解决办法之一就是使用"格式控制符"。

有一些以"%"开头的字符组合，用在字符串中可以指明此处需要用某个常量或变量的值替代，这样的字符组合称为"格式控制符"。常见的格式控制符如下。

%s：表示此处要用一个字符串替代。

%d：表示此处要用一个整数的十进制形式替代。

%x：表示此处要用一个整数的十六进制形式替代。

%f：表示此处要用一个小数替代。

%.nf：表示此处要用一个小数替代，保留小数点后面 n 位，四舍六入，五则可能入也可能舍。

⚠ 注意：格式控制符只能出现在字符串中。

下面是程序示例：

```
#prg0040.py
1.  age = 18
2.  s = "I am %d years old."  % age
3.  print(s)                        #>>I am 18 years old.
4.  h = 1.746
5.  print("My name is %s,I am %.2fm tall." % ("tom",h))
6.  #>>My name is tom,I am 1.75m tall.
7.  print("%d%s" % (18,"hello"))   #>>18hello
8.  print("%.2f,%.2f%%,%x" % (5.225, 5.325, 255))   #>>5.22,5.33%,ff
```

第 2 行：%d 表示此处应该用一个十进制整数替代。包含格式控制符的字符串，后面跟一个%，再跟着用来替代格式控制符的表达式，就会形成一个替换后的字符串。本行赋值号右边就形成了一个将%d 替换成 age 的值 18 以后的字符串，即"I am 18 years old."。要得到同样的字符串，也可以写为：

```
s = "I am " + str(age) + " years old."
```

第 5 行：如果字符串中包含多个格式控制符，则需将用以替换的多个表达式用括号括起来，并用逗号隔开。本行中，"tom"用以替换%s，h 的值用以替换%.2f。%.2f 表示此处小数只保留小数点后面 2 位，所以替换的结果就是 1.75。%f 则一般默认保留小数点后面 6 位。

第 8 行：要表示% 字符本身，就要连写两遍；%x 表示其对应的整数 255 应该呈现十六进制形式，即 ff。

格式控制符应该与其对应的替换表达式类型匹配。比如下面这个表达式是非法的：

```
"Please give me %d dollars" % "123"
```

因为%d 要求替换项必须是一个值为整数的表达式，而"123"是一个字符串，所以该表达式非法。

还有一种更方便的控制输出格式的方法是使用 f-string，详情见 6.2.8 节。

2.10 列表简介

2.10.1 列表的基本概念

列表是任意多个元素的有序集合，元素的类型可以不同，其格式如下：

[元素 0,元素 1,元素 2,...]

例如：[1,2,3]、[1, 'jack',4,21]都是列表。[]也是列表，表示一个没有元素的空列表。

列表的元素在内存中是连续存放的。列表有序，体现在每个列表元素都有一个编号，即下标。下标从 0 开始。通过将下标填入[]中的方式，可以访问列表的特定元素。即如果 a 是列表，x 是下标，则 a[x]表示 a 中下标为 x 的元素。例如：

```
empty = []                    #empty是空列表
list1 = ['Xiaomi', 'Runoob', 1997, 2000]
list2 = [1, 2, 3, 4, 5, 6, 7]
print(list1[0])               #>>Xiaomi
list1[2] = 'ok'               #更改了列表中下标为2的元素，即1997
print(list1)                  #>>['Xiaomi', 'Runoob', 'ok', 2000]
```

列表下标的使用规则和字符串的一样，一个有 n 个元素的列表，元素的下标从左到右依次为 $0,1,2,\cdots,n-1$，从右到左依次为 $-1,-2,\cdots,-n$。有 n 个元素的列表，下标合法的范围就是 $0 \sim n-1$，以及 $-n \sim -1$。任何值为整数的表达式，都可以作为下标使用。但是，如果下标超过合法的范围（称为"下标越界"），就会引发程序运行时错误。

⊗ 常见错误：列表、字符串或元组的下标越界，是引发程序运行时错误的最常见原因之一。

和字符串类似，也可以用 a in b 和 a not in b 判断元素 a 是否在列表 b 中。例如：

```
1.   lst = [1,2,3,"4",5]
2.   print(4 in lst)          #>>False
3.   print("4" in lst)        #>>True
4.   print(3 not in lst)      #>>False
```

第 2 行结果为 False，是因为整数 4 并不在列表 lst 里面，列表 lst 里面只有字符串 "4"。

2.10.2 将字符串分割成列表

若 x 是字符串，则 x.split()的值是一个列表，包含字符串 x 经空格、制表符（对应键盘上的 Tab 键）或换行符分割得到的所有子串。x.split()不会改变 x。程序示例：

```
#prg0050.py
1.   print("ab cd hello".split())    #>>['ab', 'cd', 'hello']
2.   s = "12 34"
3.   print(s.split())                #>>['12', '34']
4.   print("34\t45\n7".split())      #>>['34', '45', '7']
```

```
5.  print("abcd".split())              #>>['abcd']
```

第 1 行：字符串"ab cd hello"用空格分割后的结果是一个列表，里面包含分割后得到的子串，即列表['ab','cd','hello']。

第 4 行：\t 表示制表符，\n 表示换行符。print("34\t45\n7")的结果如下：

```
34                45
7
```

第 5 行："abcd"中没有空白字符，所以分割后的结果就是一个只有一个字符串的列表。本书后续例题和习题中，几乎每个程序都会用字符串的 split()函数来处理输入数据。

例题 2.10.2.1：*A+B* 问题（**P0010**）。

在一行输入两个整数，请输出它们的和。

解题程序：

```
s = input()
numbers = s.split()
print(int(numbers[0]) + int(numbers[1]))
```

如果输入"3 4"并按 Enter 键，则 input()的值是字符串"3 4"，并赋值给 s。经过第 2 行的 split()以后，numbers 是一个列表，其值是['3', '4']。不能直接将 numbers 的两个元素相加，那样加出来就是字符串'34'。因此要在第 3 行将两个元素分别转换为整数后再相加。

前两行代码也可以合并成更为简洁的一行代码，如下：

```
numbers = input().split()
```

2.11 常见语法错误排查

程序有语法错误时，PyCharm 会在相关代码处用红色浪纹线标识出来。将鼠标指针移到红色浪纹线处，PyCharm 会弹出错误提示信息。常见的错误提示信息有：

```
Unresolved reference 'x'       #x 没有定义
Unexpected indent              #不该有的缩进
Colon expected                 #少了冒号
```

再次强调，不要把标点符号输入成中文全角的，这种情况下也会弹出错误提示信息。

有时几行代码明明看着缩进是一致的，却会提示缩进相关错误。这可能是因为有的行缩进用的是制表符，有的行缩进用的却是和制表符等宽的 4 个空格。这种情况下，可以选中要缩进的若干行，按几次 Shift+Tab 组合键把它们靠左顶格，再按 Tab 键让它们一起缩进。

⚠注意：有时红色浪纹线显示在某一行，实际上错误却是在上一行的末尾，尤其是上一行末尾少写了一个"）"，造成括号不配对。如果多写了一个"）"，错误提示信息会是"End of statement expected"。

2.12 OpenJudge 做题指南及例题讲解

本书的大部分例题和习题可以在"北京大学开放在线程序评测平台 OpenJudge"的"程

序设计实习 MOOC"小组中的"Python 程序设计基础及实践（慕课版）教材题集"比赛中找到。例题和习题后面的编号如"P0020"就是题目在比赛中的编号。

OpenJudge 平台上每道题目都有"时间限制"和"内存限制"。对于后者，我们不必关心。前者的意思是提交的程序必须在一定时限内运行结束，否则会被判定为超时错误。对于前者，如果不是对算法要求高的专业题目，一般来说也不必关心。OpenJudge 平台上的题目的基本形式如下。

OpenJudge 使用指南

例题 2.12.1：字符三角形（P0020）。

给定一个字符，用它构造一个底边长 5 个字符、高 3 个字符的等腰字符三角形。

输入：输入只有一行，包含一个字符。

输出：该字符构成的等腰三角形，底边长 5 个字符、高 3 个字符。

例题：字符三角形

样例输入：

```
*
```

样例输出：

```
  *
 ***
*****
```

所谓的"样例输入"和"样例输出"只是一个例子，用来解释前面对程序输入、输出的要求。如果程序运行时输入"样例输入"中的数据，则输出就应该和"样例输出"一样。但是能做到这一点并不意味着编写的程序已经正确，这只是第一步。题目不是只有固定的一种输入，对于不同的输入数据，程序都应该按照要求产生输出才行。就本题来说，如果输入字符"A"并按 Enter 键，程序就应该输出一个由"A"构成的字符三角形；如果输入字符"X"并按 Enter 键，程序就应该输出一个由"X"构成的字符三角形……程序提交到 OpenJudge 平台以后，服务器会用多种输入数据对程序进行测试，必须对所有输入数据都能按题目要求产生输出，程序才算正确，才能得到"Accepted"的结果。在其他在线程序评测（Online Judge，OJ）平台做题也是这样的。

解题程序：

```
#prg0060.py
1.  a = input()
2.  print("  " + a)   #"  "是两个空格
3.  print(" " + a + a + a)
4.  print(a*5)
```

第 1 行：获取输入的字符，并赋值给 a。

第 2 行：输出两个空格紧接一个字符 a。注意不能写成 print(" ",a)，否则会在两个空格和字符 a 之间再加一个空格。

第 3 行：输出一个空格紧接 3 个字符 a。同理，不能写成 print(" ",a,a,a)。

第 4 行：用字符串乘法会比写 print(a+a+a+a+a)简单。如果写 5 个空格，也可以写成" "* 5。

写完程序后，一定要先在本机测试，确保输入"样例输入"中的数据，程序的输出和

"样例输出"一样，否则提交无意义。不能比"样例输出"多输出任何字符（包括空格），也不能少输出任何字符。输入"样例输入"中的数据的方法是复制并粘贴题目中的全部"样例输入"中的数据，然后按 Enter 键。程序的输出和"样例输入"可能会混在一起，不必关心它们混在一起是什么样子，只要单独看程序输出部分是否和"样例输出"一致即可。

样例数据通过以后，还应该自己构造一些输入数据，看看输出结果是否符合题目要求。比如本题中，应该输入"*""A""X"等多个字符试试。即便对于构造的各种输入数据，程序都能按题目要求进行输出，程序也未必正确。因为构造的输入数据很可能没有覆盖所有可能的情况。出题者设计的输入数据往往比较全面，会覆盖各种情况。有一些特别难考虑到的情况，可称为"坑"。如果程序考虑不周，碰到"坑"就会掉进去，即因输出结果不对而被判定为错误，得到"Wrong Answer"的结果。

在 OpenJudge 平台上做题，程序提交以后，可能得到以下结果。

（1）Accepted（AC）

程序正确。只有得到这个结果才算任务完成。

（2）Wrong Answer（WA）

程序不正确，输出了错误的数据。应该多构造一些输入数据进行测试，或仔细看看程序有没有逻辑错误。

（3）Time Limit Exceeded（TLE）

程序超时。一般每道题目都有时间限制，比如时限 1000ms，就意味着程序必须在 1000ms 内运行结束。如果程序运行速度太慢，运行时间超过时限，就会得到这个结果。程序有死循环永远不会结束，或者算法不好，都会得到这个结果。

（4）Runtime Error（RE）

程序产生运行时错误。这种错误如果在本机发生，现象就是程序突然中止，并输出一些关于出错原因的信息。程序提交以后得到这个结果是很常见的。RE 常由以下原因导致，如果出现 RE，可以根据以下几点来查错。

① 不合法的转换，如 int("abc")、int("12.45")。

② 字符串和数值相加，例如：

```
a = input()
b = a + 5     #字符串 a 和整数 5 相加导致 RE
```

再次强调，执行 input() 读入的一定是字符串，即便输入的是一个整数。不要忘了该做的转换。

③ 输入数据已经结束，还执行 input()。比如题目中给出的输入数据只有 2 行，程序却执行了 3 次 input()，那么第 3 次执行 input()，无法获取输入数据，就会产生 RE。

再次强调，执行一次 input() 只会读入一行，有几行输入就要使用几次 input()。

在本机运行程序的时候，如果是在 PyCharm 或 IDLE 中运行程序，则按 Ctrl+D 组合键表示输入结束；如果在命令提示符窗口中运行程序，则按 Ctrl+Z 组合键表示输入结束。例如下面的程序：

```
a = input()
b = input()
```

程序运行后，随便输入什么，按 Enter 键，输入的数据就会被赋值给 a。然后按 Ctrl+D

组合键，程序就会出现 RE。因为第 2 行的 input() 试图获取输入，然而按 Ctrl+D 组合键却宣告输入结束了。于是 input() 不会等待继续输入数据，而是直接导致 RE。

④ 使用了不合法的下标，例如：

```
a = [1,2,3]
b = a[3]        #a 的合法下标有 0、1、2，3 不是合法下标
```

⑤ 不能比较大小的两个数据比较大小，比如字符串和整数比较大小。

⑥ 除法或求余运算的除数是 0。

在本机运行程序时，如果出现 RE，会有出错信息告知哪行代码出错，为何出错；提交到 OJ 平台后，若出现 RE，OJ 平台不会提供任何可用于找错的有用信息。所以一定要先在本机运行程序无误后再提交。

（5）Presentation Error（PE）

程序产生输出格式错误。此时，程序离正确只有一步之遥，只是输出时多了或少了空格、该换行而没换行或不该换行却换行等。仔细检查输出的格式，就可以排除此错误。

例如，print(a,b) 会导致 a、b 两项之间有空格输出，这个空格很可能是多余的，不符合题目要求。多出来的空格可能导致此错误，也可能导致 WA。

不过，在 OpenJudge 平台上；如果仅在行的末尾多输出空格是没有关系的，不会导致此错误，也不会导致 WA。

（6）Output Limit Exceeded（OLE）

程序有死循环导致不停地输出，就会引发此错误。

（7）Memory Limit Exceeded（MLE）

程序使用的内存超出了限制。本书的例题和习题一般不会碰到这个问题。

例题 2.12.2：计算表达式 (a+b)*c 的值（P0030）。

给定 3 个整数 a、b、c，计算表达式 (a+b)*c 的值。

输入：输入仅一行，包括 3 个整数 a、b、c（−10000<a/b/c<10000），数与数之间以一个空格分开。

输出：输出一行，即表达式 (a+b)*c 的值。

样例输入：

```
2 3 5
```

样例输出：

```
25
```

"*" 在许多程序设计语言中都表示乘号，在 Python 中也是如此，所以 OpenJudge 平台上许多题目中都用 "*" 表示乘号。此题就是要计算 $(a+b)×c$ 的值。

题目中提到的 "（−10000<a/b/c<10000）"，描述的是出题者提供的输入数据在什么范围内。用其他程序设计语言解题，数据范围往往是必须要知道的，用 Python 则不一定需要这个信息。但是，如果出题者本意是要考查程序的运行效率，那么数据范围就很重要。数据范围大的题目，如果不采用高效的算法，很可能会因为程序运行速度太慢导致 TLE；数据范围小的题目，则随便写个程序，只要正确性有保证就行，不必讲究运行效率。

解题程序：

```
s = input().split()
a,b,c = int(s[0]),int(s[1]),int(s[2])
print((a+b)*c)
```

输入数据只有一行，因此只用一次 input()。执行 input() 读入的是一个字符串，比如"2 3 5"，要将其中的整数分离出来，就需要执行 split()，这样得到的 s 就是一个字符串列表['2', '3', '5']。将列表中的每个元素都转换成整数，即可得到 a、b、c 的值。

☹ **常见错误**：做本题时，见到一行里有多项输入数据，就用多个 input() 去读取，导致 RE。**不要多行输入只用一次 input()，也不要一行输入用多次 input()。**

例题 2.12.3：反向输出一个三位数（P0040）。

将一个三位数反向输出。

输入：一个三位数 n。

输出：反向输出 n。

样例输入：

```
100
```

样例输出：

```
001
```

解题程序：

```
n = input()
print(n[2] + n[1] + n[0])
```

虽然输入数据从形式上看是一个整数，但是执行 input() 读入的还是字符串。因此 n 是一个字符串。把 n 中的 3 个字符反向拼起来得到的新字符串输出即可。

☹ **常见错误：使用 print() 时用 "," 会导致输出空格，这可能引发问题。**比如，OpenJudge 平台或其他 OJ 平台上有题目，要求输出 x 和 y 两项的值，且这两项之间不能有空格，那么用 print(x,y) 输出 x 和 y，就会产生中间有多余的空格，导致错误。一种解决办法是：

```
print(x,end="")
print(y)
```

☹ **常见错误：在 OJ 平台上做题时，input() 中的括号里面写了提示信息，导致提交的结果是 WA。** OJ 平台上的题目对输出有严格要求，没有要求输出的信息，就不该输出，否则会导致 WA。如果输入的时候写 input(x)，x 就会成为输出的一部分，从而导致输出多余，不符合要求。所以在 OJ 平台上做题时，写 input() 就好，不要加任何提示信息。

需要强调的是，本书例题、习题几乎都是 OpenJudge 平台上的题目，因此不需要输出提示信息。如果编写供自己或者别人使用的实用程序，要求输入之前应该有提示信息，否则用户不知道要输入什么。而且运行的结果也应该用清晰、明确的文字反馈给用户，比如输出"您需要支付的金额是 100 元"，而不仅仅是让人莫名其妙的"100"。

2.13 习题

1. 以下_____不是 Python 合法的变量名。
   A. 8dogs   B. hello_world   C. _NUM   D. backDoor
2. 以下_____不是合法的 Python 常量。
   A. 0x8F8   B. 0x9G4   C. None   D. "hello"
3. "8+12"（包括双引号）的数据类型是_____。
   A. int   B. float   C. str   D. complex
4. 以下_____表达式会导致错误。
   A. "8+12"   B. 8+12   C. int("12.3") D. int("256")
5. 以下_____表达式会导致错误。
   A. 8+"12"   B. "2"+"3.4"   C. str(12.3)   D. float("256")
6. 以下_____表达式会导致错误。
   A. "abcd"[0]   B. "abcd"[4]   C. "abcd"[-1]   D. "abcd"[1]
7. 以下_____程序有错误。
   A. a = 12; b = 8; a = b   B. print(input())
   C. print(input() + input())   D. a = b + c; c = 19; b = 20; print(a)
8. 一个列表有 5 个元素，则下面_____不能作为该列表的下标使用。
   A. 5   B. 1   C. 0   D. −1
9. 以下 5 段程序都有错误，请指出错在何处。
   （1）a = 1445; b = "12" + a[1];
   （2）c = "hello,world'; print(c)
   （3）a = int("3"); b = int("3+4"); print(a,b)
   （4）a = 5; c = 4; print(eval(a+c))
   （5）print("This is %d" % ("Tom"))
10. 写出以下 4 段程序的输出结果。
   （1）print(eval("0x12"))
   （2）b = 5; a = str(b+9); print(eval("a[1]"))
   （3）print("abc 3 4 5 ".split()[2])
   （4）print("Hello"[-2] + "world"[1])
11. 写出以下 5 段程序的输出结果。
   （1）print("abc" in "sAbc")
   （2）print("abc" not in "sabc")
   （3）print(3,4,"OK",sep='*')
   （4）a,b = 3,4; a,b = b,a+b; print(a,b)
   （5）a = "I am %s,I am %d years old and %.3fm tall." %   \
            ("Tom","12",1.62))
      print(a,end="")
      print("OK")

12. 以下是编程题，可以到 OpenJudge 平台的"程序设计实习 MOOC"小组中和本书同名的比赛中进行提交。括号中的数是题目编号。

（1）字符菱形（P0050）。输入一个字符，输出由该字符构成的字符菱形。

（2）输出第 2 个整数（P0060）。输入 3 个整数，输出第 2 个整数。

（3）求 3 个数的和（P0070）。输入 3 个整数或小数，输出它们的和，保留小数点后面 3 位。提示：使用 float() 对输入进行转换；使用格式控制符"%.nf"。

（4）字符串交换（P0080）。输入两个长度为 4 的字符串，交换这两个字符串的前两个字符后输出。提示：通过下标求字符串中的字符；使用"+"连接字符串。

（5）字符串中的整数求和（P0090）。输入两个长度为 3 的字符串，每个字符串的前两个字符是数字，后一个字符是字母，求这两个字符串中的整数的和。提示：通过下标求字符串中的字符；使用"+"连接字符串；使用 int() 将字符串转换成整数。

（6）输出个人信息（P0094）。输入一个人的姓名、年龄和身高信息，输出一句格式类似"I am Tom.I am 12 years old and I am 1.654m tall."的描述此人姓名、年龄和身高的字符串。

第3章 基本运算和条件分支语句

算术运算

3.1 算术运算

Python 支持的算术运算见表 3.1.1。

表 3.1.1　Python 支持的算术运算

运算符	功能
+	加法
−	减法（双操作数），取相反数（单操作数）
*	乘法
/	除法。结果一定是小数，就算能整除，结果也是小数
//	除法。结果有可能是整数，也有可能是 2.0、3.0 等小数部分为 0 的小数。如果参与运算的两个操作数都是整数，那么结果就是整数。如果有一个操作数是小数，那么结果就是小数。结果如果不是整数，就往小取整
%	取模（求余数）。a%b 称为 "a 模 b"，即求 a 除以 b 的余数。操作数可以是小数
**	求幂，a**b 是 a 的 b 次方

算术运算示例如下：

```
#prg0070.py
1.  a = (3+2)*(6-3)/2
2.  print(a)          #>>7.5
3.  print(10/8)       #>>1.25
4.  print(10%8)       #>>2       10 模 8，即求 10 除以 8 的余数
5.  print(15/4)       #>>3.75
6.  print(3.4/2.2)    #>>1.5454545454545
7.  print(2**3)       #>>8       求 2 的 3 次方
8.  print(15//4)      #>>3
9.  print(3.4//2.2)   #>>1.0
10. print(-9//4)      #>>-3      往小取整
11. print(4.5 % 2.1)  #>> 0.2999999999999998
```

第 1 行：在 Python 的算术表达式中，括号 "()" 的作用和在普通数学算式中的一样，括号里的式子要先算。

第 6 行：输出一个小数的时候，如果没有指定保留小数点后面几位，那么到底会输出几位没有明确的说法。如果对输出格式有要求，就应该用格式控制符 "%.nf" 指明保留小

数点后面几位。

第 8 行：15 除以 4 得 3.75，由于参与运算的都是整数，所以结果就是整数 3。

第 9 行：3.4 除以 2.2 得 1.5454…，往小取整，就是 1。Python 规定，有小数参与运算的算术表达式，计算结果一定是小数，因此，结果就是 1.0。

第 10 行：这里的 "−" 是取相反数的意思。−9 除以 4，结果往小取整，就是−3。

第 11 行：结果不是 0.3，是因为小数计算总会有误差。

需要强调的是，除法运算（使用 "/" 运算符）的结果一定是小数，哪怕能整除；并且 **Python 中只要算术表达式中出现小数，那么整个算术表达式的计算结果就一定是小数**。例如：

```
#prg0080.py
1.   print(10//2)       #>>5
2.   z = 10/2
3.   print(z)           #>>5.0
4.   z = 10.0 - 10
5.   print(z)           #>>0.0
6.   print(2+0*4.5)     #>>2.0
7.   print(10/5)        #>>2.0
8.   print(2+10/5)      #>>4.0
```

第 2 行：虽然 10/2 能整除，但是除法运算（使用 "/" 运算符）的结果一定是小数，所以 z 的值是 5.0。

第 4 行：包含小数的算术表达式，结果一定是小数，所以 z 的值是 0.0。下面第 6～8 行都在说明这个规定。

⊗ **常见错误**：题目要求输出结果是整数，却输出××××.0 形式的小数。比如应该输出 10，却输出 10.0。忘记除法运算（使用 "/" 运算符）的结果一定是小数，以及含小数的算术表达式的结果一定是小数，就可能导致这个问题。根据实际情况，可以考虑用 int(x)或 round(x)将小数转换成整数，这样就能解决这个问题。在 3.7 节的例题 3.7.4 中会讲述这个问题。

⊗ **常见错误**：误把除法运算符 "/" 当作水平分数线，导致计算顺序方面的错误。"/" 是 "÷"，不是分子和分母之间的水平分数线。因此 a/b*c 是 a÷b×c，不是 a/(b*c)。

⊗ **常见错误**：想当然。有些初学者会按自己想象或发明出来的语法写程序，比如写 20% 表示百分之二十、写|x|表示求 x 的绝对值，或者写 2(x+3)(4+x)、f(x)=2*x+1 这样的代数式，这些式子在 Python 中都是非法的。Python 并不智能，它能执行的语句必须是严格按照 Python 的语法规则编写的，不能处理看上去很简单的自然语言或代数式。Python 不能理解 2(x+3)(4+x)，它只能理解 2*(x+3)*(4+x)——乘法就一定要用 "*"。写下一条语句之前，一定要确认在 Python 教材或课程或网络资料中见过这种写法。

Python 中的算术运算符是有优先级的，从高到低依次如下。

第一级：**。

第二级：−（求相反数）。

第三级：*、/、//、%。

第四级：+、−（减法）。

记不清优先级就勤用 "()" 来写清楚计算顺序，如(a/b)**c，这样既保险，也易懂。就算你能记清优先级，读你的程序的人未必能记清，说不定他记错了，就会理解错你的程序。因此不妨自己麻烦点，多用 "()"，与人方便。

算术运算符后面还可加上赋值号 "=" 形成 "算术赋值运算符"，在计算的同时进行赋值。例如，a+=b 等价于 a=a+b，a-=b 等价于 a=a-b。同理，还有 *=、/=、%=、**=。算术赋值运算符中的算术运算符和 "=" 之间不能有空格，而且和赋值运算符一样，其左边必须是变量。例如：

```
a = 6
a/=3
print(a)    #>>2.0
a**=3
print(a)    #>>8.0
```

例题 3.1.1：求(x+y)*x 的值（P0100）。

在一行输入两个小数或整数 x、y，请输出(x+y)*x 的值，保留小数点后面 5 位。

样例输入：

```
1 2.3
```

样例输出：

```
3.30000
```

解题程序：

```
s = input().split()
x,y = float(s[0]),float(s[1])    #整数形式的字符串转换成浮点型数据也不会有问题
print("%.5f" % ((x+y)*x))
```

⚠️ **注意**：最后一行不能写成"%.5f" % (x+y)*x，这样写的话，就会先求 "%.5f" % (x+y) 的值，得到一个字符串，然后将该字符串和 x 相乘，这会导致 RE。

☹ **常见错误**：在小数运算过程中就试图只保留小数点后面若干位。例题 3.1.1 只要求输出结果保留小数点后面 5 位，那么保留小数点后面 5 位这个操作只应该发生在输出的那一刻，而不能在运算过程中对各个操作数保留小数点后面 5 位——这么做会导致误差太大。在作者的教学生涯中，每学期都会有学生对例题 3.1.1 的题目写出类似下面的程序，请读者自行分析为何这个程序是错误的。

```
s = input().split()
x,y = float(s[0]),float(s[1])
m = '%.5f' % (x+y)
z = float(m) * x
print("%.5f" % z)
```

3.2 关系运算和 bool 类型

Python 中的数（整数、小数）和字符串都可以比较大小。列表、元组在特定情况下也

可以比较大小。有如下 6 个关系运算符（也叫比较运算符）用于比较大小。

（1）==：是否相等。

（2）!=：是否不相等。

（3）>：是否大于。

（4）<：是否小于。

（5）>=：是否大于等于。

（6）<=：是否小于等于。

比较的结果是 bool 类型，成立则为 True，不成立则为 False。bool 类型数据只有两种值，即 True 和 False。示例如下：

```
#prg0090.py
1.  print(3 < 5)              #>>True
2.  print(4 != 7)             #>>True
3.  a = 4
4.  print(a == 5)            #>>False
5.  print(2 < a < 6 < 8)      #>>True
6.  print(2 < a == 4 < 6)     #>>True
7.  print(2 < a == 5 < 6)     #>>False
8.  print((2 < a)==(7 < 8))   #>>True
9.  print(2 < a > 5)          #>>False
10. b = a <= 6                #b 的值是 True
11. print(b)                  #>>True
```

第 5 行：2 小于 a，a 小于 6，6 小于 8，因此结果是 True。

第 6 行：2 小于 a，a 等于 4，4 小于 6，因此结果是 True。

第 7 行：a 不等于 5，因此结果是 False。

第 8 行：2<a 和 7<8 这两个表达式的值都是 True，因此结果是 True。

第 10 行：将表达式 a<=6 的值赋给 b，因此 b 的值是 True。

字符串可以通过关系运算符比较大小。字符串里的每个字符都由 2 个字节的 Unicode 表示，编码就是一个整数。两个字符串比较大小，就是逐个字符的编码比较大小，直到分出胜负。因为大小写字母的编码不一样，所以字符串比较大小时，大小写是有区别的。例如：

```
a = "k"
print(a == "k")            #>>True
a = "abc"
print(a == "abc")          #>>True
print(a == "Abc")          #>>False
print("abc" < "acd")       #>>True
print("abc" < "abcd")      #>>True
print("abc" > "Abc")       #>>True，因为'a'的编码大于'A'的编码
```

英文字符串比较大小时，在英文词典里排在前面的单词就比排在后面的小。但是汉字的 Unicode 是按《康熙字典》的偏旁部首和笔画数来排序的，所以两个汉字字符串比较大小时，很难看出规律。

在 Python 中，True 和 1 等价，False 和 0 等价，可以互换使用。例如：

```
b = 3 < 4                  #b 的值为 True
print(b == 1)              #>>True
print(b == 2)              #>>False
```

```
print(b + 3)                #>>4    因为 b 等于 1

print(False == 0)           #>>True
print(False + 2)            #>>2    因为 False 等于 0
print(3 + (2 < 4))          #>>4    2 < 4 为 True, 即 1
```

6 个关系运算符的优先级是一样的，一起运算时，按从左到右的顺序进行。

3.3 逻辑运算

逻辑运算有与运算、或运算、非运算这 3 种，运算的结果都是 True 或 False。

1. 与运算

与运算形式为 exp1 and exp2。当且仅当 exp1 和 exp2 的值都为 True（或相当于 True）时，结果为 True（或相当于 True）。其他情况下，结果为 False（或相当于 False）。

在 Python 中，1 和 True 等价，0 和 False 等价。1 以外的非 0 的数、非空字符串、非空列表、非空元组、非空字典、非空集合等都相当于 True，可以参与逻辑运算，但它们并不等于 True；None、空字符串、空列表、空元组、空字典、空集合等都相当于 False，也可以参与逻辑运算，但它们并不等于 False。示例如下：

```
#prg0100.py
1.   print(1 < 2 and 1 < 3)          #>>True
2.   print(1 < 2 and 1 > 3)          #>>False
3.   n = 4
4.   print(n >= 2 and n < 5 and n%2 == 0)   #>>True
5.   print(n >= 2 and n < 5 and n%2 == 1)   #>>False
6.   print("" == False)              #>>False
7.   print([] == False)              #>>False
8.   print(2 == True)                #>>False
9.   print([2,3] == True)            #>>False
10.  print("ok" == True)             #>>False
11.  print(0 and "ok")               #>>0
12.  print(True and 8)               #>>8
```

第 4、5 行：可以有任意多个表达式参与与运算。当且仅当所有表达式的值都为 True（或相当于 True）时，结果为 True（或相当于 True）。

从第 6~10 行我们可以看出，空字符串、空列表都不等于 False，1 以外的非 0 的数、非空列表、非空字符串都不等于 True。

第 11、12 行："ok"、8 都相当于 True，因而都可以参与逻辑运算。这里只需要理解 0 and "ok" 的值相当于 False，True and 8 的值相当于 True 即可，至于这两行的输出结果为什么会是那样的，虽然是可以讲清楚的，但我们并不需要掌握这样的细节。

为叙述简便，后续提到表达式的值为"真"，说的就是表达式的值为 **True** 或相当于 **True**；提到表达式的值为"假"，说的就是表达式的值为 **False** 或相当于 **False**。

"相当于 True"和"相当于 False"这两个概念的作用详见 3.6 节。

2. 或运算

或运算形式为 exp1 or exp2。当且仅当 exp1 和 exp2 的值都为假时，结果为假，其他情况下结果为真。例如：

```
n = 4
print(n > 4 or n < 5)              #>>True
print(0 or "ok")                   #>>"ok",ok是真
print("" or [])                    #>>[],[]是假
print(4 > 5 or 4 >= 2 or 4%2 == 1) #>>True
print(2 > 3 or 10 < 8)             #>>False
```

3. 非运算

非运算形式为 not exp。exp 的值为真时，结果为假；exp 的值为假时，结果为真。例如：

```
print(not 4 < 5)      #>>False
print(not 5)          #>>False
print(not 0)          #>>True
print(not "abc")      #>>False
print(not "")         #>>True
print(not [])         #>>True
print(not [1])        #>>False
```

逻辑运算符的优先级是 not 最高，and 其次，or 最低。逻辑表达式中同样可以用"()"来指定其中的内容是一个整体，要先算。例如：

```
1.  print(3 < 4 or 4 > 5 and 1 > 2 )    #>>True
2.  print((3 < 4 or 4 > 5) and 1 > 2)   #>>False
3.  print(not 4 < 5 and 4 > 6)          #>>False
```

第 1 行：and 优先级高，因此等价于 3<4 or (4>5 and 1>2)。

第 3 行：not 比 and 优先级高，因此等价于(not 4<5) and 4>6，而非 not (4<5 and 4>6)。

逻辑表达式是短路计算的，即对逻辑表达式的计算，在整个表达式的值已经能够确定的时候就会停止。对于 exp1 and exp2，如果已经算出 exp1 的值为假，那么整个表达式的值肯定为假，于是 exp2 就不需要计算。对于 exp1 or exp2，如果已经算出 exp1 的值为真，那么整个表达式的值必定为真，于是 exp2 就不必计算。短路计算可以节省计算逻辑表达式的时间。

★3.4 位运算

Python 的位运算较难掌握，而且编写 Python 程序时，极少会用到位运算，故这里只做简略介绍。非计算机专业的读者可以跳过本节。

有时我们需要对某个 int 类型变量中的某一二进制位进行操作，比如，判断某一位是否为 1，或只改变其中某一位，而保持其他位不变。Python 提供了"位运算"，可以实现类似的操作。有如下 6 个位运算符用于进行位运算。

（1）&：按位与。

（2）|：按位或。

（3）^：按位异或。

（4）~：按位非。

（5）<<：左移。

（6）>>：右移。

使用 Python 函数 bin(x)可以得到整数 x 的二进制表示形式的字符串，该字符串以"0b"或"-0b"开头。例如：

```
print(bin(25))          #>>0b11001
print(bin(8))           #>>0b1000
print(bin(-8))          #>>-0b1000
```

1．按位与运算符

按位与运算符"&"是双目运算符。其功能是将参与运算的两个操作数对应的二进制位进行与操作。只有对应的两个二进制位均为 1，结果的对应二进制位才为 1，否则为 0。

例如：表达式 13&22 的计算结果是 4（即二进制数 0100），原因如下。

13 用二进制表示是：01101。

22 用二进制表示是：10110。

二者进行按位与运算所得结果是：00100。

按位与运算符用法举例：如果要判断一个 int 类型变量 n 的第 7 位（最右边是第 0 位）是否为 1，则只需看表达式 n & 0x80 的值是否等于 0x80。因为 0x80 的二进制表示形式是 1000 0000，只有第 7 位为 1，其余位都是 0。n 除了第 7 位，其余所有位和 0x80 的对应位进行与操作的结果都是 0，而 n 的第 7 位如果是 1，其和 0x80 的第 7 位进行与操作，结果就是 1；n 的第 7 位如果是 0，其和 0x80 的第 7 位进行与操作，结果就是 0。

2．按位或运算符

按位或运算符"|"是双目运算符。其功能是将参与运算的两个操作数对应的二进制位进行或操作。只有对应的两个二进制位都为 0，结果的对应二进制位才为 0，否则为 1。

例如：表达式 12&22 的值是 30（即二进制数 11110），原因如下。

12 用二进制表示是：01100。

22 用二进制表示是：10110。

二者进行按位或运算所得结果是：11110。

3．按位异或运算符

按位异或运算符"^"是双目运算符。其功能是将参与运算的两个操作数对应的二进制位进行异或操作。只有对应的两个二进制位不相同，结果的对应二进制位才为 1，否则为 0。

例如：表达式 12^22 的值是 26（即二进制数 11010），原因如下。

12 用二进制表示是：01100。

22 用二进制表示是：10110。

二者进行按位异或运算所得结果是：11010。

4．按位非运算符

按位非运算符"~"是单目运算符，也叫按位取反运算符。其功能是将操作数中的所有二进制位 0 变成 1，1 变成 0，即取反。

要理解按位非运算符，首先要理解整数在计算机中的表示形式，即整数的补码表示形式。

假设要用 16bit 来表示一个整数，一种简单的方法是用最高位（从右往左从 0 开始数的第 15 位）作为符号位来表示正负，符号位为 0 表示正数，符号位为 1 表示负数，其余的 15 位表示绝对值，比如 0000 0000 0000 0101 表示 5，1000 0000 0000 0101 表示-5。这么做的坏处是 0 有正 0 和负 0 两种表示形式，不但不自然，而且会造成浪费。16 位本应该能表示 2^{16} 个不同整数，0 有两种表示形式则使得能表示的不同整数变成 $2^{16}-1$ 个。为了避免浪费，引入了整数的补码表示法，其规定：用最高位作为符号位，符号位为 1 时，表示负数，其绝对值是符号位以外的所有位取反再加 1；符号位为 0 时，表示非负数，其绝对值是其余所有位。

例如，按照整数的 16 位补码表示法，1111 1111 1111 1111 表示-1。其符号位为 1，说明表示负数；除符号位外的其余位是 111 1111 1111 1111，所有位取反后得 000 0000 0000 0000，再加 1 就是 000 0000 0000 0001，故绝对值是 1。

同理，1000 0000 0000 0000 表示-2^{15}。因其除符号位外的其余位是 000 0000 0000 0000，所有位取反后得 111 1111 1111 1111，再加 1 得 1000 0000 0000 0000，即绝对值是 2^{15}（算绝对值的时候最高位不再当作符号位）。

16 位能表示的最大整数是 0111 1111 1111 1111，即 $2^{15}-1$。

求负整数 x 的 n 位的补码表示形式的方法是：写出 x 的绝对值的 n 位表示形式，然后所有位取反再加 1 即可。例如，-5 的绝对值 5 的 16 位表示形式是 0000 0000 0000 0101，取反得 1111 1111 1111 1010，再加 1 得 1111 1111 1111 1011，这就是-5 的 16 位补码表示形式。

C/C++、Java 的 int 类型数据都是 32 位的。然而 Python 的 int 类型数据并没有规定是多少位的。为便于理解，不妨认为，Python 先试图用 16 位表示一个整数，如果不够，就用 32 位表示，还不够，就用 64 位表示，再不够，就用 128 位表示……（虽然事实较复杂，并非如此，但可以这样理解）。这样就能方便解释为何 print(~5)的输出结果是-6：5 的 16 位补码表示形式是 0000 0000 0000 0101，~5 就是将该形式所有位取反，得 1111 1111 1111 1010，按照补码表示法的规定，这表示一个负数，绝对值是 111 1111 1111 1010 取反再加 1，即 000 0000 0000 0110，即 6，所以~5 的值就是-6。

5．左移运算符

左移运算符"<<"是双目运算符，用法是 a<<n，a 是整数，n 是非负整数。所得结果是在 a 的补码表示形式的右边加上 n 个 0，相当于原来的二进制位整体左移了 n 位。左移运算不会改变 a 的值。左移运算示例如下：

```
print(5 << 3)        #>>40
print(-2 << 2)       #>>-8
```

正数进行左移运算后符号位仍然为 0，负数进行左移运算后符号位仍然为 1。

5 的 16 位补码表示形式是 0000 0000 0000 0101，右边加 3 个 0 得 0000 0000 0000 0101 000，共有 19 位，那么将其视为一个 19 位的补码，则其表示 40。

−2 的 16 位补码表示形式是 1111 1111 1111 1110，右边加 2 个 0 得 1111 1111 1111 1110 00，共有 18 位，那么将其视为一个 18 位的补码，符号位为 1，故其表示负数；其余位取反加 1 得绝对值为 8，故其表示−8。

简单地说，a << n 的值就是 a*2^n。

6．右移运算符

右移运算符"＞＞"是双目运算符，用法是 a >> n，a 是整数，n 是非负整数。所得结果是将 a 的补码表示形式的右边 n 位删除。如果 a 是非负数，删除过多位将导致结果为 0；如果 a 是负数，删除过多位将导致结果为−1（符号位不能删除）。简单地说，a >> n 的值就是 a//2^n。应注意除法运算（使用运算符"//"）是往小取整的，如−8//5 的值是−2 而非−1。

右移运算不会改变 a 的值。右移运算示例如下：

```
print( 5 >> 1)    #>>2
print( 5 >> 8)    #>>0
print(-8 >> 2)    #>>-2
print(-8 >> 5)    #>>-1
```

3.5 运算符的优先级

Python 中各类运算符的优先级从高到低依次如下。

算术运算符：**、−（取相反数）、*、/、//、%、+、−（减法）。

位运算符：~、<<、>>、&、^、|。

关系运算符：<、>、==、!=、<=、>=。

逻辑运算符：not、and、or。

赋值运算符：=。

程序示例如下：

```
print( 3 + 2 < 5 )        #>>False
print( 3 + (2 < 5))       #>>4   因为2<5等于1
n = 4
a = 7 < n + 3 and n < 5   #n+3先算，<、>都比and优先级高
print(a)                  #>>False
```

再次强调，勤用"()"避免搞错优先级是一个利人利己的好习惯。

3.6 条件分支语句

程序是从上到下顺序执行的。有时，并非所有的程序语句都应该被执行，会希望满足某个条件就执行一部分语句，满足另一个条件就执行另一部分语句。这就需要"条件分支语句"，也叫"if语句"。if语句格式如下：

条件分支语句

```
if 表达式1:
    语句组1
elif 表达式2:
    语句组2
```

```
      ......
    elif 表达式 n:
          语句组 n
    else:
          语句组 n+1
```

elif 是 else if 的缩写。

if 语句的执行过程是：依次计算表达式 1、表达式 2……只要碰到一个表达式 i 的值为真，就执行语句组 i（前面为假的表达式对应的语句组都不会被执行），且后面的表达式都不再计算，对应的语句组也不会被执行。若表达式 1 至表达式 n 的值都为假，则执行语句组 $n+1$。

if 语句中的语句组由一条或多条语句组成，必须向右缩进至少 1 个空格。同一个语句组里的多条语句，缩进必须一样，即它们应该左对齐。通常缩进 4 个空格会比较美观、易读。在 Python 开发环境里，按 Tab 键（会生成制表符）进行缩进会比较方便。如果一个语句组里，有的语句缩进 4 个空格，有的语句缩进 1 个制表符，即使看上去是左对齐，也是不行的，PyCharm 会用红色浪纹线提示错误。要么都用空格缩进，要么都用制表符缩进。

Python 程序有一个规律：如果下一行要缩进，那么本行必须以 ":" 结尾。若忘记写 ":"，PyCharm 就会在行末用红色浪纹线提示错误。

if 语句可以没有 else，形式如下：

```
    if 表达式 1:
          语句组 1
    elif 表达式 2:
          语句组 2
    ......
    elif 表达式 n:
          语句组 n
```

对于上面这种情况，如果所有表达式的值都为假，则所有语句组都不会被执行。

if 语句中的 elif 可以有任意多个，也可以没有，形式如下：

```
    if 表达式 1:
        语句组 1
    else:
        语句组 2
```

对于上面这种情况，如果表达式 1 的值为真，就执行语句组 1，否则执行语句组 2。

if 语句也可以没有 elif 和 else，形式如下：

```
    if 表达式 1:
        语句组 1
```

对于上面这种情况，如果表达式 1 的值为真，就执行语句组 1，否则不执行。

下面是几个示例。

```
1.  if int(input()) == 5:          #输入 5 才会执行下面两行
2.      print("a", end="")
3.      print("b", end="")
4.  print("c")
```

输入 5，输出 abc。

输入 4，输出 c。

第 4 行没有缩进，因此不是 if 语句的一部分，它一定会被顺序执行。

```
1.  if int(input()) == 5:
2.      print("a",end="")
3.    print("b")
```

上面程序出错！第 3 行既没有和第 2 行对齐，也没有和第 1 行对齐，这个尴尬的位置让 Python 搞不清它到底是不是 if 语句的一部分。

前面提到过，在 Python 中，1 和 True 等价，0 和 False 等价。非 0 的数、非空的字符串、非空的列表、非空的元组、非空的字典、非空的集合，都可以表示"真"，可以参与逻辑运算，但它们并不等于 True。None、空字符串""、空列表[ ]、空元组、空字典、空集合，都可以表示"假"，也可以参与逻辑运算，但它们并不等于 False。结合 if 语句的示例如下：

```
1.  if "ok":                        #"ok"相当于 True，即真
2.      print("ok")                 #>>ok 此句会被执行
3.  if "":                          #""相当于 False，即假
4.      print("null string")        #此句不会被执行
5.  a = [4,2]
6.  if a and "ok":                  #非空列表是真，"ok"也是真
7.      print(a)                    #>>[4,2]
8.  if 20:                          #非 0 的数是真
9.      print(20)                   #>>20
10. if 0:                           #0 就是 False
11.     print(0)                    #此句不会被执行
```

什么是"相当于 True"和"相当于 False"

实际上，if 语句还可以把语句组和 if、elif、else 写在同一行，不过一般不推荐这样写。例如：

```
a = int(input())
if a % 6==0: print("hello"); print("world")
elif a % 3==0: print("happy");print("birthday")
else: print("you are"); print("welcome")
```

3.7 条件分支语句例题

例题 3.7.1：奇偶数判断（P0110）。

给定一个整数，判断该数是奇数还是偶数。

输入：输入仅一行，即一个大于 0 的正整数 n。

输出：输出仅一行，如果 n 是奇数，则输出"odd"；如果 n 是偶数，则输出"even"。

例题：奇偶数判断

样例输入：

```
5
```

样例输出：

```
odd
```

解题程序：

```
1.   if int(input()) % 2 == 1:
2.       print("odd")
3.   else:
4.       print("even")
```

第 1 行：输入数据虽然看上去是一个整数，但其实是一个字符串，不要忘记将其转换成整数。本行写成如下形式也是可以的，因为只要求模的结果不是 0，就是真。

```
if int(input()) % 2:
```

⊗ **常见错误：程序输出和题目要求的不一致。** 初学者常犯的错误之一，就是没有仔细看题目要求的输出。比如题目要求输出 "YES"，程序输出的是 "Yes"；题目要求输出 "case 1#"，程序输出的是 "case #1" 等。程序中要输出的固定文字，一定要从题目的 "样例输出" 中复制并粘贴，不要自己手动输入。根据作者的经验，每次期末上机考试时，都会有学生因为这种问题在一道题上花费很长时间，甚至最后也无法通过考试。

在一条 if 语句的某个语句组里，还可以再写 if 语句，称为 if 语句的嵌套。例如：

```
1.   a = int(input())
2.   if a > 0:
3.       if a % 2:
4.           print("good")
5.       else:
6.           print("bad")
```

输入 4，输出 bad。

输入 3，输出 good。

输入 –1，无输出。

对于第 3 行~第 6 行，只有在 a>0 时才会执行。a>0 的情况又被分为 a 是奇数和 a 是偶数两种。

```
1.   a = int(input())
2.   if a > 0:
3.       if a % 2:
4.           print("good")
5.   else:
6.       print("bad")
```

输入 4，无输出。

输入 3，输出 good。

输入 –1，输出 bad。

第 5 行和第 2 行是对齐的，因此它和第 2 行的 if 配对，而不是和第 3 行的 if 配对。输入 3 或 4 都会执行第 3 行的 if 语句，输入 –1 则不执行第 3 行，而是执行第 6 行。

⊗ **常见错误：将 if…elif…else 的结构写成多个 if 语句。** 不知道是因为 elif 不好记，还是其本身就是缩写令人不适，许多初学者在本该用 if…elif…else 的地方不用 elif，而是写多个并列的 if。比如，许多初学者会觉得下面两个写法没有区别。

```
#写法1
if a < 3:
```

```
        语句组 1
    elif a >= 3 and a < 10:
        语句组 2
    else:
        语句组 3


    #写法 2
    if a < 3:
        语句组 1
    if a >= 3 and a < 10:
        语句组 2
    if a >= 10:
        语句组 3
```

在初学者看来，反正写法 2 的 3 个条件只可能满足一个，3 个语句组也只能执行一个，因此写法 2 和写法 1 没有区别。当然，这种想法是错误的，因为没有考虑到写法 2 中语句组 1 或语句组 2 都有可能改变 a 的值，这使得第 3 个 if 语句的条件可能变成满足，从而导致执行语句组 3。想想下面两种做法的结果是否一样，就能明白。

```
    #做法 1
    if 你有不到 3 元:
        我给你 7 元
    elif 你的钱不少于 3 元但不到 10 元:
        你给我 2 元


    #做法 2
    if 你有不到 3 元:
        我给你 7 元
    if 你的钱不少于 3 元但不到 10 元:
        你给我 2 元
```

按照做法 2，假设你原来有 2 元，那么我会给你 7 元，于是你就有 9 元了。然后会怎样？会和做法 1 的结果一样吗？

例题 3.7.2：判断子串（P0120）。

输入两行字符串，要求判断第一行字符串是不是第二行字符串的子串。

输入：两行字符串。字符串长度不超过 100。

输出：如果第一行字符串是第二行字符串的子串，则输出"YES"，否则输出"NO"。

样例输入：

```
hello world
this is hello world, it is ok.
```

样例输出：

```
YES
```

解题程序 1：

```
s1,s2 = input(),input()
if s1 in s2:
    print("YES")
```

```
else:
    print("NO")
```

解题程序 2：

```
print(["NO","YES"][input() in input()])
```

第一个 input() 的值是第一行字符串，第二个 input() 的值是第二行字符串。如果第一行字符串是第二行字符串的子串，则 input() in input() 的值就是 True，也就是 1，["NO","YES"][1] 的值就是"YES"。

例题 3.7.3：三角形判断（P0130）。

给定 3 个正整数，分别表示 3 条线段的长度，判断这 3 条线段能否构成一个三角形。

输入：输入仅一行，包含 3 个正整数，分别表示 3 条线段的长度，数与数之间以一个空格隔开。

输出：如果能构成三角形，则输出"yes"，否则输出"no"。

样例输入：

```
3 4 5
```

样例输出：

```
yes
```

3 个数中，如果任意两个数的和都大于第 3 个数，以这 3 个数作为长度的线段就能构成三角形。

解题程序：

```
s = input().split()
a,b,c = int(s[0]),int(s[1]),int(s[2])
if a + b > c and b + c > a and a + c > b:
    print("yes")
else:
    print("no")
```

例题 3.7.4：简单计算器（P0140）。

一个简单的计算器，支持加、减、乘、除 4 种运算。仅需考虑输入、输出为整数的情况（除法运算结果就是商，忽略余数）。

输入：输入只有一行，共 3 个参数，其中第 1、2 个参数为整数，第 3 个参数为运算符（+、-、*、/）。

输出：输出只有一行，即一个整数，为运算结果。然而：

（1）如果出现除数为 0 的情况，则输出"Divided by zero!"；

（2）如果出现无效的运算符（即不为 +、-、*、/之一），则输出"Invalid operator!"。

例题：简单计算器

样例输入：

```
1 2 +
```

样例输出：

```
3
```

解题程序 1：

```
#prg0110.py
```

```
1.   s = input().split()
2.   a,b,c = int(s[0]),int(s[1]),s[2]
3.   if c in [ "+", "-", "*", "/"]:
4.       if c == "+":
5.           print(a+b)
6.       elif c == "-":
7.           print(a-b)
8.       elif c == "*":
9.           print(a*b)
10.      else:
11.          if b == 0:
12.              print("Divided by zero!")
13.          else:
14.              print(a//b)
15.  else:
16.      print("Invalid operator!")
```

第 14 行：题目要求输出整数，如果写成 a/b，即便能整除，输出的结果也是小数，不符合题目要求，因此要写成 a//b。

解题程序 2：

```
#prg0120.py
1.   s = input().split()
2.   if s[2] not in ['+','-','*','/']:
3.       print("Invalid operator!")
4.   elif s[2] == "/" and int(s[1]) == 0:
5.       print("Divided by zero!")
6.   else:
7.       print(int(eval(s[0] + s[2] + s[1])))
```

这个程序比较简洁，先用两个分支分别处理输入无效的运算符和除数为 0 两种特殊情况，其余情况都在 else 分支中统一处理。

第 7 行：若输入的是"12 4 +"，则为 print(int(eval('12+4')))。eval('12+4')的值就是将 12+4 看作 Python 表达式得到的值，即 16。要用 int()转换成整数，是因为要进行除法运算。比如 eval('12/4')的值是 3.0，要将其转换成整数才符合题目要求。

例题 3.7.5：摄氏温度和华氏温度转换（P0150）。

输入摄氏温度，就将其转换为华氏温度输出；输入华氏温度，就将其转换为摄氏温度输出。两者的转换关系是：

摄氏温度 = (华氏温度-32) ÷1.8

输入：摄氏温度或华氏温度。摄氏温度的格式是一个整数或小数后面加"C"或"c"，华氏温度的格式是一个整数或小数后面加"F"或"f"。

输出：转换后的温度。摄氏温度就在数值后面加"C"，华氏温度就在数值后面加"F"。输出数值保留小数点后面 2 位。

样例输入：

```
#样例输入 1
33.8F

#样例输入 2
43C
```

```
#样例输入 3
12.8c
```

样例输出：

```
#样例输出 1
1.00C
#样例输出 2
109.40F
#样例输出 3
55.04F
```

解题程序：

```
#prg0130.py
1.   temp = input()
2.   if temp[-1] in ['F','f']:              #如果输入华氏温度
3.       c = (float(temp[0:-1]) - 32 ) / 1.8
4.       print("%.2fC" % c)
5.   elif temp[-1] in "Cc":                 #如果输入摄氏温度。其实本行写 else 即可
6.       f = 1.8 * eval(temp[0:-1]) + 32
7.       print("%.2fF" % f)
```

第 2 行：temp[-1] 是字符串 temp 的最后一个字符。

第 3 行：该行用到了字符串切片的功能。若 s 是一个字符串，则 s[x:y] 是 s 的从下标 x 到下标 y 的左边那个字符构成的子串（切片）。例如，"12345"[1:3] 就是"23"，"abcdef"[2:-1] 就是"cde"。temp[0:-1] 就是 temp 去掉最右边那个字符（'C'、'c'、'F'或'f'）后剩下的部分。这部分要转换成小数再进行计算。计算的结果 c 一定是一个小数。

第 6 行：eval(temp[0:-1]) 把字符串 temp[0:-1] 看作一个 Python 表达式，求其值。不用 eval 而用 float 也是一样的。

上面的程序用在 OJ 平台上做题没有问题，因为 OJ 平台题目的输入会严格符合描述。作为一个实际的温度转换工具，它就非常不"称职"了。首先，该程序没有提示用户该如何输入；其次，如果用户输入时忘了带结尾的"C"（"c"）或"F"（"f"），比如输入 21，则程序会在没有任何输出结果的情况下结束，弄得用户"一头雾水"；最后，如果用户不小心输入错误，比如输入"a123F"，则程序会由于执行 int('a123') 这样不合法的转换导致 RE，程序立即中止并输出难以理解的错误信息。总之，这个程序对用户实在是太不友好了。好的程序，不但能正确处理合法的输入，对用户输入非法等各种异常的情况也要进行处理，并"优雅"地进行提示，不会导致 RE。

例题 3.7.6：幸运的年份（P0160）。

输入一个年份，如果该年份是中华人民共和国成立整十周年，就输出 "Lucky year"；如果该年份是中国共产党成立整十周年，就输出 "Good year"；如果该年份是闰年，就输出 "Leap year"；如果该年份是大于 0 的其他年份，就输出 "Common year"；如果该年份小于等于 0，就输出 "Illegal year"。

例题：幸运的年份

闰年的定义是：能被 400 整除的年份，或能被 4 整除但不能被 100 整除的年份。

样例输入：

```
#样例输入 1
-2
```

```
#样例输入 2
1959
#样例输入 3
2011
#样例输入 4
1980
```

样例输出：

```
#样例输出 1
Illegal year
#样例输出 2
Lucky year
#样例输出 3
Good year
#样例输出 4
Leap year
```

解题程序：

```
#prg0140.py
1.   year = int(input())
2.   if year <= 0:
3.       print("Illegal year")
4.   else:
5.       if year > 1949 and (year - 1949) % 10 == 0 : #中华人民共和国成立整十周年
6.               print("Lucky year")
7.       elif year > 1921 and not ((year - 1921) % 10): #中国共产党成立整十周年
8.               print("Good year")
9.       elif year % 4 == 0 and year % 100 or year % 400 == 0: #闰年
10.              print("Leap year")
11.      else:
12.              print("Common year")
```

第 7 行：(year - 1921) % 10 的值如果为非 0，则可代表真；如果为 0，则可代表假。本行只是演示一下可以这么写，并不是必须这么写或这么写最好。

3.8 习题

1. 写出下面 3 条语句的输出结果。

   （1）print(15//4)

   （2）print(12/4)

   （3）print(15//2.0)

2. 写出下面 4 条语句的输出结果。

   （1）print(3.2/1.6)

   （2）print(3+9/3)

   （3）print(−5**2)

   （4）print(12//2*3)

3. 下面_____表达式是没有错误的。

A. 3+−5 　　　　B. 2(3+2)(5+3) 　C. 2*|−3| 　　　　D. 9***3

4. 下面_____表达式是有错误的。

　　A. True+False 　　B. 25−True 　　　C. 35 + "" 　　　　D. 8 + (3 < 5)

5. 下面_____表达式的值不是 True。

　　A. 3 < 5 or 2 > 8 　　　　　　　　B. "ok"==True

　　C. 2−2 == False 　　　　　　　　D. 3 < 5 > 2

6. 下面_____表达式的值是真（True 或相当于 True）。

　　A. 4−4 　　　　B. "0" 　　　　C. "" 　　　　D. None

7. 下面_____表达式的值是假（False 或相当于 False）。

　　A. [None] 　　　B. "[]" 　　　C. "0" 　　　D. not "abc"

8. x 是整数，与关系表达式 x==0 等价的表达式是_____。

　　A. x=0 　　　　B. not x 　　　C. x 　　　　D. x!=1

9. 下面 4 个运算符中_____优先级最高。

　　A. ** 　　　　B. − 　　　　C. ^ 　　　　D. ==

★10. 写出 18 和−7 的 16 位补码表示形式。

★11. 写出 16 位补码 1101 0000 0001 0000 和 0101 0000 0001 0000 所表示的整数。

★12. 写出下面 4 条语句的输出结果。

　　（1）print(12&21)

　　（2）print(12|21)

　　（3）print(12^21)

　　（4）print(~9)

13. 下面程序的输出结果为_____。

```
a = "0"
if a or 0:
    print("1")
else:
    print(2)
```

14. 满足以下两个条件之一的数是好数。

（1）此数是 12、22 和 9 的公倍数。（2）此数是 5 和 4 的公倍数但不能被 8 整除。

下面的程序用于判断输入的整数是否为好数。如果是好数，则输出"yes"，否则输出"no"。请填空。

```
n = int(input())
if _____ :
    print("yes")
else:
    print("no")
```

15. 以下是编程题，可以到 OpenJudge 平台的"程序设计实习 MOOC"小组中和本书同名的比赛中进行提交。括号中的数是题目编号。

（1）计算 2 的幂（P0170）。给定非负整数 n，求 2^n。

（2）计算多项式的值（P0180）。对于多项式 $f(x)=ax^3+bx^2+cx+d$ 和给定的 a、b、c、d、x，计算 $f(x)$ 的值。

（3）车牌限号（P0190）。今天某市交通管制，车牌尾号为奇数的车才能上路。编写程序判断给定的车牌号的车今天是否能上路。

（4）点和正方形的关系（P0200）。有一个正方形，4个角的坐标(x,y)分别是(1,-1)、(1,1)、(-1,-1)、(-1,1)，x 是横坐标，y 是纵坐标。编写一个程序，判断一个给定的点是否在这个正方形内（包括正方形边界）。

（5）计算邮费（P0210）。根据邮件的质量和用户是否选择加急计算邮费。计算规则：质量在 1000g 以内（包括 1000g），基本费 8 元。超过 1000g 的部分，每 500g 加收超重费 4 元，不足 500g 的部分按 500g 计算；如果用户选择加急，多收 5 元。

（6）分段函数（P0220）。编写程序，计算下列分段函数 y=f(x) 的值。

$$y = \begin{cases} -x + 2.5, 0 \leqslant x < 5 \\ 2 - 1.5(x-3)(x-3), 5 \leqslant x < 10 \\ x/2 - 1.5, 10 \leqslant x < 20 \end{cases}$$

★（7）苹果和虫子（P0240）。你买了一箱 n 个苹果，很不幸的是买完后箱子里混进了一条虫子。虫子每 x 小时能吃掉一个苹果，假设虫子在吃完一个苹果之前不会吃另一个，那么经过 y 小时你还有多少个完整的苹果？

第 4 章

循环语句

有时，需要重复多次执行一系列语句，循环语句就提供这样的功能。Python 中的循环语句有 for 循环语句和 while 循环语句两种。

4.1 for 循环语句

for 循环语句

for 循环语句格式如下：

```
for 变量 in 序列:
    语句组 1
else:
    语句组 2
```

先依次对序列中的每个值执行语句组 1，再执行语句组 2。语句组 1 被执行的次数称为循环的次数。大多数情况下其实不需要 else 和语句组 2。语句组要缩进。序列可以是 range(...)，也可以是字符串、列表、元组、字典、集合。例如：

```
for i in range(4):
    print(i,end = " ")
```

程序输出：

```
0 1 2 3
```

range(n)是一个序列，包含整数 0,1,2,…,$n-1$，相当于一个左闭右开的区间[0,n)。上面的 for 循环语句中，i 依次取 range(4)这个区间里面的每个值（0,1,2,3）并输出。

range(0)是一个空序列。因此下面的程序无输出：

```
for i in range(0):
    print(i)
```

range(m,n)则对应一个左闭右开的区间[m,n)。例如：

```
for i in range(5,9):
    print(i,end = " ")
#>>5 6 7 8
```

range(n,n)是一个空序列。总之，若 n 小于等于 m，则 range(m,n)是空序列。

range(m,n,s)表示一个序列，m 是起点，n 是终点，s 称为"步长"。序列的第一个元素是 m，第二个元素是 m+s，第三个元素是 m+2×s……但是终点 n 不取。如果 m 大于 n 且 s

是负数，则为从大往小取。例如：

```
for i in range(0, 10, 3) :   #步长为3，即每3个元素取1个
    print(i,end = " ")
#>>0 3 6 9
for i in range(-10, -100, -30):
    print(i, end = " ")
#>>-10 -40 -70
```

程序输出：

```
0 3 6 9 -10 -40 -70
```

可以用 for 循环语句遍历列表和字符串，即依次访问列表中的每个元素或字符串中的每个字符。例如：

```
#prg0150.py
1.  a = [123,'ok', 'pku', 'QQ']
2.  for i in range(len(a)):     #len(a)用于求列表a的长度（元素个数）
3.      print(i, a[i], end = ",")
4.  #>>0 123,1 ok,2 pku,3 QQ,
5.  print("")                   #换行
6.  for i in a:
7.      print(i,end = " ")
8.  #>>123 ok pku QQ
9.  print("")
10. for letter in 'Taobao':
11.     print(letter,end="")
12. #>>Taobao
```

第2行：如果 x 是字符串、列表、元组、字典或集合，len(x)可以求 x 的长度，即元素个数。比如，len("abc")的值是3。

第5行：输出空串，相当于换行。

第6、7行：i 的值依次取 a[0],a[1],…,a[3]，输出每个 i 的值。因此这个循环的输出如第8行所示。

第10行：letter 依次取'Taobao'中的每个字符。

程序输出：

```
0 123,1 ok,2 pku,3 QQ,
123 ok pku QQ
Taobao
```

下面是一个带 else 的 for 循环语句的例子：

```
cities = ["Beijing","Chengdu","Wuhan","Tianjin"]
for city in cities:
    print(city,end = ",")
else:
    print("No break")
print("Done!")
```

程序输出：

```
Beijing,Chengdu,Wuhan,Tianjin,No break
Done!
```

可见，在遍历完序列 cities 中的每个值以后，才会执行 else 里面的语句组。

可以用 for 循环语句连续输出 26 个小写字母。例如：

```
for i in range(26):
    print(chr(ord("a") + i),end="")
```

程序输出：

abcdefghijklmnopqrstuvwxyz

在 Python 中，每个字符都是长度为 1 的字符串，每个字符都有一个编码。字符的编码是整数。ord(x)用于求字符 x 的编码，chr(x)用于求编码为整数 x 的字符。字符 a 到 z 的编码是连续的，即 a 的编码加 1 就是 b 的编码，再加 1 就是 c 的编码……

上面这段话提到的编码是指 Unicode。编码有 Unicode、UTF-8、ASCII、GBK 等多种，在 9.2 节会详细解释。

i 的取值范围为 0～25，因此 ord("a")＋i 依次是 a,b,c,…,z 的编码，chr(ord("a")＋i)自然就依次是 a,b,c,…,z。

A～Z、0～9 的编码也是连续的。下面程序的输出是 0123456789：

```
for i in range(10):
    print(chr(ord("0") + i),end="")
```

例题 4.1.1：输入 *n* 个整数求和（**P0260**）。

输入：第一行是整数 *n*，*n*≥1；后面有 *n* 行，每行包括一个整数。

输出：输出后面 *n* 个整数的和。

样例输入：

```
3
1
2
8
```

样例输出：

```
11
```

解题程序：

```
n = int(input())
total = 0                    #n 个整数的和，初始值设成 0
for i in range(n):           #循环 n 次
    total += int(input())    #每次读入一个整数，累加到 total 上
print(total)
```

例题 4.1.2：从小到大输出正整数 *n* 的因子（**P0270**）。

样例输入：

```
24
```

样例输出：

```
1 2 3 4 6 8 12 24
```

解题程序:

```
1.    n = int(input())
2.    for x in range(1,n+1):
3.        if n % x == 0:
4.            print(x,end=" ")
```

如果从大到小输出 n 的因子,则可以将第 2 行改为:

```
for x in range(n,0,-1):
```

range(n,0,-1)表示序列 $n,n-1,\cdots,2,1$。注意,不包括终点 0。

4.2 break 语句和 continue 语句

break 语句用于从循环中跳出。例如:

```
#prg0160.py
1.    cities = ["Beijing","Chengdu","Wuhan","Tianjin"]
2.    for city in cities:
3.        if city[0] == 'W':
4.            break
5.        print(city,end = ",")
6.    else:
7.        print("No break")
8.    print("Done!")
```

break 语句和
continue 语句

程序输出:

Beijing,Chengdu,Done!

第 4 行:break 语句导致 for 循环语句立即结束,本次循环语句组中剩余的部分即第 5 行不执行。因此,当 city 等于"Wuhan"时,不输出 Wuhan,for 循环直接结束,连 else 部分都不会被执行。

continue 语句用于立即结束本次循环,开始下一次循环。例如:

```
1.    for letter in 'Taobao':
2.        if letter == 'o':        #字母为 o 时跳过输出
3.            continue             #直接跳到下一次循环
4.        print (letter,end = "")
```

程序输出:

Taba

第 3 行:continue 语句导致本次循环立即结束,语句组中剩余的部分即第 4 行不执行,直接开始下一次循环,即 letter 变为下一个字母。所以字母 o 没有被输出。

4.3 多重循环

循环可以嵌套,即循环的语句组里面还可以包含循环,形成多重循环,写法为:

```
for i in 序列1:
    ......
```

```
for j in 序列2:
    内重循环语句组
```

forⅰ这个循环称为外重循环，forj这个循环称为内重循环。如果序列1是range(n)，序列2是range(m)，那么内重循环语句组会被执行n×m次。

例题4.3.1：多次求n个数的和（P0280）。

输入：第一行是整数m，m≥1，表示有m组数据；接下来就是m组数据。每组数据的第一行是整数n，n≥1，表示有n个整数需要求和；接下来是n行，每行一个整数。

输出：对每组数据，输出n个整数的和。

样例输入：

```
2
3
1
2
3
2
10
20
```

样例输出：

```
6
30
```

OpenJudge平台上的题目经常如本题一样，有多组数据。对每组数据都要输出答案。本题有两组数据，第一组数据是：

```
3
1
2
3
```

表示有3个整数要求和，分别是1,2,3。第二组数据是：

```
2
10
20
```

表示有2个整数要求和，分别是10,20。

程序读入一组数据后马上就可以进行计算并且输出结果。不需要把每组数据对应的答案都求好然后一起输出。

解题程序：

```
m = int(input())
for i in range(m):           #m组数据，所以要处理m次
    n = int(input())
    total = 0
    for j in range(n):       #n个数，每个数一行，所以要执行input()n次
        total += int(input())
    print(total)
```

⊗常见错误：处理多组数据时，忘记初始化一些变量。比如，将前面程序中的 total = 0 写在了循环外面，导致在处理每组数据前 total 没有被初始化为 0。如果只用一组数据进行测试，就不能发现这样的错误。所以，做需要使用多组数据的题目时，一定要用多组数据进行测试。

例题 4.3.2：字符直角三角形（**P0290**）。

输入一个字符 c 和一个整数 n（n>0），要求输出一个高为 n 行的由字符 c 构成的直角三角形，第 i 行有 i 个字符 c。

样例输入：

```
x 3
```

样例输出：

```
x
xx
xxx
```

解题程序：

```
#prg170.py
1.  s = input().split()
2.  c,n = s[0],int(s[1])
3.  for i in range(1,n+1):      #输出 n 行
4.      for j in range(i):      #每行输出 i 个字符
5.          print(c,end="")
6.      print()                 #换行
```

当然，把第 4 行到第 6 行代码替换成 print(c*i)会更简洁。

例题 4.3.3：求有多少种和为因子的取法（**P0300**）。

输入正整数 n 和 m，在 1~n 中取出两个不同的数，使得其和是 m 的因子，问有多少种不同的取法。输出这些取法。

输入：输入仅一行，包括正整数 n 和 m。n 和 m 都不大，不必担心超时。

输出：每种取法由两个数表示，第一个数必须小于第二个数。按第一个数从小到大的顺序输出所有取法。每行包括一种取法。最后一行输出取法总数。如果无解，就只输出 0。

样例输入：

```
9 18
```

样例输出：

```
1 2
1 5
1 8
2 4
2 7
3 6
4 5
7
```

解题思路：枚举 1~n 中取两个数的所有取法，对每一种取法，判断其和是不是 m 的因子。枚举的办法如下。

第一个数取 1，第二个数分别取 2,3,…,n。

第一个数取 2，第二个数分别取 3,4,…,n。

……

第一个数取 n-2，第二个数分别取 n-1,n。

第一个数取 n-1，第二个数取 n。

解题程序：

```
#prg0180.py
1.  total = 0                          #取法总数
2.  lst = input().split()
3.  n,m = int(lst[0]),int(lst[1])
4.  for i in range(1,n):               #取第一个数 i，共 n-1 种取法
5.      for j in range(i+1,n+1):       #第二个数 j 要比第一个数 i 大，以免取法重复
6.          if m % (i + j) == 0:       #i+j 是 m 的因子
7.              print(i,j)
8.              total += 1
9.  print(total)
```

如果按照第一个数从大到小的顺序输出所有取法，则第 4 行应该写为：

```
for i in range(n-1,0,-1):
```

如果修改题目要求，只需要输出一对和为 m 的因子的数，则修改程序如下：

```
#prg0184.py
1.  lst = input().split()
2.  n,m = int(lst[0]),int(lst[1])
3.  for i in range(1,n):
4.      found = False                  #没有找到符合要求的数对
5.      for j in range(i+1,n+1):
6.          if m % (i + j) == 0:
7.              found = True           #已经找到符合要求的数对
8.              print(i,j)
9.              break                  #后面的 j 不用取了
10.     if found:                      #如果已经找到符合要求的数对，则后面的 i 也不用取了
11.         break
```

运行 prg0184.py 程序，当输入为

```
10 26
```

时，输出为：

```
3 10
```

多重循环中的 break 语句，只会跳出它所在的那重循环，不会跳出更外重的循环。prg0184.py 程序若执行到第 9 行，就会跳出内重循环，跳到第 10 行继续执行。执行第 11 行的 break 语句会跳出外重循环，导致程序结束。

多重循环中的 continue 语句，也只会回到它所在的那重循环的开头。

4.4 while 循环语句

while 循环语句格式如下：

```
while 表达式 exp:
    语句组 1
else:
    语句组 2
```

while 循环语句执行步骤如下。

第 1 步：判断表达式 exp 是否为真，若为真，转至第 2 步；若为假，转至第 3 步。

第 2 步：执行语句组 1，然后回到第 1 步。

第 3 步：执行语句组 2。

第 4 步：while 循环语句执行完毕，程序继续执行。

一般情况下不需要写 else，而写成如下形式：

```
while 表达式 exp:
        语句组 1
```

while 循环语句执行步骤如下。

第 1 步：判断表达式 exp 是否为真，若为真，转至第 2 步；若为假，转至第 3 步。

第 2 步：执行语句组 1，然后回到第 1 步。

第 3 步：while 循环语句执行完毕，程序继续执行。

连续输出 26 个字母可以用 while 循环语句实现，程序如下：

```
i = 0
while i < 26:        #只要 i<26 就执行下面的语句组
    print(chr(ord("a") + i),end="")
    i+=1
```

有时会用到下面这种写法：

```
while True:
    ......
    if exp:
        break
    ......
```

while True 意味着这个循环会不断地执行。只有 exp 为真，执行 break 语句的情况下才会终止循环。

continue 语句同样适用于 while 循环语句。

下面的程序提示用户输入密码，密码不正确则提示"密码不正确！"并要求重新输入密码；密码正确则提示"密码输入成功！"，然后结束。密码是 pku。

```
while (input("请输入密码:")!= "pku"):
        print("密码不正确!")
print("密码输入成功!")
```

程序运行结果可能如下：

请输入密码:bba✓
密码不正确!
请输入密码:std✓
密码不正确!
请输入密码:pku✓
密码输入成功!

例题 4.4.1：求最小公倍数（P0320）。

输入 3 个不超过 100 的正整数，输出它们的最小公倍数。

样例输入：

```
4 6 8
```

样例输出：

```
24
```

解题思路：一种用计算机解决问题的基本思路，叫作枚举，也叫作穷举。即逐个尝试所有可能的答案，并加以验证，直到验证成功，就找到了答案。具体到本题，就可以从 1 开始，对每个正整数判断是不是输入的 3 个正整数的公倍数，如果是，就找到了答案。

解题程序：

```
#prg0200.py
1.  s = input().split()
2.  x,y,z = int(s[0]),int(s[1]),int(s[2])
3.  n = 1
4.  while True:
5.      if n % x == 0 and n % y == 0 and n % z == 0:
6.          break        #结束循环
7.      n = n + 1
8.  print(n)
```

第 6 行：如果程序运行到本行，则直接结束循环，不会再次执行 n=n+1。

本程序也可以换种写法，即将第 4~7 行代码用下面两行代码替代：

```
while not (n % x == 0 and n%y == 0 and n%z == 0): #n 不是 x、y、z 的公倍数就循环
    n += 1
```

上面的程序效率不高，因为很多 n 根本没必要去验证其是不是答案。首先，没必要从 1 开始试，应该从 3 个数中最大的那个数（假设为 m）开始试。另外，大于等于 m 的数也不需要每个都试，只需要试 m 的倍数即可。

在枚举的时候，应该尽量减少无用的尝试，避免花时间验证那些根本不可能是答案的选项。

本题程序可以改进为：

```
#prg0210.py
1.  s = input().split()
2.  x,y,z = int(s[0]),int(s[1]),int(s[2])
3.  n = m = max(x,y,z)              #从三者里面最大的数开始试
4.  while n % x or n % y or n % z:  #n%x 非 0 即真
```

```
5.       n += m               #只试 m 的倍数
6.  print(n)
```

第 3 行：在 Python 中，max(a1,a2,...,an)可以求 n 项里面最大的项。这 n 项可以是数值、字符串、元组、列表等各种可以比较大小的数据。

实际上，上面这个程序还可以进一步改进。比如，如果找到了 m 和 x 的最小公倍数 k，那么只需要试 k 的倍数即可。

例题 4.4.2：将十进制数转换为二进制数（P0330）。

输入一个十进制形式的整数，输出其二进制表示形式。

样例输入：

```
132
```

样例输出：

```
10000100
```

解题思路：使用 1.1 节中提到的短除法，不停地除以 2 并取余数，将短除过程中得到的余数拼接成一个字符串，再将其倒过来，就是结果。

解题程序：

```
#prg0220.py
1.  n = int(input())
2.  if n < 0:
3.      n = -n
4.      print("-",end="")     #输出负号
5.  elif n == 0:
6.      print("0")
7.      exit()                #程序结束
8.  result = ""
9.  while n > 0:
10.     result += str(n % 2)  #拼接余数
11.     n //= 2
12. print(result[::-1])
```

第 7 行：exit()是 Python 函数，执行它会导致程序结束。

第 12 行：result[::-1]是将字符串 result 倒过来的字符串，此内容 6.2 节会详细介绍。

本题是有"坑"的。题目中没说 n 不可以是负数，且 n=0 是一种特殊情况，处理逻辑和 n>0 时是不一样的。这种"坑"不仅在做题时会出现，在真实的软件开发中也会出现。比如银行卡余额是 0 或者负数，可能就需要特殊处理。

实际上 Python 提供了函数 bin(x)来求整数 x 的二进制表示形式，例如 bin(12)的值就是字符串"0b1100"，bin(-8)的值就是字符串"-0b1000"。

4.5 异常处理

程序的运行时错误也称为异常，它会导致程序突然中止，并输出一些表明异常产生原因的信息。引发异常的原因多种多样，如下标越界、不正确的转换、除法运算中除数为 0、把整数和字符串相加、要打开的文件不存在……Python

异常处理

提供了对异常进行处理的手段，使得程序即使发生异常，也不会中止，而是可以根据程序员的意图继续运行。

try...except 语句用于进行异常处理，其格式如下：

```
try:
    语句组 1
except:
    语句组 2
```

执行语句组 1。如果执行过程中没有产生异常，就不会执行语句组 2；如果产生异常，程序并不会中止，而是立即从语句组 1 中跳出，去执行语句组 2。例如：

```
#prg0230.py
1.  try:
2.      n = int(input())
3.      print("hello")
4.      a = 100/n
5.      print(a)
6.  except:
7.      print("error")
8.  print("end")
```

程序运行结果可能有以下几种情况。

```
5↙
hello
20.0
end
```

输入 5，没有产生异常，因此第 7 行不会被执行。

```
0↙
hello
error
end
```

输入 0，第 4 行除数为 0 导致异常，因此第 5 行不会被执行，而是跳到第 7 行继续执行。

```
abc↙
error
end
```

输入 abc，在第 2 行试图将字符串'abc'转换成整数的时候发生异常，第 3～5 行都不会被执行，程序跳至第 7 行继续执行。

有时，希望对产生的异常强硬地不加理会，程序继续运行就好，那么可以这么写：

```
try:
    ......
except:
    pass
```

pass 语句是 Python 语句，表示什么都不做，可以用在任何地方，就是占个位置而已。OpenJudge 平台上的有些题目未说明有多少数据，输入数据也没有结束的标志（有的题目会提示输入一行"end"表示数据结束），这种情况下就需要用异常处理语句来进行输入。

例题 4.5.1：求最大整数（P0340）。

输入：输入若干行，每行包括若干整数。

输出：所有整数中最大的数。

样例输入：

```
8 2 6 3
7 9
3 5
```

样例输出：

```
9
```

解题思路：设置一个变量，比如 maxV，用来记录到目前为止遇到的最大整数。一开始，maxV 就取第一个整数。然后每遇到一个整数 x，就和 maxV 比较，如果 x 大于 maxV，就更新 maxV 为 x。最后输出 maxV。注意 maxV 的初始值不能设成 0。虽然"样例输入"里面所有整数都是大于 0 的，但是题目中并没有这么说。也可能所有整数都是负数——这也是"坑"。

本题的难点在于，不知道一共有多少行输入。**如果输入结束（已经没有输入数据了）还执行 input()，就会产生异常。**因此可以使用异常处理语句，一旦发现产生的异常，就意味着输入结束，程序也就可以结束了。

解题程序：

```
#prg0240.py
1.   s = input()
2.   lst = s.split()
3.   maxV = int(lst[0])              #maxV用来记录最大整数，一开始假设是第一个整数
4.   while True:                     #总是要执行循环
5.       for x in lst:
6.           maxV = max(maxV, int(x))
7.       try:
8.           s = input()             #如果已经没有输入数据了还执行 input()，会产生异常
9.       except:
10.          break
11.      lst = s.split()
12.  print(maxV)
```

第 6 行：将 maxV 更新为 maxV 和 int(x)中的更大者。这种写法比用 if 语句判断 int(x)是否大于 maxV 然后决定要不要更新 maxV 更为简洁。

第 8 行：如果已经没有输入数据了，执行 input()就会产生异常，程序会跳到第 10 行执行，导致跳出循环，直接运行第 12 行。于是输出 maxV。

在本机运行程序时，输入一行后，程序就会等待输入下一行。如何告诉程序输入已经结束呢？在 IDLE 或 PyCharm 中运行程序时，在新的一行按 Ctrl+D 组合键就可以表示输入结束。如果用命令行方式运行程序，在新的一行按 Ctrl+Z 组合键并按 Enter 键就可以表示输入结束。

⊗ **常见错误**：处理数值时，忘记将读入的字符串转换成数。比如例题 4.5.1，第 3 行和第 6 行不使用 int() 进行转换，样例数据也能通过。因为按字符串比较大小的规则，'9' 也是最大的。在进行数据测试的时候，不要偷懒只用 10 以下的整数，也许就能发现错误。

在进行异常处理时，try 语句组中的语句应该尽可能少。不可能产生异常的语句，就尽量不要放在 try 语句组中。

4.6 循环语句综合例题

例题 4.6.1：求斐波那契数列第 k 项（P0350）。

斐波那契数列是指这样的数列：数列的第一项和第二项都为 1，接下来每一项都等于前两项之和。给出一个正整数 k，求斐波那契数列中第 k 项是多少。

输入：输入一行，包含一个正整数 k（$1 \leqslant k \leqslant 46$）。

输出：输出一行，包含一个正整数，表示斐波那契数列中第 k 项。

样例输入：

```
19
```

样例输出：

```
4181
```

解题程序：

```python
#prg0250.py
1.   k = int(input())
2.   a1 = a2 = 1
3.   for i in range(k-2):
4.       a1,a2 = a2,a1+a2
5.   print(a2)
```

第 2 行：用 a1、a2 存放已经求出的倒数第二项和最后一项。最初这两项都是 1。

第 3 行：每次循环新求出一项，因此循环要进行 (k-2) 次。

第 4 行：新项是 a1+a2。求出新项后，原最后一项变成倒数第二项，新项变成最后一项。

第 5 行：已经求出的最后一项总是放在 a2 里面。因此最后输出 a2 即可。

本题这种不断由已知推出未知，再把未知当作已知推出新的未知的办法，称为"迭代"，是一种常用的思路。

例题 4.6.2：求阶乘的和（P0360）。

给定正整数 n，求不大于 n 的正整数的阶乘的和（即求 1!+2!+3!+…+n!）。

输入：一个正整数 n（$1 < n < 12$）。

输出：不大于 n 的正整数的阶乘的和。

样例输入：

```
5
```

样例输出：

```
153
```

解题程序 1：

```
1.  n = int(input())
2.  s = 0                        #阶乘和
3.  for i in range(1,n+1):
4.      f = 1                    #f 用于存放 i 的阶乘
5.      for j in range(1,i+1):   #计算 i 的阶乘
6.          f *= j
7.      s += f
8.  print(s)
```

上面程序中，i 为 1 时，第 6 行执行 1 次；i 为 2 时，第 6 行执行 2 次……因此第 6 行一共执行 1+2+3+…+n 次，共计做乘法运算 $n(n+1)/2$ 次。这样做有很多重复计算，比如算 3!时算了一遍 1×2×3，算 4!时又算了一遍 1×2×3，再乘 4。好的做法应该是，1×2×3 只算一遍就记下来，算 4!时直接用记下来的结果乘 4。

解题程序 2：

```
#prg0260.py
1.  n = int(input())
2.  s,f = 0,1                    #s 是阶乘和，f 的值开始是 1 的阶乘
3.  for i in range(1,n+1):
4.      f *= i
5.      s += f
6.  print(s)
```

第 4 行：可以看出，f 的值变化的过程是：1，1×2，1×2×3，1×2×3×4……即执行本行时，f 的值是(i−1)的阶乘；执行完则 f 的值变成 i 的阶乘。这个过程中没有重复计算。每次循环做乘法运算 1 次，共计做乘法运算 n 次。而对于解题程序 1，其乘法运算次数是 n^2 量级的，当 n 很大时，程序运行速度会和 n 很小时有很大区别。当然，对于本题，由于 n 很小，所以怎么做都能通过。

把计算结果保存起来重复利用以避免重复的计算，是提高程序运行效率的重要方法。

例题 4.6.3：求不大于 *n* 的全部质数（P0370）。

输入：一个正整数 n（$2 \leqslant n \leqslant 1000$）。

输出：在一行中从小到大输出不大于 n 的所有质数。

样例输入：

```
8
```

样例输出：

```
2 3 5 7
```

解题思路：最简单的方法就是枚举，即对[2,n]内的每个整数 i，考查 i 是不是质数。考查 i 是不是质数的方法是：对[2,i−1]内的每个正整数 k，考查 k 是不是 i 的因子。如果 k 是 i 的因子，则 i 不是质数。但是采用这个方法，会做很多没必要的尝试，效率不高。首先，所有的偶数都不用管，只考查奇数即可。其次，寻找 i 的因子时，不必考查[2,i−1]中的每个整数，只需要考查到刚好大于等于 $\sqrt{i}$ 的那个整数 m 即可。因为，如果 i 不是质数，则 i 一定可以分解成 $p \times q$（$p,q > 1$，$p \leqslant q$ 且 $p \leqslant m$）。那么考查到 m 时，一定会发现 p 是 i 的因子。

例题：求不大于 n 的全部质数

反之，如果考查到 m 时，还是没有发现 i 的因子，那么 i 就不是质数。

解题程序：

```
#prg0270.py
1.   n = int(input())
2.   print(2,end = " ")
3.   for i in range(3,n+1,2):        #步长为2，只判断奇数
4.       ok = True                    #先假设 i 是质数
5.       for k in range(3,i,2):       #步长为2，只考虑奇数
6.           if i % k == 0:
7.               ok = False
8.               break                #发现 k 是 i 的因子，i 不是质数
9.           if k*k > i:
10.              break                #大于 i 的平方根的数就不用试了
11.      if ok:
12.          print(i,end=" ")
```

第 4 行：设置一个标志变量 ok，用来表示 i 是不是质数。一开始假设 i 是质数，所以让 ok 的值是 True。

第 7、8 行：发现 k 是 i 的因子，断定 i 不是质数，因此 ok 的值改为 False。没有必要再找更多 i 的因子，因此用 break 结束第 5 行开始的循环。

例题 4.6.4：角谷猜想（P0380）。

角谷猜想是指对于任意一个正整数，如果是奇数，则乘 3 加 1，如果是偶数，则除以 2，得到的结果再按照上述规则重复处理，最终总能得到 1。

输入：一个正整数 N（$N \leqslant 2000000$）。

输出：从输入整数到 1 的步骤，每一步为一行，每一步中描述计算过程。最后一行输出 "End"。如果输入为 1，则直接输出 "End"。

样例输入：

```
5
```

样例输出：

```
5*3+1=16
16/2=8
8/2=4
4/2=2
2/2=1
End
```

解题程序：

```
#prg0280.py
1.   n = int(input())
2.   while n != 1:
3.       if n % 2:
4.           print(str(n) + "*3+1=" + str(n*3+1))
5.           n = n * 3 + 1
6.       else:
7.           print(str(n) + "/2=" + str(n//2))
8.           n //= 2
9.   print("End")
```

第 4 行：此行不可写成 print(n,"*3+1=",n*3+1)，这样写会多输出空格，提交上去就会导致 PE。

第 8 行：一定要用"//"，写成"n/= 2"则 n 就会变成小数，计算会有误差，且输出格式也不对了。

例题 4.6.5：数字统计（P0390）。

统计某个给定范围[*L*,*R*]的所有整数中，数字 2 出现的次数。比如给定范围[2,22]，数字 2 在数 2 中出现 1 次，在数 12 中出现 1 次，在数 20 中出现 1 次，在数 21 中出现 1 次，在数 22 中出现 2 次，所以数字 2 在该范围内一共出现 6 次。

例题：数字统计

输入：输入共一行，包含两个正整数 *L* 和 *R*，整数之间用一个空格隔开。

输出：输出共一行，即数字 2 出现的次数。

样例输入：

```
#样例输入1
2 22
#样例输入2
2 100
```

样例输出：

```
#样例输出1
6
#样例输出2
20
```

解题程序 1：

```
#prg0290.py
1.  s = input().split()
2.  L,R = int(s[0]),int(s[1])
3.  total = 0
4.  for i in range(L,R+1):
5.      for x in str(i):
6.          total += (x == '2') #x == '2' 若为True就等价于1，若为False就等价于0
7.  print(total)
```

第 5 行：把整数 i 转换成字符串，就很容易检查里面'2'的个数。以后学习了字符串函数，第 5、6 行就可以用下面一条语句替代：

```
total += str(i).count('2')     #count(x)用于计算字符串中子串 x 的出现次数
```

解题程序 2：

```
#prg0300.py
1.  s = input().split()
2.  L,R = int(s[0]),int(s[1])
3.  total = 0
4.  for i in range(L,R+1):
5.      while i != 0:
6.          if i % 10 == 2:
7.              total += 1
```

```
8.          i //= 10
9.    print(total)
```

这个程序的思路是，依次取 i 的个位、十位、百位看是不是 2。i 模 10 得个位，然后将 i 变成 i 除以 10 的商，i 再模 10 就得到十位……直到 i 变成 0。

4.7 调试程序的方法

程序一旦涉及循环，就会略为复杂，出错概率增大，因此必须学会一些调试程序的方法。

运行程序时，出现 RE 是很常见的。此时 PyCharm 会有出错信息，出错信息会指出程序在第几行出错。如果用到各种库，那么出错信息可能会很多，一些错误看似并非发生在自己编写的.py 文件里。耐心往下看，出错信息里一定会指出自己编写的.py 文件到底哪一行出错，出了什么错。

导致 RE 的原因通常是输入数据结束了还执行 input()、列表下标越界、不合法的转换、数值和字符串相加等。2.11 节有详细说明，请仔细阅读。

如果程序可以运行，但得不到想要的结果，那么可能存在逻辑错误，需要进行调试。PyCharm 提供了设置断点、单步执行程序等手段来辅助进行调试。

单击程序语句的行号，行号会变成红色大圆点，这就在该语句设置了断点。可以设置多个断点。在调试状态下，不是单击▶图标而是单击🐞图标来运行程序。程序运行到设置了断点的语句，就会中止。此时设置了断点的语句还没有被执行。当前等待执行的语句会呈蓝色高亮显示。程序中止的时候，可以在下方的信息窗格中查看各个变量的值，程序窗格中也会显示一些变量的值。还可以在信息窗格中输入要查看的变量名或者表达式。把鼠标指针移到程序中的变量上，就能查看该变量的值。程序调试界面和调试功能菜单如图 4.7.1 和图 4.7.2 所示。

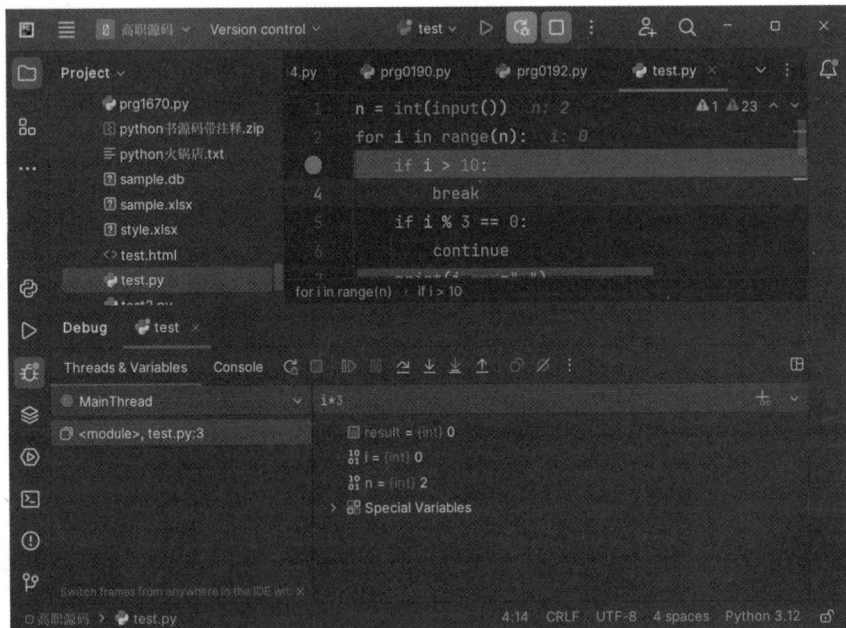

图 4.7.1　程序调试界面

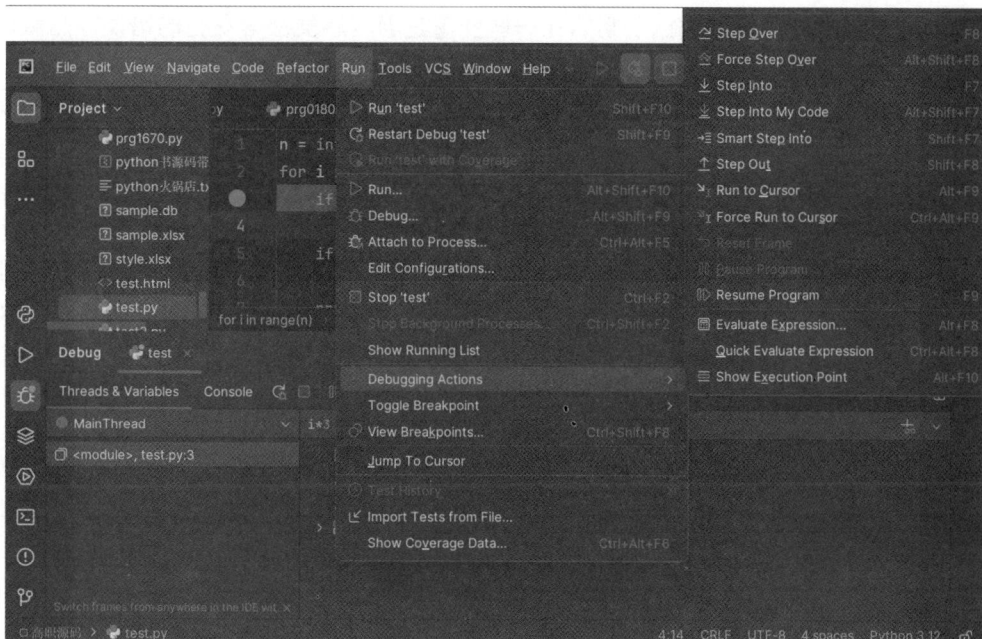

图 4.7.2　调试功能菜单

在图 4.7.2 所示界面弹出的"Run"→"Debugging Actions"菜单中可以执行以下调试命令。

（1）Step Over：单步执行。即执行呈蓝色高亮显示的语句，执行完后，下一条语句呈蓝色高亮显示并等待执行，此时可以查看变量的值发生了哪些变化。反复按 F8 快捷键就可以逐条执行语句。

（2）Step Into：单步执行。如果要执行函数调用语句，则会进入函数，然后单步执行函数中的语句。上面的 Step Over 则是立即完成整个函数调用。

（3）Run to Cursor：让程序运行到光标所在行再中止。如果在这个过程中遇到设置了断点的语句，则会中止在设置了断点的语句处。

（4）Resume Program：让程序继续运行，直到运行到设置了断点的语句再中止。如果一直没有运行到设置了断点的语句，则会运行到程序结束。

用以上命令进行调试的目的是查看程序具体是如何执行的，执行过程中变量的值是如何变化的。在调试过程中，会发现变量的值何时没有按照预期的方式变化，以及程序何时没有按照预期的方式执行，比如本该执行某个条件分支，却没有执行；本该（或不该）继续执行循环的，却跳出（或继续执行）了循环。

还有一种非常推荐的、更高效的调试程序的方法是在程序各处加 print 语句。用 print 语句输出相关变量的值，查看其变化过程是否正确；在 if 语句的每个分支中都加 print 语句，就能清楚到底哪个分支被执行；在循环语句里面加 print 语句，就能查看到循环执行的次数到底对不对。总之，在各种地方都可以加 print 语句来查看这个地方有没有被执行。在这些用于调试的 print 语句后面不妨用注释做标记，比如"#debug"，这样便于在正式程序里找到它们并删除。

在 OJ 平台上做题时，十分烦恼的是样例数据在本机能调试通过，但是程序提交后却得到 WA。此时就要多做一些数据测试。对于有多组数据的题目，测试的时候一定要用多组数据，因为**忘记在处理每组数据前初始化一些变量是老程序员都容易犯的错误**。测试数据的时候，要特别注意特殊情况、边界情况，比如负数、0、1、长度为1的字符串、数据范围里的最大值/最小值等。若输入数据是整数，不要偷懒都用1位数的整数，应该用不同位数的整数；若输入数据是字符串，就要用不等长的字符串。总之，测试数据应该有多样性，覆盖尽可能多的情况。**如果程序有多个条件分支，则应构造不同的测试数据，使得每个分支都能被执行，不能有未经测试的分支。**

上面这些测试方法，不仅适用于做 OJ 平台上的题，而且适用于真实的软件开发测试。

再次强调一点，在 OJ 平台上做题，不要出现程序输出的大小写和题目要求不一致的错误。

Python 的 assert 语句也有助于发现程序错误，其格式如下：

```
assert 条件,提示
```

如果条件满足，assert 语句什么都不做；如果条件不满足，assert 语句会导致 RE，出错信息里包含提示。例如：

```
assert a != 0, "a 等于 0 了，错!"
```

假定对于变量 a 前面已经有定义，且 a 无论如何不该为 0。如果 a 为 0，程序可能出错，也可能暂时不出明显的错（这样就发现不了 a 变成 0 了），但会有隐患。而上面的语句就能确保 a 为 0 时，程序一定出错，从而可以找出 a 变成 0 的原因。

4.8 习题

1. 下面程序的输出结果为_____。

```
for i in range(5):
    for j in range(3,i,-1):
        print(i+j,end=",")
```

2. 下面程序一共输出_____行 "ok"。

```
for i in range(8,2,-2):
    for j in range(i):
        print("ok")
```

    A. 0   B. 12   C. 18   D. 20

3. 下面的程序中，输入为 8 和 10 时，输出结果分别是_____。

```
n = int(input())
for i in range(n):
    if i > 10:
        break
    if i % 3 == 0:
        continue
    print(i,end=",")
```

4. 以下程序的输出结果为_____。

```
for i in range(2, 10, 3):
  print(i,end=";")
```

5. 以下程序中 print 语句执行了_____次。

```
for i in range(3):
    for j in range(5):
        if i==j:
            continue
        print(i+j)
```

6. 以下是编程题，可以到 OpenJudge 平台的"程序设计实习 MOOC"小组中和本书同名的比赛中进行提交。括号中的数是题目编号。

（1）求整数的和与均值（P0400）。读入 n 个整数，求它们的和与均值。

（2）求整数序列的最大跨度值（P0410）。给定一个长度为 n 的非负整数序列，计算序列的最大跨度值（最大跨度值=最大值–最小值）。

（3）毕业生年薪统计（P0420）。告诉一些毕业生的年薪，计算其中年薪不少于 30 万元的人数。

编程题（2）：求整数序列的最大跨度值

（4）奥运奖牌计数（P0430）。A 国的运动员参与了 n 天的奥运比赛项目，已知该国每一天获得的金、银、铜牌数，现在要统计 A 国所获得的金、银、铜牌数及总奖牌数。

（5）正常血压（P0450）。监护室每小时测量一次病人的血压（单位：mmHg），若收缩压为 90～140 并且舒张压为 60～90（包含端点值）则称为正常血压，现给出某病人若干次测量的血压值，计算病人保持正常血压的最长小时数。

（6）数字反转（P0460）。给定一个整数（可以是负数），请将该数各个位上数字反转得到一个新数。新数不得有多余的前导 0。

（7）求特殊自然数（P0470）。一个自然数，它的七进制与九进制的表示形式都是三位数，且七进制与九进制的三位数顺序正好相反。求此自然数。

（8）字符计数（P0480）。一个句子中有多个单词，单词之间可能有一个或多个空格。给定一个字符，请计算该字符在每个单词中的出现次数。

第5章　函数

5.1 函数概述

有时，一段代码实现了某种功能，比如根据日期推算星期几。程序里可能多处要用到这个功能，如果在所有需要用到这个功能的地方都把那段代码复制并粘贴过来，那实在让人抓狂。更糟糕的是，如果发现那段代码有 bug 需要修正，或者需要改进一下让它变得更好，那么要找出所有粘贴代码的地方再进行修改，让人有一种"一失足成千古恨"的感觉。

函数概述

大型软件一般是由多个程序员合作完成的，不同的程序员开发不同的功能。如果一个程序员要使用另一个程序员开发的功能，就要向他索要源代码并复制、粘贴到自己的程序中，那是非常可怕的。如果别人写的代码中的变量和自己写的代码中的变量重名怎么办？

为了解决上述问题，程序设计语言需要有一种机制——将能够实现某一种功能并需要在程序中多处使用的代码包装起来形成一个功能模块，即写成一个"函数"，当程序需要使用该功能时，只需写一条语句，调用实现该功能的"函数"即可。不同的程序员可以分别写不同的函数，再组合起来形成一个大程序。

Python 中定义一个函数的格式如下：

```
def 函数名(参数1,参数2,...):
    语句组（即函数体）
```

也可以没有参数，格式如下：

```
def 函数名():
    语句组（即函数体）
```

语句组需要缩进。

调用函数的格式如下：

```
函数名(参数1,参数2,...)
```

对函数的调用也是一个表达式。函数调用表达式的值由函数内部的 return 语句决定。return 语句格式如下：

```
return 返回值
```

return 语句的功能是结束函数的执行，并将"返回值"作为结果返回。"返回值"可以是常量、变量或复杂的表达式。如果 return 后面没有"返回值"，则返回值是 None。None 表示空，可以用它给变量赋值，也可以用它来写 if a != None: 这样的语句。

return 语句作为函数的出口，可以在函数中多次出现。多个 return 语句里面的"返回值"可以不同。在哪个 return 语句结束函数的执行，函数的返回值就和哪个 return 语句里面的"返回值"相等。函数也可能直到执行完都没有遇到 return 语句，那样的话函数的返回值为 None。

下面是一个函数的示例：

```
1.   def Max(x,y):              #求 x、y 中的最大者
2.       if x > y:
3.           return x
4.       else:
5.           return y
6.   #函数到此结束
7.   n = Max(4,6)
8.   print(n,Max(20,n))         #>>6 20
9.   print(Max("about","take")) #>>take
```

第 1 行：定义一个名为 Max 的函数，其有两个参数 x、y，其功能是返回 x、y 中的最大者。函数中的语句组（函数体）需要缩进。函数体持续到第一条不再缩进的语句为止（该语句不属于函数）。因此，上面的 Max() 函数就持续到第 5 行为止。

在函数定义中出现的参数，如 Max() 函数中的 x、y，称为"形式参数"，简称"形参"。

定义一个函数时，并不会立即执行它。上面的程序是从第 7 行开始执行的。Max(4,6) 即以 4、6 作为参数，调用 Max() 函数。调用函数时所给的参数，称为"实际参数"，简称"实参"。调用一个函数，会导致程序进入函数内部执行。在上面的程序中，Max(4,6) 导致程序进入 Max() 函数内部，即从第 2 行开始执行。函数执行到 return 语句，或者执行完函数的最后一条语句时，函数调用结束。如果函数执行过程中没有遇到 return 语句，那么函数的返回值是 None。

函数被调用时，形参的值等于实参。因此，程序进入 Max() 函数时，x 的值是 4，y 的值是 6，最终执行第 5 行返回 6，因此表达式 Max(4,6) 的值就是 6。

下面这个程序输出 100 以内的质数：

```
#prg0310.py
1.   def IsPrime(n):            #判断 n 是不是质数
2.       if n <= 1 or n % 2 == 0 and n != 2:
3.           return False
4.       elif n == 2:
5.           return True
6.       else:
7.           for i in range(3,n,2):
8.               if n % i == 0:
9.                   return False
10.              if i * i > n:
11.                  break
12.      return True
13.  def main():
14.      for i in range(100):
15.          if(IsPrime(i)):
```

```
16.                   print(i,end = " ")
17. main()
```

程序输出：

2 3 5 7 11 13 17 19 23 29 31 37 41 43 47 53 59 61 67 71 73 79 83 89 97

判断一个数是不是质数是一个独立的功能，所以即便在上面的程序中只有一个地方用到该功能，把它写成一个函数也非常有必要。这样能够使程序清晰、易懂。看到第 15 行，我们就知道这里是要判断 i 是不是质数，IsPrime() 函数里面的代码可以不用去看。如果没有函数，把 IsPrime() 函数里的那些代码都写在这里，那么还要看半天才能明白程序在做什么。即便几十行的短程序，把其中独立的功能分离出来写成一个个函数也大有好处，这样可以分别测试每个函数写得对不对，便于查错。

第 13～17 行：编写一个 main() 函数，执行程序就是调用 main() 函数，这是不错的程序设计风格。注意，即便函数没有参数，调用时也要在函数名后面加 "()"。

本程序如果没有第 17 行，就不会有任何语句被执行。因为函数必须被调用才会被执行。

函数之间可以互相调用。例如，上面的 main() 函数就调用了 IsPrime() 函数。

例题 5.1.1：八皇后问题（**P0490**）。

国际象棋的棋盘是由 8×8 个方格构成的，棋子放在方格里面。如果两个皇后在同一行、同一列，或者在某个正方形的对角线上，那么这两个皇后就会互相攻击。请在棋盘上摆放 8 个皇后，使得它们不会互相攻击。行号、列号都从 0 开始算。

这是一个经典的问题。一个基本的思路是，枚举所有摆放皇后的方案，对每一种方案验证是否可行。显然，每行只能摆放一个皇后，每行摆放皇后的方案有 8 种，因此摆放 8 个皇后的总方案数就是 8^8。但是枚举的时候其实可以跳过很多没必要验证的不可行方案。例如，如果把第 0 行的皇后摆放在第 0 列，那么第 1 行的皇后是不能摆放在第 0 列和第 1 列的，因此，第 0 行的皇后在第 1 列、第 1 行的皇后在第 0 列或第 1 列的所有方案都不需要验证。下面这个程序用四重循环算出四皇后问题（在 4×4 的棋盘上摆放 4 个皇后）的所有摆放方案，八皇后问题的程序写法也一样，只是要写八重循环。

```
#prg0320.py
1.  result = [0] * 4            #等价于 result = [0,0,0,0]，用于存放摆放方案
2.  #result[i] 表示第 i 行的皇后已经放在 result[i] 这个位置
3.  def isOk(n,pos):            #判断第 n 行的皇后放在位置 pos 是否可行
4.  #此时第 0 行到第 n-1 行的皇后的摆放位置已经存放在 result[0] 到 result[n-1] 中
5.      for i in range(n):      #检查位置 pos 是否会和前 n-1 行已经摆好的皇后冲突
6.          if result[i] == pos or abs(i-n) == abs(result[i] - pos):
7.              #Python 中，abs(x) 用于求 x 的绝对值
8.              return False
9.      return True
10. def main():
11.     for p0 in range(4):             #枚举第 0 行所有可能的位置
12.         result[0] = p0              #第 0 行的皇后放在第 p0 列
13.         for p1 in range(4):         #枚举第 1 行所有可能的位置
14.             if isOk(1,p1):
15.                 result[1] = p1      #第 1 行的皇后放在第 p1 列
```

```
16.                        for p2 in range(4):          #枚举第2行所有可能的位置
17.                            if isOk(2,p2):
18.                                result[2] = p2
19.                                for p3 in range(4):   #枚举第3行所有可能的位置
20.                                    if isOk(3,p3):
21.                                        result[3] = p3
22.                                        for x in result:   #找到成功摆法并输出
23.                                            print(x,end = " ")
24.                                        print("")
25. main()
```

程序输出：

```
1 3 0 2
2 0 3 1
```

这表明四皇后问题有两种摆放方案。每种方案的 4 个数依次是第 0 行、第 1 行、第 2 行、第 3 行皇后的摆放位置（列号）。八皇后问题则有 92 个解。

5.2 全局变量和局部变量

在所有函数外面定义（即首次赋值）的变量，称为全局变量。在函数内部定义的变量，称为局部变量。**局部变量在定义它的函数的外部不能使用**，因此不同函数中的同名局部变量不会互相影响。

函数中可以出现和全局变量同名的变量。假设它们都叫 x，则：

（1）如果函数中没有对 x 赋值，则函数中的 x 就是全局变量 x；

（2）如果函数中对 x 进行赋值，且没有特别声明，则在函数中全局变量 x 不起作用，函数中的 x 就是只在函数内部起作用的局部变量 x；

（3）函数内部可以用 global x 声明函数里的 x 就是全局变量 x。

全局变量和
局部变量

示例程序如下：

```
#prg0330.py
1.  def f0():
2.      print("x in f0:",x)        #这个 x 是全局变量 x
3.  def f1():
4.      x = 8                      #这个 x 是局部变量 x，不会改变全局变量 x
5.      print("x in f1:",x)
6.  def f2():
7.      global x                   #说明本函数中的 x 都是全局变量 x
8.      print("x in f2:",x)
9.      x = 5
10.     print("x in f2:",x)
11. def f3():
12.     print("x in f3=",x)        #执行到此行会出错
13.     x = 9                      #局部变量 x
14. x = 4                          #全局变量 x
15. f0()                           #>>x in f0: 4
16. f1()                           #>>x in f1: 8
17. print(x)                       #>>4   全局变量 x
```

```
18.  f2()
19. #>>x in f2: 4
20. #>>x in f2: 5
21.  print(x)                              #>>5
22.  f3()                                  #出错
```

本程序中的几个函数都没有 return 语句，它们的返回值都是 None。

本程序是从第 14 行开始执行的。

第 2 行：此处的 x 看似没有定义，但是只要程序运行到这条语句时，x 有定义即可。第 14 行定义了全局变量 x，于是当程序运行到第 2 行时，x 便有了定义。

第 12 行：若调用 f3()，执行到第 12 行时会产生 RE。因为在第 13 行对 x 进行赋值，x 就被认为是 f3()函数内部的 x，和全局变量 x 没关系。那么在第 12 行，x 还没有被初始化就使用其值，就会产生 RE。

第 18 行：产生的输出如第 19、20 行所示。第 7 行的 global x 表明 f2()函数内的 x 都是全局变量 x。

从第 2 行可以看出，Python 是解释执行的。不同于缩进不对齐、括号不匹配、变量名不合法等程序尚未运行就会被 PyCharm 用红色浪纹线标记出错的语法错误，变量或函数没有定义这样的运行时错误，只有在程序运行到那条出错语句时才会发生。例如：

```
def g():
    fadsf()
    hgjg = ffasdfa(),335543
print("hello")
```

上面这个程序中，g()函数中各个标识符似乎都没有定义。但是，只要不调用 g()函数，程序就不会出错，该程序会输出"hello"。如果调用了 g()函数，那么运行到 g()函数内部的时候，就会发生 fadsf()函数没有定义的错误。

★5.3 参数个数可变的函数

Python 支持参数个数可变的函数，用法示例如下：

```
#prg0340.py
1.  def f1( *args):
2.      for x in args:
3.          print(x,end = " ")
4.      print("")
5.  def f2(x,y, * n):
6.      print(x,y,end = " ")
7.      for k in n:
8.          print(k,end = " ")
9.      print("")
10. f1(1,'a',2,'b')              #>>1 a 2 b
11. f2(1,2,3,4,5)                #>>1 2 3 4 5
12. f2(1,2)                      #>>1 2      参数 n 也可以为空
```

第 1 行：定义函数时，最后一个形参可以写成"*args"的形式。args 是一个变量名，名称任意，代表一个元组。可以将元组简单理解为元素不可修改的列表。在调用函数时，在 args 对应的实参位置可以写 0 到任意多个实参。这些实参都会成为 args 的元素。如果

args 对应的实参位置没有实参，args 就成为空元组。形式为 *args 的参数 args，称为可变元组参数。

第 10 行：args 对应的实参就是全部实参，进入 f1() 函数，args 就是包含全部实参的元组。

第 11 行：实参 1 和实参 2 对应形参 x 和 y，剩下的全部实参都被放到元组 n 中。

5.4 函数参数的默认值

Python 的函数还允许有些参数有默认值，即调用的时候如果不给出这些参数的值，这些参数就自动取默认值。定义函数时，将参数写成 x=y 的形式，就意味着参数 x 的默认值是 y。用法示例如下：

```
1.  def f(x,y = 1,z = 2):
2.      print(x,y,z)
3.  f(0)                #>>0 1 2
4.  f(0,100)            #>>0 100 2
5.  f(0,200,300)        #>>0 200 300
6.  f(0,z='a')          #>>0 1 a
```

第 3 行：只给了参数 x 的值，参数 y、z 的值没给，那么参数 y 的值就是默认值 1，参数 z 的值就是默认值 2。

第 4 行：参数 z 的值没给，那么参数 z 的值就是默认值 2。

第 5 行：所有参数的值都给了，参数的默认值就不起作用。

注意，定义函数时，有默认值的参数，必须是最右边的连续若干个参数。调用函数时，如果少写了一些参数，Python 会认为缺失的参数就是最右边的若干个参数，于是这些参数就自动取默认值。因此，定义函数时，如下写法是不行的：

```
def f(x,y=1,z):
    print(x,y,z)
```

也不能用 f(10, ,20) 这样的方式来默认省略中间的参数。

但是如上面程序第 6 行那样，不给出参数 y 的值，但指明参数 z 的值是 'a'，是可以的。

print() 函数就是典型的参数带默认值的函数。其 end 参数的默认值是 "\n"（换行符），sep 参数的默认值是 " "（空格）。所以使用 print() 函数时，如果不指定这两个参数，函数的输出就会以换行符结尾，以空格作为各项的分隔符。

5.5 Python 的库函数

各种程序设计语言都会提供大量函数，可以直接在程序中使用，这些函数称为库函数。print() 函数就是一个库函数。前面程序中用到的 abs()、len()、round()，甚至 int()、str() 等，都是库函数。Python 中常用的库函数见表 5.5.1。

表 5.5.1 Python 中常用的库函数

库函数	功能
int(x)	把 x 转换成整数
float(x)	把 x 转换成小数

库函数	功能
str(x)	把 x 转换成字符串
ord(x)	求字符 x 的编码
chr(x)	求编码为 x 的字符
abs(x)	求 x 的绝对值
len(x)	求序列 x 的长度（元素个数），如 len("123")、len([2,3,4])
max(x)	求序列 x 中的最大值。x 可以是元组、列表、集合等
min(x)	求序列 x 中的最小值。x 可以是元组、列表、集合等
max(x1,x2,x3,...)	求多个参数中最大的那个
min(x1,x2,x3,...)	求多个参数中最小的那个
type(x)	返回变量 x 或表达式 x 的值的类型
exit()	中止程序的执行
dir(x)	返回由类 x 或对象 x 的成员函数名构成的列表
help(x)	返回函数 x 或类 x 的使用说明。查询函数或类的用法时，用它很方便

部分库函数用法示例如下：

```
#prg0350.py
1.  print(max(1,2,3))        #>>3
2.  print(max([1,2,5,2])     #>>5
3.  print(min("ab","cd","af"))#>>ab
4.  print(type("hello"))     #>><class 'str'>
5.  print(type([1,2,3]))     #>><class 'list'>
6.  print(type("123") == str) #>>True
7.  print(help(len))
8.  exit()                   #程序被中止
9.  print("done")            #此行不会被执行
```

第 7 行：输出 Python 库函数 len() 的使用说明，如下。

```
Help on built-in function len in module builtins:
len(obj, /)
    Return the number of items in a container.
```

读者可以自行看一下 **dir(str)**、**help(list)**、**dir(tuple)** 等库函数的执行效果。

第 8 行：exit() 使得程序被中止，因此第 9 行不会被执行。写一个稍微复杂的程序，测试时只想测试前面部分，不想测试后面部分，那么在中间加 exit() 即可。

还有一种函数，叫作"成员函数"。比如，input().split() 中的 split() 函数，就是字符串的成员函数。当我们说"x 是 y 的成员函数"时，意思就是，对于 y 类型的任何变量或者常量 m，可以用 m.x(...) 的方式来调用成员函数 x()。例如，字符串有成员函数 split()，因此 "123 45".split() 是合法的；由于 input() 的返回值是一个字符串，所以 input().split() 也是合法的。成员函数也称为"方法"（Method）。

5.6 lambda 表达式

lambda 表达式写法如下：

```
lambda 参数1,参数2,...: 返回值
```

一个 lambda 表达式就是一个函数，它相当于如下函数：

```
def f(参数1,参数2,...):
    return 返回值
```

只不过 lambda 表达式代表的函数没有名字。示例程序如下：

```
add = lambda x,y : x + y   #add 的值就是一个参数为 x 和 y、返回值为 x+y 的函数
print(add(5,4))            #>>9
square = lambda x : x * x
print(square(5))           #>>25
print((lambda x:x+1)(3))   #>>4
```

最后一行直接以 3 为参数调用 lambda 表达式。

5.7 高阶函数

在 Python 中，函数可以赋值给变量，也可以作为函数的参数和返回值。如果一个函数能接收函数作为参数，或其返回值是函数，这样的函数就称为高阶函数。

下面的程序演示了函数作为参数的情况：

```
1.  def square(x):
2.      return x * x
3.  def inc(x):
4.      return x + 1
5.  def combine(f,g,x):
6.      return f(g(x))
7.  print(combine(square,inc, 4)) #>>25
8.  print(combine(inc,square, 4)) #>>17
```

第 5 行：combine()函数的参数 f 和 g 都是函数，因此 combine()函数是高阶函数。

第 7 行：进入 combine()函数，参数 f 是 square，参数 g 是 inc，返回值 f(g(4))就是 square(inc(4))，所以输出 25。

第 8 行：参数 f 是 inc，参数 g 是 square，返回值 f(g(4))就是 inc(square(4))，所以输出 17。

下面的程序演示了函数作为函数返回值的情况：

```
#prg0360.py
1.  def square(x):
2.      return x * x
3.  def inc(x):
4.      return x + 1
5.  def combineFunctions(f,g):
6.      return lambda x: f(g(x))
7.  print(combineFunctions(square,inc)(4)) #>>25
```

第 6 行：返回一个函数，若称为 k，则 k(x)=f(g(x))。

第 7 行：combineFunctions(square,inc)的返回值是一个无名函数，若称为 k，则 k(x)= square(inc(x))。combineFunctions(square,inc)(4)就是 k(4)，所以输出 25。

★5.8 闭包

Python 允许在函数内部定义函数。在函数 f1() 内部定义的函数 f2() 和在函数 f1() 内部定义的变量一样，在函数 f1() 外部不可见，即不可以用 f2(...) 的形式直接调用。函数 f2() 称为"嵌套函数"，函数 f1() 称为函数 f2() 的"父函数"或"外围函数"。下面是嵌套函数的示例：

```
#prg0370.py
1.  def func(x):
2.      def g(y):
3.          nonlocal x      #有了此行，才能在函数 g() 中对 x 赋值
4.          x += 1
5.          return x+y
6.      return g
7.  f = func(10)            #f 是一个闭包，其自由变量 x 的初始值是 10
8.  print(f(4))            #>>15
9.  print(f(5))            #>>17
10. k = func(20)           #k 是一个闭包，其自由变量 x 的初始值是 20
11. print(k(4))            #>>25
12. print(k(5))            #>>27
```

第 2 行：g() 是在 func() 内部定义的一个嵌套函数，func() 是 g() 的外围函数。g() 的定义持续到第 5 行为止。

第 3 行：x 被声明为 nonlocal，所以尽管在 g() 中对 x 进行了赋值，x 也不是 g() 中的局部变量。Python 试图在 g() 外部寻找 x，最先找到的就是第 1 行的 func() 的参数 x，所以第 3 行的 x 就是 func() 的参数 x。如果在 func() 内部（包括参数部分）找不到 x，则 Python 会看看是否存在全局变量 x，若没有，则认为 x 没有定义。在外围函数中定义并在嵌套函数中使用的变量，称为嵌套函数的"自由变量"。x 就是 g() 的自由变量。

func() 返回 g() 的一个"实例"。每次调用 func()，都会返回 g() 的一个实例，这些实例并不会共享自由变量 x，而是每个实例有自己的 x。但这些实例的功能都是一样的，就如 g() 所写的那样。作为函数调用返回值存在的、带自由变量的嵌套函数的实例，就称为"闭包"。

第 7 行：func(10) 的返回值是 g() 的第一个实例，不妨称为闭包 g1，则 g1 中的自由变量 x 的初始值为 10。进行赋值后，f 就是一个闭包，即功能和 g() 一样的函数，其自由变量 x 的初始值是 10。

第 8 行：执行 f(4) 进入闭包 f，即进入函数 g()，参数 y 的值为 4。一开始 x 的值是 10，执行完第 4 行就变成 11。注意，该变化会保持。故 f(4) 的返回值是 15。

第 9 行：执行 f(5) 进入函数 g()，参数 y 的值是 5。此时自由变量 x 的值已经变为 11，执行完第 4 行就变成 12，故 f(5) 的返回值是 17。

第 10 行：func(20) 的返回值是 g() 的第二个实例，不妨称为闭包 g2，则 g2 中的自由变量 x 的初始值是 20。后续情况请读者自行推导。

5.9 递归

一个概念的定义中用到了这个概念本身，这就叫递归。例如，假定有一个概念叫"堆乘"，用如下两句话定义"n 的堆乘"（不妨记为 n#），就是递归。

（1）"n 的堆乘"就是 n 乘 "(n-1) 的堆乘"。

（2）"1 的堆乘"是 1。

在第（1）句话中，解释"堆乘"这个词的时候用到了"堆乘"这个词，貌似没完没了的循环定义，让人搞不明白。如果没有第（2）句话，那确实如此。有了第（2）句话，就可以由 1 的堆乘是 1，将递推过程 4#=4×3#、3#=3×2#、2#=2×1#、1#=1，倒推回去，可以得到 4#=4×3×2×1。原来堆乘就是阶乘。第（2）句话使得面对"1 的堆乘是什么"这样的问题时，不必再用让人搞不懂的"1 的堆乘等于 1 乘 0 的堆乘"来回答，而是直接得到答案 1，因此第（2）句话可以称为递归的"终止条件"。

在程序设计中，一个函数自己调用了自己，就称为递归。其实函数调用自己和调用别的函数并无本质区别，完全可以看作调用了另一个同功能的函数。自己调用自己的函数，称为递归函数。下面是一个求 n 的阶乘（n 大于等于 1）的递归函数：

递归求 n 的阶乘

```
1.  def F(n):          #函数返回 n 的阶乘
2.      if n == 1:      #终止条件
3.          return 1
4.      return n * F(n-1)
5.  print(F(4))         #>>24
6.  print(F(5))         #>>120
```

递归函数是如何执行的，初学者往往难以理解。图 5.9.1 展示了 F(4) 的计算过程（从 F(4) 开始顺着箭头方向看）。

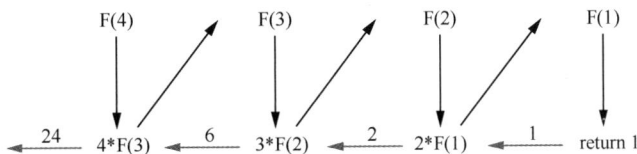

图 5.9.1　F(4) 的计算过程

计算 F(4) 时，进入 F() 函数，此时 n=4。要计算 F(4)，就要先计算 F(3)，于是再次进入 F() 函数，此时 n=3。F(4) 是第一层函数调用，F(3) 是第二层函数调用。每一层函数调用的 n 的值不同，不会互相影响。将调用自己看作调用另一个同功能的函数，即可很自然地理解这一点。整个执行过程可以描述如下：

F(4)2->F(4)4->F(3)2->F(3)4->F(2)2->F(2)4->F(1)2->F(1)3:返回 1->

F(2)4:返回 2*1->F(3)4:返回 3*2->F(4)4:返回 4*6->函数调用结束

上面的 F(i)j 表示在 n=i 的那一层函数调用中，先执行第 j 行。最先执行的是 F(4)2，表示在 n=4 的那一层函数调用中，先执行第 2 行"if n==1:"。接下来执行 F(4)4，第 4 行在执行的过程中进入下一层函数调用，下一层函数调用中 n=3，所以 F(4)4 后面被执行的就是 F(3)2，接下来是 F(3)4……执行到 F(1)3 后，函数开始逐层向上返回，先返回到 F(2)4，把 n=2 时的第 4 行执行完毕，返回值是 2*F(1)，即 2*1，返回到 F(3)4，F(3)4 执行完后返回值为 3*F(2)，即 3*2，并且返回到 F(4)4，F(4)4 返回 4*6，函数调用结束。

由此可见，递归函数一定要有一个终止条件，满足此条件时，函数就返回，不再调用自身。否则，递归就会一直进行下去。无休止地递归会导致"栈溢出"而使得程序崩溃。

函数　第 5 章

有时程序中没有死循环，却总是不能结束，就要考虑是否发生了无限递归。

前面 F()函数的终止条件是 n==1。

求斐波那契数列的第 n 项，也可以用递归的方法实现：

```
def Fib(n):                              #求斐波那契数列的第 n 项
    if n == 1 or n == 2:
        return 1
    else:
        return Fib(n-1)+Fib(n-2)         #第 n 项等于第(n-1)项和第(n-2)项之和
print(Fib(6))                            #>>8
```

但是这个递归中存在大量重复计算，例如计算 Fib(5)时会把 Fib(4)从头到尾计算一遍，计算 Fib(6)时又会把 Fib(5)从头到尾计算一遍……因此其计算速度远远慢于前面的循环解法，只能用来演示一下递归的思想。

▪5.10 习题

1. 下面程序的输出结果是_____。

```
x,y = 20,30
def f(x):
    y = x + 2
    return y
print(f(8))
print(y)
```

2. 下面程序的输出结果是_____。

```
x,y = 20,30
def f(x):
    global y
    y = x + 2
    return y
print(f(8))
print(y)
```

3. 下面程序的输出结果是_____。

```
def f(n,m):
    if n == 0:
        return m
    elif m == 0:
        return n
    else:
        if n >= m:
            return f(m,n-m) + 1
        else:
            return f(n,m-n) + 2
print(f(3,4))
```

★4. 下面程序的输出结果是：

```
20
10
```

请填空。

```
def f(x,y,*args):
    return _____
print(f(2,3,4,5,6))
print(f(1,2,3,4))
```

5. 现有以下函数:

```
def f(x,y=20,z=3):
    return x + y + z
```

下面调用 f()函数的语句中_____是错的。

   A. f(1,3,4)   B. f(2)   C. f(20,z=5)   D. f(8, ,20)

6. 写出下面 3 段程序的输出结果。

   （1）print((lambda x,y: x + y)(3,5))

   （2）k = lambda f,x:f(x)+2; print(k(int, "1234"))

★ （3）k = lambda f,g:lambda x:f(g(x)); print(k(len,str)(510))

7. 下面程序输入整数 x，输出 2*(x+1)的值。请填空。

```
def combine(f,g):
    return _____
def inc(x):    return x + 1
def double(x): return 2 * x
x = int(input())
f = combine(_____)
print(f(x))
```

★8. 下面程序的输出结果是_____。

```
def f(a,b):
    def g(x):
        nonlocal a, b; a += x; return a + b
    return g
f1 = f(2,3); print(f1(1)); print(f1(2))
f2 = f(10,20); print(f2(10)); print(f2(20))
```

第**6**章 组合数据类型

Python 的组合数据类型包括 str（字符串）、tuple（元组）、list（列表）、dict（字典）、set（集合）等。组合数据类型的名称本身也是函数的名称，可以用于类型转换。例如：

```
L = list("abcd")          #L 的值为['a','b','c','d']
```

Python 中的函数 isinstance(x,y)用于判断 x 是不是 y 类型的数据。此处 y 是数据类型的名称。例如：

```
a = "1233"
print(isinstance(a,str))       #>>True
print(isinstance("123",int))   #>>False
b = [1,3]                      #b 是一个列表
print(isinstance(b,list))      #>>True
```

Python 中的 len()函数用于求组合数据类型中元素的个数。例如，求字符串长度、列表长度等：

```
print(len("12345"))            #>>5        求字符串长度
print(len([1,2,3,4])           #>>4        求列表长度
print(len((1,2,3)))            #>>3        求元组长度
print(len({1,2,3}))            #>>3        求集合元素个数
print(len({'tom':2,'jack':3})) #>>2        求字典元素个数
```

组合数据类型中的字符串和元组是不可以修改的，列表、字典和集合可以修改。

6.1 Python 变量的指针本质

Python 中所有的变量都是指针。在 Python 中，所有可赋值的东西都是变量，因此都是指针。列表的元素是可赋值的，因此列表的元素就是指针。指针的本质是内存地址。可以将指针理解为一个箭头，它指向内存中存放的数据。也就是说，变量是箭头，对变量进行赋值，就是将该箭头指向内存中的某处，而不是改写该箭头指向的地方的内容。注意，其他程序设计语言中的变量未必是上述的情况。

有的教材也称 Python 变量是"引用"，其和这里说的指针含义相同。但在其他程序设计语言里，"引用"和"指针"未必是一个意思。例如，在 C++中，既有指针的概念，又有引用的概念，而 Python 变量的本质和 C++中的指针是一样的，因此本书将

变量的指针本质 1

Python 变量称为指针。

6.1.1　普通变量的指针本质

```
a = 3
b = 4
```

对变量赋值，就是让变量指向某处。上面两条赋值语句的效果如图 6.1.1 所示。

a 是一个指针，其指向内存中某处存放的 3。b 也是指针，其指向 4。

用一个变量对另一个变量进行赋值，就是让两个变量指向相同的地方。因此，若再执行：

```
a = b
```

产生的效果如图 6.1.2 所示。

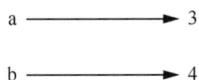

图 6.1.1　赋值语句的效果　　　　　图 6.1.2　a=b 的效果

a 指向了 b 指向的地方，所以 a 的值也变成 4。我们说变量 a 的值是 4，归根到底是在说：a 指向 4。

Python 中有两个运算符，即"is"和"=="，它们的含义有所不同，但有些类似。a is b 为 True，说的是 a 和 b 指向同一个地方；而 a==b 为 True，说的是 a 和 b 指向的地方的内容相同，但 a 和 b 未必指向同一个地方。Python 中有一个函数 id(x)，用于求表达式 x 的 ID。ID 不是内存地址，但类似于内存地址。**两个变量如果指向同一个地方，等价于它们的 ID 相同。**例如：

```
#prg0440.py
1.   a = [1,2,3,4]          #a 指向列表[1,2,3,4]
2.   b = [1,2,3,4]          #b 指向另一个列表[1,2,3,4]
3.   print( a == b)         #>>True
4.   print( a is b)         #>>False
5.   c = a
6.   print( a == c)         #>>True
7.   print( a is c)         #>>True
8.   a[2] = "ok"
9.   print(c)               #>>[1, 2, 'ok', 4]
10.  print(id(a) == id(b))  #>>False
11.  print(id(a) == id(c))  #>>True
```

上面程序执行完第 5 行时，效果如图 6.1.3 所示。

内存中有两个列表[1,2,3,4]，a 和 b 分别指向它们。因此 a 和 b 指向不同的地方，但是它们指向的地方的内容是一样的。故第 3 行输出 True，而第 4 行输出 False。第 5 行使得 c 与 a 指向同一个列表。因此第 6、7 行都输出 True。

第 8 行修改了 a[2]，效果如图 6.1.4 所示。

因为 c 和 a 指向同一个地方，所以 a 的内容变了，c 的内容自然也变了。所以第 9 行输出 c，结果就是[1, 2, 'ok', 4]。

组合数据类型　第6章

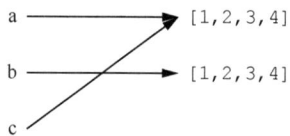

图 6.1.3　第 5 行执行完后的效果

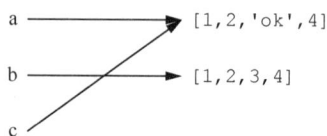

图 6.1.4　修改 a[2]后的效果

> ⊗**常见错误：**初学者经常会写出 a=b=[]这样的语句，本意是生成 a、b 两个不同的空列表。但实际上这么写，a、b 都将指向同一个列表，往 a 中添加元素，就等于往 b 中添加元素。

　　对于 int、float、complex、str、tuple 类型的变量 a 和 b，只需关注 a==b 是否成立，一般不需要关注 a is b 是否成立。因为这些数据本身都不会更改，不会产生 a 指向的地方的内容变了，b 指向的地方的内容也跟着变的情况。

　　对于 list、dict、set 类型的变量 a 和 b，a==b 和 a is b 的结果都需要关注。因为这些数据本身会改变，有可能发生改变 a 指向的地方的内容，b 指向的地方的内容也会改变的情况。

变量的指针本质 2

　　本书中说 a 和 b 相等，或 a 和 b 的值相等，意思是 a==b 成立，而 a is b 可能成立，也可能不成立，要看具体情况。

6.1.2　列表元素的指针本质

　　因为列表的元素可以被赋值，所以列表的元素也是指针。

```
a = [1,2,3,'OK']
b = [1,2,3,'OK']
```

　　执行完上面这两条语句，准确的效果如图 6.1.5 所示。

　　a 和 b 的每个元素如 a[0]、b[0]都是指针。a[0]和 b[0]没有分别指向不同的两个 1，是因为 1 本身不可变，没有必要保有两份。**若对 a[0]进行赋值，就是让 a[0]指向别处，而不是将 a[0]所指向的 1 改成别的内容。**所以，假如 a[0]被赋成别的值，b[0]并不会受影响，它仍然指向 1。

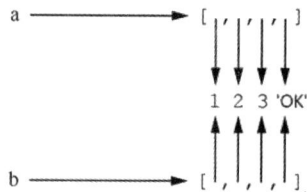

图 6.1.5　列表赋值语句的效果

　　表面上看列表的元素类型不同，元素所占字节数也应该不同。实际上，由于每个元素本质上是指针，所以每个元素都占用相同的字节数，但指针指向的内容所占用的字节数可能不同。假设列表的起始内存地址为 p，每个元素（指针）占 x 个字节，则第 i 个元素（指针）的内存地址就是 p+i*x。因此，根据下标访问列表的元素，所需时间和列表中元素的个数无关。这个特点也适用于后文要讲的元组。

6.1.3　函数参数和返回值的指针本质

　　Python 函数的形参也是指针。Python 函数的形参是实参的复制，即形参和实参指向同一个地方。对形参赋值就是让形参指向别处，但不会影响实参。例如：

```
1.  def Swap(x,y):
2.      tmp = x
3.      x = y
4.      y = tmp
```

```
5.  a,b = 4,5
6.  Swap(a,b)
7.  print(a,b)    #>>4 5
```

进入 Swap()函数时，x 等于 a，y 等于 b。Swap()函数执行的过程中交换了 x、y 的值，但这并不会影响 a 和 b 的值。函数中的 tmp=x 执行完后，效果如图 6.1.6 所示。

此时 x、y 分别是 a 和 b 的复制，即 x 和 a 都指向 4，y 和 b 都指向 5。tmp=x 使得 tmp 也指向 4。Swap()函数执行完后，x 和 y 的值交换了，本质上是 x 和 y 交换了它们的指向，此时效果如图 6.1.7 所示。

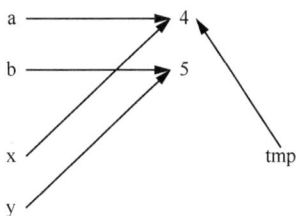

图 6.1.6 tmp=x 执行完后的效果   图 6.1.7 Swap()函数执行完后的效果

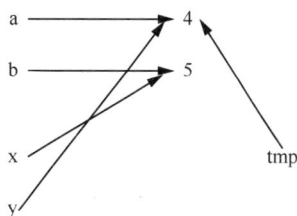

显然，a 和 b 的指向不会发生任何变化，它们的值自然不变。

但是如果在函数执行过程中改变了形参所指向的地方的内容，则实参所指向的地方的内容也会被改变。例如：

```
#prg0450.py
1.  def Swap(x,y):
2.      tmp = x[0]
3.      x[0] = y[0]      #注意，若 x、y 是列表，则 x[0]、y[0]都是指针
4.      y[0] = tmp
5.  a = [4,5]
6.  b = [6,7]
7.  Swap(a,b)            #进入函数后，x 和 a 指向相同的地方，y 和 b 指向相同的地方
8.  print(a,b)           #>>[6,5] [4,7]
```

变量的指针
本质 3

在这个程序中，Swap(a,b)使得 a 和 b 的下标为 0 的元素发生了交换。这是因为 x 和 a 指向同一个列表[4,5]，y 和 b 指向同一个列表[6,7]。因此 x[0]就是 a[0]，y[0]就是 b[0]。进入 Swap()函数，执行完 tmp=x[0]后，效果如图 6.1.8 所示。

Swap()函数交换了 x[0]和 y[0]，也就交换了 a[0]和 b[0]。因此，Swap()函数执行完后的效果如图 6.1.9 所示。

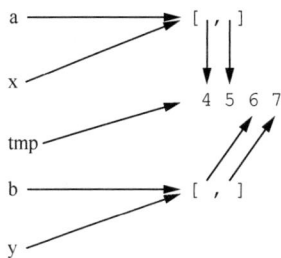

图 6.1.8 tmp=x[0]执行完后的效果   图 6.1.9 Swap()函数执行完后的效果

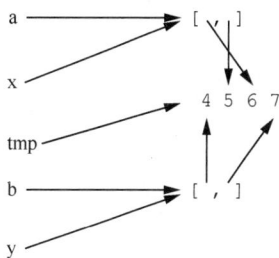

由于 a 和 x 指向相同的地方，所以 x[0]变了，a[0]自然也变了。b 和 y 的关系亦然。

函数的返回值也是指针。假设函数中的返回语句是 return x，如果 x 是一个变量，那么返回值和 x 指向相同的地方；如果 x 是一个非变量的表达式，那么返回值指向这个表达式计算后的值。**可赋值的东西都是指针，但是指针未必都可赋值。**例如函数的返回值就是不可赋值的。比如 f()是一个无参数的函数，f()的返回值就是指针。a=f() 是用 f()的返回值对 a 进行赋值，使得 a 和 f()的返回值指向同一个地方。但 f()=100 这种写法是不可行的。示例程序如下：

```
#prg0454.py
1.  def getEvens(a):  #抽取列表 a 中的偶数放到一个新列表中，并返回新列表
2.      result = []
3.      for x in a:  #遍历列表 a
4.          if x%2 == 0:
5.              result.append(x)  #向列表 result 尾部添加元素 x
6.      return result
7.  b = getEvens([1,2,3,4,5,6])
8.  print(b) #>>[2, 4, 6]
```

上面程序中，函数 getEvens()的返回值就是一个指针，其和 result 指向相同的地方。学过 C/C++的读者可能会有疑问，因为在 C/C++中局部变量在函数调用结束时会被销毁，函数不应该返回指向局部变量的指针。但在 Python 中，由于返回值赋值给 b 后，result 指向的地方仍然被有效的变量 b 指着（引用），所以其内容[2,4,6]并不会被 Python 回收，依然有效。

6.1.4　课堂练习

1. 下面程序的运行结果是_____。

```
a = [1,2,3,4]; b = [1,2,3,4]; print( a is b)
c = a; print(a == c); print( a is c)
```

2. 下面程序的运行结果是_____。

```
def Swap(x,y):
    x[0],y[0] = y[0],x[0]
a = [1,2,3]; b = ["a","b","c"]
Swap(a,b); print(a,b)
```

3. 下面程序的运行结果是_____。

```
a = [1,2,3,4]; b = a
b[2] = 100; print(a)
```

6.2　字符串详解

字符串中的字符在内存中是连续存放的，根据下标 i 访问第 i 个字符所需的时间和字符串的长度无关。

6.2.1　转义字符

在字符串中，"\"及其后面的某些字符会构成转义字符，即两个字符被

转义字符

看作一个字符。例如：

```
print("hello\nworld\tok\"1\\2")
```

输出：

```
hello
world    ok"1\2
```

"\n" 并不是两个字符，"\" 和后面的 "n" 合在一起被当作一个字符看待，这个字符就是换行符，于是在输出时，hello 后面换行了。因此，我们说 "\n" 是一个转义字符，因为它的含义变化了。同理，"\t" 也不是两个字符，它也是一个转义字符，代表制表符，所以在输出时，world 和 ok 之间会有几个空格。

"\"" 也是转义字符，代表双引号。在一个以双引号引起来的字符串中，如果出现了双引号，可能会让人比较困惑，因为双引号标志字符串的结束。为避免这个问题，可以在字符串中用 "\"" 来表示双引号。当然，改用单引号引起包含双引号的字符串也能避免这个问题。另外，"\'" 也是转义字符，代表单引号。

想要在字符串中包含字符 "\" 怎么办呢？只写一个 "\" 是不保险的，因为它有可能和它后面的那个字符合在一起被当作转义字符看待。Python 规定字符串中连续的两个 "\" 会被当作一个 "\" 看待，因此保险的办法就是用两个 "\" 表示一个 "\"。字符串 "a\\c" 其实只包含 3 个字符，输出就是 a\c。

并不是所有字符出现在 "\" 后面都会和 "\" 构成转义字符。例如：

```
print('\d')
```

会输出：

```
\d
```

因为 "d" 不会和 "\" 合在一起被当作一个转义字符看待，所以 "\\d" 和 "\d" 其实一样。而：

```
print('a\ac')
```

会输出：

```
ac
```

因为 "a" 会和 "\" 合在一起被当作一个转义字符看待，这个转义字符是一个一般不会用到的字符，其无法正常显示。

记住哪些字符跟在 "\" 后面会形成转义字符是没有必要的，用到的时候试一下即可。需要在字符串中表示 "\" 的时候，不妨都写 "\\"。

Python 也照顾了讨厌转义字符的程序员。只要在字符串前面加 "r"，那么字符串中的 "\" 就只是 "\"，不会起转义的作用。例如：

```
print(r'a\nb')        #>>a\nb
print(r"a\b\tc\'d")   #>>a\\b\tc\'d
```

⊗ 常见错误：print(a\nb)。"\n" 这样的转义字符只能出现在字符串中，必须用各种引号引起来。print(a\nb) 不合法，不会输出 a 的值，然后换行，再输出 b 的值。

顺便提一下，Python 中还有以"u"开头的字符串，如 u'ok 你好'，其和普通字符串没有任何区别。

6.2.2　三单引号和三双引号字符串

Python 是特别重视字符串的语言。其他语言一般只有一种字符串形式，即用双引号引起来的字符串，Python 却把字符串"玩"出了各种花样。

如果希望在字符串中不使用"\"转义就可以自由使用单引号和双引号，还希望字符串可以多行显示，那么可以写用三单引号引起来的字符串。例如：

```
print( '''三单引号的\n 字符串。
He said:'I said:"I'm ok."'
ONCLICK="window.history.back()"></FORM>
</BODY></HTML>''')
```

程序输出：

```
三单引号的
字符串。
He said:'I said:"I'm ok."'
ONCLICK="window.history.back()"></FORM>
</BODY></HTML>
```

把三单引号换成三双引号也是一样的效果。

有一种所谓的 Python 的多行注释，是一个"以讹传讹"的典型例子。几乎作者读过的每本 Python 教材和无数网上资料中都提到，Python 支持以'''（或"""）开头和结尾的多行注释。例如下面这个可以运行的程序中的第 2～5 行就是"多行注释"：

```
1.  a = input()
2.  '''
3.  this is comment
4.  这里是注释
5.  '''
6.  print(a)
7.  "那这个岂不也是注释"
8.  print("hello")
```

其实所谓的"多行注释"（以下简称"伪注释"）并不是注释，而是字符串。在 Python 开发环境中，"伪注释"呈现字符串的颜色，而不是注释的颜色。而且，"伪注释"开头的'''并不能随意缩进，这充分证明它不是注释。如果它也算注释，那么上面程序中的第 7 行也可以说是单行注释，这样字符串岂不就是注释？这成何体统？使用"伪注释"虽无伤大雅，但有些不自然，因为其性质和声称下面这条赋值语句是"注释"一样。

```
x = "本条语句是注释。下面这段程序的功能是统计存款总数……"
```

6.2.3　在字符串中使用编码代替字符

字符串中的"\u"是一个转义字符，它后面必须跟 4 个十六进制数字（0～9 和 A～F，大小写均可），代表一个字符的 Unicode。例如，"a"的 Unicode 是 0x0061，"好"的 Unicode 是 0x597d，因此，print("k\u0061\u597dQ 看") 输出：

可以看到，在字符串中，用"a"的编码"\u0061"可以替代"a"，用"好"的编码"\u597d"可以替代"好"。

字符串中的"\x"也是一个转义字符，它后面必须跟 2 个十六进制数字，代表一个字符的 ASCII。例如，print("\x61\x62 好 a 高\x63")输出：

ab *好 a 高 c*

因为"a"的 ASCII 是 61，"b"的 ASCII 是 62，"c"的 ASCII 是 63。

6.2.4　字符串的切片

字符串的切片分为两种。一种是子串，即字符串中连续的一部分，也可以是整个字符串；另一种是抽取字符串中不连续但间隔相同的若干字符，按原顺序拼成的字符串。

字符串的切片

若 a 是字符串，则 a[x:y]可以表示 a 的子串。其中，x、y 都是值为整数的表达式。a[x:y]所表示的子串，起点是下标为 x 的字符，终点是下标为 y 的字符，但是终点不算在内。x 可以省略，那么起点就是字符串开头；y 也可以省略，那么子串就一直取到字符串的最后一个字符（最后一个字符也算）。如果 y 大于等于字符串长度，则一直取到最后一个字符。如果 x、y 都非负且 y 小于等于 x，则取到的是空串。例如：

```
a = "ABCD"
print(a[1:2])              #>>B          下标为 2 的字符'C'不算在内
print(a[0:-1])             #>>ABC        下标为-1 的字符'D'不算在内
print(a[-3:-1])            #>>BC
print(a[2:])               #>>CD         终点省略，即一直取到最后一个字符
print(a[:3])               #>>ABC        起点省略，即从头开始取
print("abcd"[2:3])         #>>c
print("abcd"[2:0]+"ok")    #>>ok
```

可以用 a[x:y:z]来从字符串 a 中抽取若干字符拼成一个字符串。抽取字符的规则是：以 a[x]为起点，每隔|z|-1 个字符取一个，终点为 a[y]（但是终点 a[y]不能取）。z 是正数，则从左往右取；z 是负数，则从右往左取。x、y 可以省略。如果 x 省略，则从头开始取；如果 y 省略，则一直可以取到最后一个字符。如果 x、y 都省略，则从头取到尾或从尾取到头。例如：

```
1.    print("12345678"[1:7:2])      #>>246
2.    print("1234"[3:1:-1])         #>>43
3.    print("12345678"[7:1:-2])     #>>864
4.    print("12345678"[1::2])       #>>2468
5.    print("abcde"[::-1])          #>>edcba
```

第 1 行：从下标为 1 的字符'2'开始取，每隔一个字符取一个，终点是下标为 7 的字符'8'，但是下标为 7 的字符不能取，因此取出来的字符串就是'246'。

第 2 行：-1 表示要从右往左取，且是依次取。从下标为 3 的字符'4'开始取，终点是下标为 1 的字符'2'，但是下标为 1 的字符不能取，因此取出来的字符串就是'43'。

第 3 行：从下标为 7 的字符开始、从右往左取，每隔一个字符取一个，终点是下标为 1 的字符。

第 4 行：y 省略，所以可以一直取到最后一个字符。

第 5 行：x、y 都省略，而且−1 表示从右往左依次取，那么结果就是原字符串颠倒过来。要颠倒一个字符串可以用这个方法。

6.2.5 字符串的分割

若 s 和 x 都是字符串，则 s.split(x)用 x 作为分隔串分割 s，得到一个由分割后的子串构成的列表。分割的规则是：字符串开头和分隔串之间、两个分隔串之间、分隔串和字符串结尾之间都会分割出一个子串。若上述两者之间没有字符，则分割出一个空串。比如，两个挨着的分隔串之间会分割出一个空串。示例程序如下：

字符串的分割

```
#prg0460.py
1.  a = "12..34.534 6...a."
2.  print(a.split("."))    #>>['12', '', '34', '534 6', '', '', 'a','']
3.  print(a.split(".."))   #>>['12', '34.534 6', '.a.']
4.  print(a.split("34"))   #>>['12..', '.5', ' 6...a.']
5.  print("a\nb.c\n".split(".")) #>>['a\nb', 'c\n']
```

第 2 行：用 "." 作分隔串。字符串开头到第一个 "." 之间是子串'12'，第一个 "." 和第二个 "." 之间是空串''，第二个 "." 和第三个 "." 之间是子串'34'……第四个 "." 和第五个 "." 之间是空串''，第五个 "." 和第六个 "." 之间还是空串''……最后一个 "." 和字符串结尾之间没有字符，所以会分割出一个空串''。此时，空格不是分隔串，所以会分出子串'534 6'。

第 3 行：用 ".." 作为分隔串，分割出'12'、'34.534 6'、'.a.'这 3 个子串。a 中的 "..." 不能视为重叠的两个 ".."，只能看作一个分隔串加一个 "."。

第 4 行：分隔串不一定由标点符号组成，任何字符串都可以作为分隔串，如 "34"。

6.2.6 字符串的成员函数

字符串有许多成员函数，简称 "字符串的函数"，可以对字符串进行各种操作。"字符串有函数 f()" 或 "f()是字符串的函数" 的意思是，如果 s 是一个字符串，则可以用 s.f(参数 1,参数 2,...) 的形式调用函数 f()。后文会提到元组的函数、列表的函数、字典的函数等，都是这个意思。

字符串的函数名称、作用及示例如下（假设 s 是一个字符串）。

（1）s.count(x)用于求子串 x 在 s 中出现的次数。

```
s = 'thisAAbb AA'
print(s.count('AA'))       #>>2       因为 AA 在 s 中出现 2 次
```

（2）s.upper()、s.lower()分别返回 s 的大写形式和小写形式，不会改变 s。

```
print("abc".upper(),"Hello,小明".lower())        #>>ABC hello,小明
```

（3）s.join(x)返回将序列 x 中的各项用 s 连接起来而得到的字符串。

```
print("AA".join(['1','23','4']))    #>>1AA23AA4
print("".join(['1','23','4']))      #>>1234
print(",".join("abcd"))             #>>a,b,c,d
```

（4）s.find(x)、s.rfind(x)、s.index(x)、s.rindex(x)用于在 s 中查找子串 x。

在 s 中查找子串 x，返回第一次找到的位置（下标）。若找不到子串 x，find()返回−1，index()会引发异常。find()和 index()是从左到右找，rfind()和 rindex()则是从右到左找。

```
s="1234abc567abc12"
print(s.find("ab"))     #>>4     "ab"第一次出现在下标 4 的位置
print(s.rfind("ab"))    #>>10    从右找起，"ab"第一次出现在下标 10 的位置
try :
    s.index("afb")      #找不到"afb"，因此会引发异常
except Exception as e:
    print(e)            #>>substring not found
```

find()还可以指定查找起点。find(x,n)用于从下标 n 处开始查找子串 x。

```
s="1234abc567abc12"
print(s.find("12",4))   #>>13 指定从下标 4 处开始查找
```

rfind()、index()、rindex()同样可以指定查找起点。

（5）s.replace(x,y)返回将 s 中子串 x 替换成 y 后的结果，s 不变。

```
s="1234abc567abc12"
b = s.replace("abc","FGHI")     #b 由把 s 中的所有"abc"换成"FGHI"而得
print(b)                        #>>1234FGHI567FGHI12
print(s.replace("abc",""))      #>>123456712   用空串替换"abc"，相当于删除"abc"
```

（6）s.isdigit()、s.islower()、s.isupper()分别用于判断 s 是否全部由数字组成、是否其中的字母都是小写、是否其中的字母都是大写。

```
print("123.4".isdigit())        #>>False
print("123".isdigit())          #>>True
print("a123.4".isdigit())       #>>False
print("Ab123".islower())        #>>False
print("ab123".islower())        #>>True
print("aB123".isupper ())       #>>False
```

（7）s.startswith(x)、s.endswith(x)分别用于判断 s 是否以字符串 x 开头、是否以字符串 x 结尾。

```
print("abcd".startswith("ab"))  #>>True
print("abcd".endswith("bcd"))   #>>True
print("abcd".endswith("bed"))   #>>False
```

（8）s.strip()、s.lstrip()、s.rstrip()分别用于求字符串去除两端、左端、右端的空白字符后的结果，s 不变。空白字符包括空格、'\r'、'\t'、'\n'等。

```
print( " \t12 34 \n ".strip())  #>>12 34
print( " \t12 34 5".lstrip())   #>>12 34 5
```

6.2.7 字符串的格式化

把一些变量、常量或表达式的值按照一定格式填到一个字符串里面，叫字符串的格式化。使用格式控制符，可以进行字符串格式化。例如：

```
"%.2f,%d,%s" % (5.225,78,"hello")
```

可以得到字符串 "5.22,78,hello"，这就是字符串的格式化。

字符串还提供 format() 函数，用以返回一个格式化后的字符串，其格式如下：

s.format(参数0,参数1,参数2,...)   #s 是一个字符串

字符串 s 中可以带有"槽"。槽的常用的格式如下：

{参数序号:<.精度><类型>}

一个槽对应调用 format() 函数时的一个参数，精度和类型是可选项。如果槽所对应的参数不是小数，则只需要写参数序号。

s.format() 返回将 s 中的槽用参数替代后得到的字符串。例如：

```
#prg0480.py
1.  x = "Hello {0}{1},you get ${2:.4f}".format("Mr.","Jack",3.2)
2.  print(x) #>>Hello Mr.Jack,you get $3.2000
3.  x = "Hello {1}{0},are you ok?".format("Jack", "Mr.")
4.  print(x) #>>Hello Mr.Jack,are you ok?
```

第 1 行：{0}表示此处应该被 format() 函数里面的参数 0 即"Mr."替换；{1}表示此处应该被参数 1 即"Jack"替换；{2:.4f}表示此处应该被参数 2 即 3.2 替换，数据类型是小数，且小数点后面保留 4 位。

第 3 行：注意，槽里的参数序号可以和槽的位置无关，本行对应参数 1 的槽先于对应参数 0 的槽出现。

如果在字符串中写花括号"{}"，不想它被当作槽，就写两次。例如：

```
print("{{Jack}} is {}".format("good")) #>>{Jack} is good
```

6.2.8　f-string

f-string 是从 Python 3.6 开始支持的一种以"F"或"f"开头的字符串。用 f-string 实现字符串的格式化比用 format() 函数更方便。f-string 和 format() 函数一样，都要使用槽，但是 f-string 比 format() 函数高级之处在于，f-string 可以把变量甚至任何有定义的表达式写到槽里面，并且 f-string 的槽的格式更加多样、复杂。f-string 的简单用法如下：

```
name,age = "Jack",18
print(f"My name is {name}.I'm {age} years old.")
```

第二行的字符串以"f"开头，因此它是一个 f-string。槽里面的 name 和 age 不再是字符串，而是变量名，会被变量的值替代。上面的程序输出：

My name is Jack.I'm 18 years old.

槽内格式控制的规则和 format() 函数的类似：

```
#prg0490.py
a,b = 11,14
print(f"The sum is {a+b:.4f},or {a+b:x}") #x 表示十六进制形式
#>>The sum is 25.0000,or 19
print(f"Square of a is:{(lambda x:x*x)(a)}")  #>>Square of a is:121
```

可见，f-string 中槽里面的表达式（如上面的 a+b、(lambda x:x*x)(a)）会被计算。(lambda x:x*x)(a) 即以 a 为参数调用 lambda x:x*x。

6.2.9 课堂练习

1. 写出以下各条语句的输出结果。
   （1）print("012345"[:3])
   （2）print("012345"[:])
   （3）print("012345"[2:])
   （4）print("012345"[::-1])
   （5）print("01234567"[1:-1:2])
   （6）print("01234567"[-1:0:-2])
   （7）print("".join(['a','12','3','45']))
   （8）print("aabbccaadd".rfind("aa"))

2. 下面程序输入一个字符串，输出其前后颠倒的结果。请填空。

```
s = input();print(_____)
```

3. 若 s="hello world"，则调用 s.find("o")的返回值为_____。

4. 已知 chr(69)的值是'E'，则 ord('H')的值是_____。

5. 下面程序的输出结果是_____。

```
a = 3; b = 2.5
print(f"{b},{a+b:.3f}")
print(f"{a},{(lambda x,y:x*y)(a,b)}")
```

6. a 为任意多位整数（如 123），值为将 a 的各位倒序后的整数（如 321）的表达式
是_____。

6.3 元组

6.3.1 元组的基本概念

元组的基本概念

元组是类似于列表的数据类型，也是元素的有序集合，元素在内存中连续存放，并可以根据下标来查看。元组和列表最大的区别是：元组不可被修改。

元组表示形式如下：

```
(元素 0,元素 1,元素 2,…)
```

有时括号也可以省去。没有元素的空元组就是()。例如：

```
1.  t = (12,)                 #t 是一个单元素元组
2.  t = (12,'ok')             #t 是一个两元素元组
3.  t = 12345, 54321, 'hello!' #t 是一个三元素元组
4.  print(t[0])               #>>12345
5.  print(t)                  #>>(12345, 54321, 'hello!')
6.  u = t, (1, 2, 3, 4, 5)    #u 有两个元素，两个元素都是元组，u 也是元组
7.  print(u)                  #>>((12345, 54321, 'hello!'), (1, 2, 3, 4, 5))
8.  print(u[0][1])            #>>54321
9.  print(u[1][2])            #>>3
```

组合数据类型 / 第6章

```
10. t[0] = 88888              #运行错误，不可对元组的元素进行赋值
```

第 1 行：(12,)表示一个元组，里面只有一个元素 12。(12) 则不是元组，表示整数 12。想表示单元素元组，要在元素后面加“,”。

第 2 行：对 t 重新赋值，就是让变量 t 指向别处，并没有和“元组不可被修改”的说法矛盾。

第 3 行：有的情况下，在表示元组的时候，括号可以去掉。

第 6 行：u 是有两个元素的元组，这两个元素都是元组，分别是 t 和(1,2,3,4,5)。

第 8 行：u[0][1]表示 u[0]的下标为 1 的元素，即 t[1]。

和列表一样，元组的元素也是指针，但是这个指针只能指向固定的地方，不能修改指向。换句话说，不可对元组的元素进行赋值。正如上面第 10 行所示。

“元组不可被修改”是指元组不支持以下操作。

（1）对元组的元素进行赋值。

（2）对元组添加元素或者删除元素。

（3）改变元组元素的顺序，例如对元组排序。

许多教材和网上资料提到“元组的元素不能修改”，这个说法不准确。准确的说法是元组的元素不能被赋值。元组的元素是指针，该指针指向的内容并非不可被修改。例如，如果元组的元素是一个列表（或字典、集合），那么这个列表（或字典、集合）是可以被修改的。示例程序如下：

```
#prg0500.py
1.  v = ("hello",[1, 2, 3], [3, 2, 1]) #[1,2,3]、[3,2,1]是列表
2.  v[1] = 32              #运行错误，元组的元素不可修改成指向别处
3.  v[1][0] = 'world'      #v[1]指向的内容可以被修改
4.  print(v)              #>>('hello', ['world', 2, 3], [3, 2, 1])
5.  print(len(v))          #>>3
6.  t = [1,2]
7.  v = (t,t)              #v 的两个元素都和 t 指向相同的地方
8.  print(v)              #>>([1, 2], [1, 2])
9.  t[0] = 'ok'            #t 变化会影响 v
10. print(v)              #>>(['ok', 2], ['ok', 2])
11. t = 8                  #让 t 指向别处不会影响到 v
12. print(v)              #>>(['ok', 2], ['ok', 2])
```

第 1 行：元组 v 的元素 v[1]和 v[2]都是列表。

第 2 行：对元组的元素进行赋值是不允许的。

第 3 行：v[1]是一个指针，指向列表[1,2,3]。可以修改 v[1]指向的内容，即将列表[1,2,3]中的 1 改成'world'。因此第 4 行输出 v 可以看到 v[1]的内容变成了['world',2,3]。对 v[1][0]进行赋值，并不是对元组 v 的元素进行赋值。只有对 v[0]、v[1]、v[2]等进行赋值，才是对元组的元素进行赋值。

第 7 行：元组 v 的两个元素都和 t 指向相同的地方。若 t 指向的内容发生了变化，如第 9 行所示，那么 v 的内容自然也会发生变化，如第 10 行的输出结果所示。

第 11 行：让 t 指向别处不会影响到 v，如第 12 行输出 v 的结果所示。

所谓的元组不可被修改，类似于组建了一支球队，规定球队建好后不可换人、不可加

人、不可减人、不可修改队员号码等，但是队员换个发型、增加体重等都是可以的。

有的函数看上去像返回了多个值，实际上返回了一个元组。例如：

```
1.   def sumAndDifference(x,y):
2.       return x+y,x-y              #等价于 return (x+y,x-y)，返回元组
3.   s,d = sumAndDifference(10,5)    #返回值是元组 (15,5)
4.   print(s,d)                      #>>15 5
```

第 3 行也可以写成 (s,d)=sumAndDifference(10,5)。

6.3.2 元组的操作

元组和字符串一样，有切片的操作，操作方法基本相同。元组的切片也是元组。元组可以用"+"连接。用 in 和 not in 可以判断元素是否在元组里面。两个元组还可以比较大小。元组可以和整数相乘。元组可以用 for 循环遍历。示例程序如下：

```
#prg0510.py
1.    tup2 = (1, 2, 3, 4, 5, 6, 7 )
2.    print(tup2[1:5])             #>>(2, 3, 4, 5)
3.    print(tup2[::-1])            #>>(7, 6, 5, 4, 3, 2, 1)
4.    print(tup2[-1:0:-2])         #>>(7, 5, 3)
5.    tup1 = (12, 34.56)
6.    tup2 = ('abc', 'xyz')
7.    tup3 = tup1 + tup2           #创建一个新的元组
8.    print (tup3)                 #>>(12, 34.56, 'abc', 'xyz')
9.    tup3 += (10,20)             #等价于 tup3=tup3+(10,20)，新建了一个元组
10.   print(tup3)                  #>>(12, 34.56, 'abc', 'xyz',10,20)
11.   print((1,2,3) * 3)           #>>(1, 2, 3, 1, 2, 3, 1, 2, 3)
12.   print( 3 in (1,2,3))         #>>True
13.   for i in (1,2,3):            #此循环输出 123
14.       print(i,end = "")
```

需要注意的是，第 9 行并不是在 tup3 尾部直接添加 10 和 20 两个元素。它的效果是新生成一个元组 tup3+(10,20)，然后把新元组赋值给 tup3。

元组可以比较大小，可以用"=="和"!="判断是否相等。两个元组 a 和 b 比较大小，就是逐个元素比较大小，直到分出胜负。如果 a 的最后一个元素都比完了还未分出胜负，且 b 比 a 长，则 a 比 b 小。如果有两个对应元素不可比较大小，则产生 RE。例如：

```
1.   print((1,'a',12 ) < (1,'b',7))        #>>True
2.   print((1,'a' ) < (1,'a',13))          #>>True
3.   print((2,'a' ) > (1,'b',13))          #>>True
4.   print((2,'a' ) < ('ab','b',13))       #产生 RE
```

第 4 行：因为 2 和'ab'不能比较大小，所以程序产生 RE。

有时元组可以用来取代复杂的分支结构。例如输入 1 ~ 7，相应输出 Monday（星期一）到 Sunday（星期天），这个问题如果用 if...elif 解决，就要写很多个 elif 语句，不太方便。如果使用元组，则可以不写 elif 语句。例如：

```
1.   weekdays = "Monday","Tuesday","Wednesday","Thursday", \
2.             "Friday","Saturday","Sunday"
3.   n = int(input())
4.   if  n > 7 or n < 1:
```

```
5.        print("Illegal")
6.    else:
7.        print(weekdays[n-1])
```

6.3.3 课堂练习

1. 赋值语句_____没有使得 a 变为一个元组。
　　 A. a = 1,2,3　B. a = ("hello")　C. a= (5,)　D. a= ( )
2. _____不会导致错误。
　　 A. a = (1,2,3); a += (3,5)　　　　　B. a = (1); a += (3,5)
　　 C. a = (1,2,3); a[2] = 100　　　　　D. a = (1,2,3,4) + (5)
3. _____会导致错误。
　　 A. a = (1) + (2)　　　　　　　　　B. a = (1,2,[3,4],5); a[2][0] = 100
　　 C. t = (1,2); a = t,t; t = (3,5)　　　D. print((1,2,4) < (1, "hello", 5))
4. 下面程序的输出结果是_____。

```
a = [1,2]; b = (3,4); v = (a,b);
a[0] = 100; b = (4,5);
print(v)
```

6.4 列表基础

6.4.1 列表的基本用法

列表非常重要。进一步学习列表之前，需再次强调：列表的元素都是指针。

列表是可以被修改的——可以对元素赋值，可以添加和删除元素，可以修改元素顺序。
元组支持的各种操作，列表同样支持。例如：

```
#prg0520.py
1.   empty = []                    #[]表示空列表
2.   list1 = ['Pku', 'Huawei', 1997, 2000]
3.   list1[1] = 100                #列表元素可以赋值
4.   print(list1)                  #>>['Pku', 100, 1997, 2000]
5.   del list1[2]                  #删除下标为 2 的元素
6.   print (list1)                 #>>['Pku', 100, 2000]
7.   list1 += [100,110]
8.   #添加另一个列表的元素 100 和 110，在 list1 中添加，没有新建一个列表
9.   list1.append(200)            #添加元素 200。append()函数用于添加单个元素
10.  print(list1)                  #>>['Pku', 100, 2000, 100, 110, 200]
11.  list1.append(['ok',123])     #添加元素['ok',123]
12.  print(list1)                  #>>['Pku', 100, 2000, 100, 110, 200, ['ok', 123]]
13.  a = ['a', 'b', 'c']
14.  n = [1, 2, 3]
15.  x = [a, n]                    #若 a、n 变，x 也会变
16.  a[0] = 1
17.  print(x)                      #>>[[1, 'b', 'c'], [1, 2, 3]]
```

```
18.   print(x[0])                    #>>[1, 'b', 'c']
19.   print(x[0][1])                 #>>b
```

第 5 行：此处也可以写成 list1.pop(2)。pop()函数还能返回被删除的元素。

第 7 行：对于两个列表 a 和 b，a+=b 会将 b 中的元素添加到 a 的末尾。对列表来说，a+=b 和 a=a+b 是不等价的。后者会在"="右边新生成一个列表，然后将 a 重新赋值为该新列表；前者并没有对 a 重新赋值，而是直接在 a 的末尾添加列表 b 中的元素。下面这个程序能体现二者不同：

```
b = a = [1,2]
a += [3]       #b 和 a 指向相同地方，在 a 的末尾添加元素，b 也会受影响
print(a,b)     #>>[1, 2, 3] [1, 2, 3]
a = a + [4]    #对 a 重新赋值，不会影响到 b
print(a)       #>>[1, 2, 3, 4]
print(b)       #>>[1, 2, 3]
```

prg0520.py 的第 9 行的 append()函数用于在列表末尾添加单个元素，因此本行将元素 200 添加到 list1 的末尾。第 11 行将列表['ok',123]作为一个元素添加到 list1 的末尾。若 a 是列表，则 a.append(x)和 a+=[x]是等价的，都是把元素 x 添加到 a 的末尾。

要想在列表中间插入元素，可以用列表的函数 insert()。列表切片返回新的列表，用法和元组切片的基本相同。例如：

```
#prg0530.py
1.   a = [1,2,3,4]
2.   b = a[1:3]
3.   print(b)             #>>[2,3]
4.   b[0] = 100
5.   print(b)             #>>[100,3]
6.   print(a)             #>>[1,2,3,4]
7.   print(a[::-1])       #>>[4,3,2,1]
8.   print([1,2,3,4,5,6][1:5:2])   #>>[2,4]
9.   print(a[:])          #>>[1,2,3,4]
```

列表的切片是一个新列表，因此第 2 行的 b 就是新列表，不是 a 的一部分。因此第 4 行修改了 b[0]，不会影响到 a。

第 9 行：a[:]这个切片，省略起点和终点，那么它就是 a 的复制列表。注意，它是一个新列表。

列表相加可以得到新列表。例如：

```
1.   a = [1,2,3,4]
2.   b = [5,6]
3.   c = a + b
4.   print(c)       #>>[1, 2, 3, 4, 5, 6]
5.   a[0] = 100
6.   print(c)       #>>[1, 2, 3, 4, 5, 6]
```

第 3 行：a+b 是一个新列表，c 指向该列表。修改 a 或 b 中的元素不会影响到 c，如第 5、6 行所示。

列表可以和整数相乘，得到新列表。例如：

```
#prg0540.py
1.   print([True] * 3)    #>>[True, True, True]
```

```
2.    a = [1,2]
3.    b = a * 3
4.    print(b)              #>>[1, 2, 1, 2, 1, 2]
5.    print([a*3])          #>>[[1, 2, 1, 2, 1, 2]]
6.    c = [a] * 3
7.    print(c)              #>>[[1, 2], [1, 2], [1, 2]]
8.    a.append(3)
9.    print(c)              #>>[[1, 2, 3], [1, 2, 3], [1, 2, 3]]
10.   print(b)              #>>[1, 2, 1, 2, 1, 2]
```

如果 a 是列表，n 是整数，则 a*n 就是一个新列表，其内容是 a 中的内容写 n 遍，如第 3、4 行所示。a*n 生成以后，和 a 没有任何联系。[a]*n 是一个新列表，里面写了 n 个 a，即里面的 n 个元素都是指针，和 a 指向同一个列表。因此第 8 行在 a 后面添加了元素，c 也跟着变，但是 b 不受影响。

第 5 行：[a*3]是一个列表，里面只有一个元素，就是 a*3，而 a*3 是[1,2,1,2,1,2]，所以[a*3]就是[[1,2,1,2,1,2]]。

又如：

```
#prg0550.py
1.    a = [[0]] * 2 + [[0]] * 2
2.    print(a)      #>>[[0], [0], [0], [0]]
3.    a[0][0] = 5
4.    print(a)      #>>[[5], [5], [0], [0]]
```

执行完第 1 行后的效果如图 6.4.1 所示。

a[0]、a[1]指向同一个列表[0]，a[2]、a[3]指向另一个列表 [0]。所以，修改 a[0][0]，a[1][0]也跟着变，但是 a[2][0]、a[3][0] 不变。

图 6.4.1　执行完第 1 行后的效果

上面的两个程序实在有点"烧脑"，尤其是 prg0550.py。但这绝不是在"钻牛角尖"或者"语法炫技"，这两个程序体现的是重要的基本概念。曾有一个学习作者慕课的学员在论坛贴出一段他找不出 bug 的程序求教，作者发现他犯错误就是因为没有搞清楚 prg0550.py 所表达的概念，所以本书才有了 prg0550.py。

两个列表可以比较大小，规则和元组比较大小的相同，就是逐个元素比较大小，直到分出胜负。如果有两个对应元素不能比较大小，则会导致 RE。两个列表也可以用"=="和"!="比较是否相等。

可以用 for 循环来遍历一个列表。例如：

```
1.    lst = [1,2,3,4]
2.    for x in lst:
3.        print(x,end = " ")        #>>1 2 3 4
4.        x = 100                    #不会修改列表的元素
5.    print(lst)                     #>>[1, 2, 3, 4]
6.    for i in range(len(lst)):      #依次修改列表的元素
7.        lst[i] = 100
8.    print(lst)                     #>>[100, 100, 100, 100]
```

第 2 行：x 的值依次是 lst[0]、lst[1]……但是要注意，x 并不是 lst 的元素，它只是和 lst 的元素指向同一个地方。因此第 4 行中对 x 赋值只是改变 x 的指向，不会对列表元素进行修改。

例题 6.4.1.1：校门外的树（P0580）。

假设把校门外的马路看成一个数轴，马路的一端在 0 的位置，另一端在 L 的位置；数轴上的每个整数点即 $0,1,2,\cdots,L$，都种有一棵树。

马路上有一些区域要用来建地铁。这些区域用它们在数轴上的起始点和终止点的坐标表示。已知任意一个区域的起始点和终止点的坐标都是整数，各区域之间可能有重叠的部分。现在要把这些区域中的树（包括区域端点处的两棵树）移走。你的任务是计算将这些树都移走后，马路上还有多少棵树。

例题：校门外的树

输入：第一行有两个整数 L（$1 \leqslant L \leqslant 10000$）和 M（$1 \leqslant M \leqslant 100$），$L$ 代表马路的长度，M 代表区域的数目，L 和 M 之间用一个空格隔开；接下来的 M 行中每行包含两个不同的整数，用一个空格隔开，表示一个区域的起始点和终止点的坐标。

输出：输出仅一行，包含一个整数，表示马路上剩余的树的数目。

样例输入：

```
500 3
150 300
100 200
470 471
```

样例输出：

```
298
```

解题思路：要记住每棵树是不是被移走，可以为每棵树设置一个标记。用列表来存放这些标记是很自然的。假设列表叫 good，那么 good[i] 为 True 则表示坐标为 i 的那棵树还在，为 False 则表示不在。当读取到一个区间[s,e]时，就要把 good[s]到 good[e]的每个元素都变为 False。最后 good 里面有多少个 True，就表示有多少棵树还在。

解题程序：

```
#prg0560.py
1.  s = input().split()
2.  L,M = int(s[0]),int(s[1])
3.  good = [True] * (L+1)        #一开始所有树都在
4.  for i in range(M):
5.      s = input().split()
6.      start,end = int(s[0]),int(s[1])
7.      for k in range(start,end + 1):
8.          good[k] = False      #坐标 k 处的树被移走了
9.  print(sum(good))             #sum()是 Python 函数，用于求列表元素的和
```

第 9 行：sum()是 Python 函数。若 x 是一个由数构成的列表，则 sum(x)就能求 x 中所有元素的和。在 Python 中，True 和 1 是完全等价的，False 和 0 是完全等价的。因此 sum(good)是多少，就说明 good 中有多少个 True。

本题的解法虽然简单，但并不是高效的。因为区域可能重叠，所以一棵树可能多次被标记为已移走。

6.4.2 列表、元组和字符串的互相转换

列表和元组可以互相转换。例如：

组合数据类型 / 第6章

```
a=[1,2,3]
b=tuple(a)          #b为(1,2,3)
c=list(b)           #c为[1,2,3]
t = (1, 3, 2)
(a, b, c) = t       # a = 1, b = 3, c = 2
s = [1,2,3]
[a,b,c] = s         # a = 1, b = 2, c = 3
```

列表、元组和字符串也可以互相转换。例如：

```
print(list("hello"))            #>>['h', 'e', 'l', 'l', 'o']
print("".join(['a','44','c']))  #>>a44c
print(tuple("hello"))           #>>('h', 'e', 'l', 'l', 'o')
print("".join(('a','44','c')))  #>>a44c
```

6.4.3 列表的成员函数

列表常用的成员函数见表 6.4.1，其他成员函数请读者自行探索。

表 6.4.1 列表常用的成员函数

成员函数	功能
count(x)	计算列表中有多少个 x
append(x)	添加元素 x 到末尾
copy()	返回自身的副本（浅复制）
extend(x)	添加列表 x 中的元素到末尾
index(x)	查找元素 x，若找到则返回 x 第一次出现的下标，若找不到则引发异常
insert(i,x)	将元素 x 插入下标 i 处
pop(i)	删除并返回下标为 i 的元素。i 省略则删除最后一个元素
remove(x)	删除元素 x。如果有多个 x，只删除第一个。若 x 不存在，则引发异常
reverse()	颠倒整个列表
sort()	排序

部分列表的成员函数用法示例如下：

```
#prg0570.py
1.   a,b = [1,2,3],[5,6]
2.   a.append(b)         #将 b 作为元素添加到 a 的末尾
3.   print(a)            #>>[1, 2, 3, [5, 6]]
4.   b.insert(1,100)     #将 100 插入下标 1 的位置，b 变为[5, 100, 6]
5.   print(a)            #>>[1, 2, 3, [5, 100, 6]]
6.   a.extend(b)         #将 b 中的元素添加到 a 的末尾
7.   print(a)            #>>[1, 2, 3, [5, 100, 6], 5, 100, 6]
8.   a.insert(1,'K')
9.   a.insert(3,'K')
10.  print(a)            #>>[1, 'K', 2, 'K', 3, [5, 100, 6], 5, 100, 6]
11.  a.remove('K')       #删除第一个'K'元素
12.  print(a)            #>>[1, 2, 'K', 3, [5, 100, 6], 5, 100, 6]
13.  a.reverse()         #将 a 前后颠倒
14.  print(a)            #>>[6, 100, 5, [5, 100, 6], 3, 'K', 2, 1]
15.  print(a.index('K')) #>>5     查找'K'在 a 中第一次出现的位置（下标）
16.  try:
17.      print(a.index('m'))  #找不到'm'，会引发异常
```

```
18. except:
19.     print('not found')    #>>not found
```

第 2 行：将 b 作为元素添加到 a 的末尾。a[3]就和 b 指向同一个列表。

第 5 行：由于 a[3]和 b 指向同一个列表，所以 a[3]也变成[5,100,6]。

第 17 行：a 中找不到'm'，因此本句不会产生输出，而是引发异常，导致程序跳转到第 19 行，输出导致异常的原因。

6.4.4　列表的映射和过滤

Python 支持对列表的映射（Map）操作，可以方便地从一个列表转换得到另一个列表。map()函数的格式如下：

```
map(function,sequence)
```

function 是一个函数，也可以是一个 lambda 表达式。sequence 是一个序列，元组、列表、字典、字符串、集合均可。map()函数的返回值是一个"延时操作对象"，里面存放着一个操作,这个操作就是"依次对 sequence 里的每个元素 x 执行 function(x)，并将 function(x)的返回值收集起来"。这个操作只是被记录在延时操作对象中，并没有真正被执行。当把该延时操作对象转换为列表、元组或者集合等时，延时操作对象中存放的操作才会真正被执行，并将收集到的结果放到列表、元组或集合等中。通常不需要理解延时操作对象的概念，使用 map()函数时立即将其返回值转换成列表或元组使用即可。例如：

```
1. def f(x):
2.     return x*x
3. print(list(map(f,[1,2,3])))    #>>[1, 4, 9]
```

第 3 行：可以认为 map()函数在执行的过程中，依次以 1、2、3 作为参数调用函数 f()，f(1)、f(2)和 f(3)的返回值被收集起来，然后转换到一个列表里，即得列表[1,4,9]。

map()函数用来处理输入特别方便。比如，在一行里输入 3 个整数，希望将其分别读入 x、y、z，则可以写为如下代码：

```
x,y,z = map(int,input().split())
```

假如输入"1 23 45"并按 Enter 键，input().split()的返回值是['1','23','45']。上面这条语句依次以该列表的每个元素作为参数调用 int()函数，并且将结果收集起来依次赋值给 x、y、z。

Python 还支持对列表的过滤（Filter）操作，可以方便地实现从列表中抽取符合某种条件的元素，形成一个新列表或元组。filter()函数的格式如下：

```
filter(function,sequence)
```

filter()函数的返回值也是一个延时操作对象。可以认为 filter()函数的操作是"依次对 sequence 里的每个元素 x 执行 function(x)，若 function(x)的值为 True，则将 x 收集起来"。例如：

```
tp = tuple(filter(lambda x : x % 2 == 0, [1,2,3,4,5]))    #过滤出偶数
print(tp)    #>>(2, 4)
```

6.4.5　课堂练习

1. 下面程序的输出结果是_____。

组合数据类型 / 第 6 章

```
a = [1,2,3,4]; b = [1,2,3,4]; print( a is b)
c = a; print(a == c); print( a is c)
```

2. 下面程序的输出结果是_____。

```
def Swap(x,y):
    x[0],y[0] = y[0],x[0]
a = [1,2,3]; b = ["a","b","c"]
Swap(a,b); print(a,b)
```

3. 下面程序的输出结果是_____。

```
a = [1,2,3,4]; b = a
b[2] = 100; print(a)
```

4. 写出下面各段程序的输出结果。

（1）a = [1,2,3,4]; b = [1,a,2]; print(b[1][3])

（2）print(['a',2,1]*3)

（3）print([x ** 2 for x in [1,2,3,4,5,6] if x % 2])

（4）print([1,2,3,4,5,6][::-2])

（5）ls = [1, 3, 5, 7, 9]; ls.insert(1, "x"); print(ls)

（6）a = b = [1,2,3,4]; b.append([5]); print(a)

（7）a = [1,2,3]; b = [a]*2; a[0] = 100; print(b)

5. 下面程序的输出结果是_____。

```
a = [1,2,3]; b = [4,5]; b.append(a)
a += [5,6]; print(b)
b[2].append(10); print(a)
```

6. 下面程序的输出结果是_____。

```
def func(x, lst):
    x = x + 2
    lst.append(2)
    print(x, lst)
x = 0; lst = [0]; func(x, lst)
print(x, lst)
```

7. 写出下面各段程序的输出结果。

（1）a = b = [1,2,3,4]; b.pop(); a.pop(); print(a)

（2）a = [1,2,3,4]; a.extend([100]);print(a)

（3）a = [10,2,30,4]; print(a.index(30))

8. 对于列表 a = ['a','b','c','d']，欲删除其中的元素'b'，正确的是_____。

　　A. a.del[1]　　　　　B. del a[2]　　　C. a.remove(2)　　　D. a.remove('b')

9. 下面_____有错误。

　　A. a = [1,2,3]; a.extend(20)　　　　　B. a = [1,2,3]; b = [a,1,2,3]

　　C. a = [1,2,3]; a += [4]　　　　　　　D. a = [1,2,3]; a *= 2

10. 写出下面两段程序的输出结果。

（1）x,y,z = map(str,[1,2,3]); print(x,y,z)

（2）k = list(map(lambda x:x*2, [1,2,3])); print(k)

11. 下面的程序输入若干个整数，依次输出其个位数。请填空。提示：使用 map() 函数。

样例输入：

```
12 334 79
```

样例输出：

```
2 4 9
```

```
s = _____  #可使用map()和lambda表达式
for e in s:
    print(e,end= " ")
```

6.5 列表进阶

列表生成式

6.5.1 列表生成式

可以通过在列表里面写循环的方式来生成内容有某种规律的列表。例如：

```
[x * x for x in range(1, 11)]
```

生成的列表是[1,4,9,16,25,36,49,64,81,100]。即对[1,11)区间里的每个值 x，将 x*x 收集起来形成一个列表。

```
[x * x for x in range(1, 11) if x % 2 == 0]
```

生成的列表是[4,16,36,64,100]。即对[1,11)区间里的每个值 x，若 x 是偶数，则将 x*x 收集起来形成一个列表。

```
[m + n for m in 'ABC' for n in 'XYZ']
```

生成的列表是['AX','AY','AZ','BX','BY','BZ','CX','CY','CZ']。m 依次取'A'、'B'、'C'，相当于外重循环；对 m 的每个取值，n 依次取'X'、'Y'、'Z'，相当于内重循环，将 m+n 收集起来形成一个列表。

```
[[m + n for m in 'ABC'] for n in 'XYZ']
```

生成的列表是[['AX','BX','CX'],['AY','BY','CY'],['AZ','BZ','CZ']]。对'XYZ'中的每个字符 n，生成一个列表。该列表的每一项都是 m+n，m 依次取'ABC'中的每个字符。然后将所有生成的列表收集起来形成一个列表。

要想像列表生成式那样生成元组，不但要把"[]"替换成"()"，而且要在前面加"tuple"。例如：

```
print(tuple(x * x for x in range(1, 4)))    #>>(1, 4, 9)
```

6.5.2 列表的排序

排序是处理许多问题的基础。**数据如果有序，查找起来就快**，正如字典里的单词是有序排列的，才使查字典成为可能。

排序有各种各样的算法。一些简单的算法是大家在生活中都会想到并且用到的，比如对扑克牌排序采用的办法。这类简单算法有插入排序、选择排序、冒泡排序等。

组合数据类型 第6章

在编程实践中，大部分需要排序的情况都是对列表中的元素进行排序。

1．列表的默认排序

实际应用中我们不必自己编写列表排序的函数，Python 已经提供这类函数。如果 a 是一个列表，那么 a.sort()就能将 a 从小到大排序；sorted(a)就能得到一个新列表，内容是 a 经过从小到大排序后的结果，而 a 本身不变。例如：

```
1.   a = [5,7,6,3,4,1,2]
2.   a.sort()                    #对 a 从小到大排序
3.   print(a)                    #>>[1, 2, 3, 4, 5, 6, 7]
4.   a = [5,7,6,3,4,1,2]
5.   b = sorted(a)              #a 不会因此而改变
6.   print(b)                    #>>[1, 2, 3, 4, 5, 6, 7]
7.   print(a)                    #>>[5, 7, 6, 3, 4, 1, 2]
8.   a.sort(reverse = True)     #对 a 从大到小排序
9.   print(a)                    #>>[7, 6, 5, 4, 3, 2, 1]
```

第 2 行的 a.sort()会改变 a，第 5 行的 sorted(a)不会改变 a。

第 8 行：参数 reverse=True 表示排序规则是从大到小。

对元素都是元组的列表进行排序，是经常遇到的场景。例如：

```
students = [('John', 'A', 15), ('Mike', 'C', 19), ('Mike', 'B', 12),
    ('Mike', 'C', 18),('Bom', 'D', 10)  ]   #姓名，成绩，年龄
students.sort()   #先按姓名排序，再按成绩排序，最后按年龄排序
print(students)
```

上面程序中，students 是由若干个学生的信息构成的列表。每个学生的信息是一个包含姓名、成绩和年龄的元组。程序输出结果如下：

```
[('Bom', 'D', 10), ('John', 'A', 15), ('Mike', 'B', 12), ('Mike', 'C', 18), ('Mike',
'C', 19)]
```

列表 students 里的元素都是元组，那么元素比较大小的规则就是元组比较大小的规则。因此从小到大排序，就是先比较姓名，姓名词典序小的排在前面；如果姓名相同，就比较成绩，成绩小的排在前面（此处成绩小指的是代表成绩的那个字母小，比如'A'<'B'）；如果成绩也相同，则年龄小的排在前面。

需要注意的是，如果列表 a 中有元素不能互相比较大小，则 a.sort()和 sorted(a)都会导致 RE。

2．自定义比较规则的排序

在很多情况下，排序时只按 Python 默认的比较大小规则进行元素比较并不能满足要求。例如，一个整数列表 a，希望将其中的元素按个位数从小到大排序，那么简单的整数比较大小的规则显然不适用。此时，就需要自定义一个关键字函数 f()，并将 f()作为参数传递给 a.sort()函数，告诉 a.sort()函数，排序时如果要比较两个元素 x 和 y,不应该直接比较 x 和 y 本身,而应该比较 f(x)和 f(y)。如果 f(x)小于 f(y)，则 x 比 y 小。示例程序如下：

自定义比较规则的排序

```
1.   #prg0590.py
```

```
2.    def mod10(x):              #自定义的关键字函数
3.        return x % 10          #返回 x 的个位数
4.    a = [25,7,16,33,4,1,2]
5.    a.sort(key = mod10)        #将 mod10 作为参数传递给 a.sort()函数
6.    #key 是函数, a.sort()按对每个元素调用该函数的返回值从小到大排序
7.    print(a)                   #>>[1, 2, 33, 4, 25, 16, 7]   按个位数从小到大排序的结果
8.    print(sorted("This is a test string from Andrew".split(),
9.          key=str.lower))
10.   #>>['a', 'Andrew', 'from', 'is', 'string', 'test', 'This']
```

第 5 行：列表的 sort()函数可以有一些参数，比如 reverse、key 等。调用函数时这些参数不一定要给出。参数 key 字面意思是关键字，即排序时用来做比较的东西。如果 key 不给出，则排序时的关键字就是元素本身，即用来做比较的就是元素本身。也可以给出 key，将 key 赋值成一个函数，那么元素 x 和 y 比较大小时，不再比较元素本身，而是比较 key(x)和 key(y)，如果 key(x)小于 key(y)，则认为 x 比 y 小。本行 key=mod10，那么元素 x 和 y 比较大小时，比较的就是 mod10(x)和 mod10(y)，即比较的是 x 和 y 的个位数，哪个元素的个位数小，哪个元素就排在前面。

第 9 行：sorted()函数同样也可以有 key 参数。本行的 key 被指定为 str.lower。str.lower(x)是 Python 函数，能够返回将字符串 x 中的字母都变成小写后的结果。以 str.lower 作为关键字，就意味着 sorted()函数在比较元素大小时，比较的是它们中的字母都转换成小写后的结果，因此，排序的结果就是不区分大小写的。如果排序结果与大小写相关，则'Andrew'会排在 'a' 前面。

通过指定不同的 key，可以对同一个列表用不同的方式来排序。例如：

```
1.    students = [ ('John', 'A', 15),('Mike', 'B', 12),
2.                ('Mike', 'C', 18),('Bom', 'D', 10)]
3.    students.sort(key = lambda x: x[2] )   #按年龄排序
4.    print(students)
5.    students.sort(key = lambda x: x[0] )   #按姓名排序
6.    print(students)
```

第 3 行：students.sort()在排序过程中比较两个元素 x 和 y 时，比较的不是 x 和 y 本身，而是 x[2]和 y[2]，即年龄，于是最终排序结果就是按年龄从小到大排序。第 4 行输出如下：

```
[('Bom', 'D', 10), ('Mike', 'B', 12), ('John', 'A', 15), ('Mike', 'C', 18)]
```

同理，第 5 行就是按姓名从小到大排序。第 6 行输出如下：

```
[('Bom', 'D', 10), ('John', 'A', 15), ('Mike', 'B', 12), ('Mike', 'C', 18)]
```

但是有两个学生都叫'Mike'，谁排在前面呢？答案是：排序前在前面的，排序后依然在前面。并不是所有的排序算法都能确保两个关键字相同的元素（即这两个元素哪个在前都可以），经过排序后它们的先后关系不变。能确保这一点的排序算法称为"稳定"的排序算法。Python 提供的排序算法都是稳定的。

有时，排序规则比较复杂。例如对学生的记录，希望先按年龄从大到小排序，年龄相同的按成绩从高到低排序，成绩相同的按姓名从小到大排序。这样复杂的规则也可以通过精心设计 key()函数来实现，诀窍是让 key()函数返回一个合适的元组，如例题 6.5.2.1 所示。

多关键字排序

组合数据类型 / 第 6 章

例题 6.5.2.1：学生排序（P0600）。

对班里所有学生，先按年龄从大到小排序，年龄相同的按成绩从高到低排序，成绩相同的按姓名从小到大排序。

输入：第一行为整数 n（$0<n<100$），表示班里的学生人数；接下来的 n 行中每行为一个学生的姓名、成绩和年龄，中间用一个空格隔开。其中，姓名只包含字母，成绩和年龄都是正整数。

输出：将排序的结果输出，每行为一个学生信息，格式和输入格式一样。

样例输入：

```
5
Kitty 56 22
Hanmeimei 70 21
Alice 70 21
Joey 89 22
Tim 19 25
```

样例输出：

```
Tim 19 25
Joey 89 22
Kitty 56 22
Alice 70 21
Hanmeimei 70 21
```

解题思路：用元组表示每个学生信息，将元组存入一个列表，并用合适的key()函数排序。

解题程序：

```
#prg0600.py
1.  n = int(input())
2.  students = []
3.  for i in range(n):
4.      s = input().split()
5.      students.append((s[0],int(s[1]),int(s[2])))
6.  students.sort(key = lambda x: (-x[2],-x[1],x[0]))
7.  for x in students:
8.      print(x[0], x[1],x[2])
```

第 5 行：每个学生信息用元组(姓名,成绩,年龄)表示，姓名是字符串，成绩和年龄是整数。初学者经常犯忘记把字符串转换成整数的错误，而且很难发觉。字符串'12'是小于字符串'13'的，它们的比较结果和整数 12 小于整数 13 一致。但是字符串'12'是小于字符串 '8'的，而整数 8 小于整数 12。如果测试程序时用的样例数据包含位数不同的整数，就可以发现未将字符串转换成整数导致的错误。

第 6 行：key 参数使得 sort()在比较元素 a 和 b 时，比较的不是 a 和 b 本身，而是元组(-a[2],-a[1],a[0])和(-b[2],-b[1],b[0])。即先比较年龄的相反数，再比较成绩的相反数，最后比较姓名。

3．元组排序成列表

元组是不能修改的，因此元组不能排序，当然也就没有 sort()函数。但是如果 x 是元组，则可以用 sorted(x)得到一个列表，列表内容是元组 x 的元素排序后的结果。例如：

```
def f(x):
    return (-x[2],x[1],x[0])
students = (('John', 'A', 15), ('Mike', 'C', 19), ('Wang', 'B', 12),
('Mike', 'B', 12),('Mike', 'C', 12),('Mike', 'C', 18), ('Bom', 'D', 10))
print(sorted(students,key = f))   #sorted()的结果是列表
```

6.5.3　二维列表

前面提到的列表都是一维列表。如果一个列表的每个元素都是一维列表，则可称其为二维列表。同理，每个元素都是二维列表的列表，称为三维列表。

二维列表的一个元素可以称为二维列表的一行。二维列表的每行的元素个数可以不同。

矩阵可以表示为每行元素个数相同的二维列表。如果 a 是一个表示矩阵的二维列表，则 a[i]表示矩阵第 i 行的元素，a[i][j]表示矩阵第 i 行、第 j 列的元素（i 和 j 都从 0 开始算）。

二维列表

下面的程序演示了两种生成矩阵的方法：

```
#prg0610.py
1.  matrix = [[1, 2, 3], [4, 5, 6], [7, 8, 9]]
2.  print(matrix)           #>>[[1, 2, 3], [4, 5, 6], [7, 8, 9]]
3.  matrix = [[0 for i in range(3)] for i in range(3)]
4.  print(matrix)           #>>[[0, 0, 0], [0, 0, 0], [0, 0, 0]]
5.  print(len(matrix))      #>>3
```

第 3 行：如果要生成一个矩阵，就要把每个元素直接写出来，显然有点麻烦。所以可以用列表生成式来生成一个二维列表。本行就生成了一个 3×3 的矩阵，矩阵中的每个元素都是 0。

第 5 行：在说到多维列表的时候"元素"这个词有些歧义。比如我们会通俗地说本行的二维列表 matrix 里面有 9 个 int 类型的元素。但严格地说，matrix 只有 3 个元素，每个元素都是一个一维列表，所以 len(matrix)的值是 3。请读者根据上下文判断"元素"这个词的含义。

初学者可能会以为下面的程序可以生成矩阵 b，但实际上是不行的：

```
1.  a = [0, 0, 0]
2.  b = [a] * 3          #b 有 3 个元素，它们都是指针，都和 a 指向同一个地方
3.  print(b)            #>>[[0, 0, 0], [0, 0, 0], [0, 0, 0]]
4.  b[0][1] = 1
5.  a[2] = 100
6.  print(b)            #>>[[0, 1, 100], [0, 1, 100], [0, 1, 100]]
```

从第 3 行的输出结果看，似乎 b 是一个 3×3 的矩阵，但实际上它不是。因为 b[0]、b[1]、b[2]都和 a 指向同一个地方。修改了 a[2]，则 b[0][2]、b[1][2]、b[2][2]会跟着变；修改了 b[0][1]，则 a[1]、b[1][1]、b[2][1]也会跟着变，如第 6 行的输出结果所示。这显然不符合 b 是一个 3×3 的矩阵的预期。如果 b 是一个 3×3 的矩阵，b 中应该可以存放 9 个不相同的元素。

将每一行（即一维列表）作为一个元素添加到空列表中，是生成矩阵或二维列表的常用方法：

```
lst = []
for i in range(3):
    lst.append([0] * 4)
```

上面的 lst 就是一个 3×4 的矩阵，元素都是 0。

例题 6.5.3.1：图像模糊处理（P0610）。

一张灰度图像（即黑白图像）可以用一个整数矩阵表示，矩阵中的每个元素表示图像上一个像素的灰度（即颜色深浅）。将图像进行模糊处理，可以得到一张新的图像。模糊处理的规则如下。

（1）新图像最外围一圈的像素和原图像的一样。

（2）除了最外围一圈的像素，新图像第 i 行、第 j 列的像素的灰度值等于原图像第 i 行、第 j 列及其上、下、左、右共 5 个像素的灰度值的平均值（四舍五入为整数）。

例题：图像模糊处理

给定一张灰度图像，求经过模糊处理后的新图像。

输入：第一行是两个整数 n 和 m，表示原图像是一个 n 行 m 列的灰度值矩阵；接下来有 n 行，每行 m 个整数，表示整个图像。

输出：n 行，每行 m 个整数，表示模糊处理后的图像。

样例输入：

```
4 5
100 0 100 0 50
50 100 200 0 0
50 50 100 100 200
100 100 50 50 100
```

样例输出：

```
100 0 100 0 50
50 80 100 60 0
50 80 100 90 200
100 100 50 50 100
```

解题思路：用二维列表存放图像矩阵。将原图像矩阵复制一份作为新图像矩阵，然后在新图像矩阵上修改像素的灰度值。

解题程序：

```python
#prg0620.py
1.   n,m = map(int,input().split())
2.   a = []  #存放原图像矩阵
3.   b = []  #存放新图像矩阵
4.   for i in range(n):
5.       lst = list(map(int,input().split()))
6.       a.append(lst)
7.       b.append(lst.copy())   #也可以写成 b.append(lst[:])
8.   for i in range(1,n-1):
9.       for j in range(1,m-1):
10.          b[i][j] = round((a[i][j] + a[i-1][j] +
11.                   a[i+1][j] + a[i][j-1] + a[i][j+1])/5)
12.  for i in range(0,n):
13.      for j in range(0,m):
14.          print(b[i][j],end = " ")
15.      print("")
```

第 2 行：一开始将 a 设置为空列表，然后如第 6 行所示，每次将矩阵的一行（列表 lst）作为一个元素添加进去，一共添加 n 次，a 就成了一个 n 行 m 列的矩阵。注意，虽然 b 也初始化成空列表，但是不可以写成 b=a=[]，这样写的话，a 和 b 就都指向相同的矩阵了。

第 7 行：b 是 a 的复制。因此 b 的每一行都是 a 的每一行的复制。注意，如果写成 b.append(lst)就错了，这样写的话，b 的每一行即每个元素 b[i]都和 a[i]指向相同的地方，那么以后修改了 b[i][j]也就是修改了 a[i][j]，而 a 矩阵不应该被修改。

★6.5.4　列表的复制

当我们说列表 b 是列表 a 的复制时，我们希望 a 和 b 的内容相同，但是它们存放在不同的地方，是完全分开的，两者之间没有任何联系，不会发生修改了一个列表而另一个列表跟着变的情况。那么，b=a 显然不能让 b 成为 a 的复制，因为 b=a 使得 a 和 b 指向同一个列表。正确的复制列表的方法是使用切片，或者用列表的 copy()函数。例如：

```
1.  a = [1,2,3,4]
2.  b = a[:]        #b 是 a 的复制，b 没有和 a 指向同一个列表。该语句与 b=a.copy()等价
3.  print(b)        #>>[1, 2, 3, 4]
4.  b[0] = 5
5.  print(a)        #>>[1, 2, 3, 4]
6.  b += [10]
7.  print(a)        #>>[1, 2, 3, 4]
8.  print(b)        #>>[5, 2, 3, 4, 10]
```

第 2 行：a[:]是一个新的列表，因此，b 和 a 指向不同的列表，虽然这两个列表的内容是一样的，但它们存放在不同的地方，是不同的列表。因此，第 4 行修改了 b[0]，a 不会受影响，如第 5 行的输出结果所示。第 6 行的 b+=[10]表示在 b 后面添加元素 10，这自然也不会影响到 a，如第 7 行的输出结果所示。第 2 行如果写成 b=a.copy()，效果也是一样的。

有时，即便使用切片，也不能达到复制列表的目的。例如：

```
#prg0630.py
1.  a = [1,[2]]
2.  b = a[:]
3.  b.append(4)      #不会改变 a
4.  print(b)         #>>[1, [2], 4]
5.  a[1].append(3)
6.  print(a)         #>> [1, [2, 3]]
7.  print(b)         #>> [1, [2, 3], 4]
```

第 2 行的本意是让 b 成为 a 的复制。复制后 b 应该和 a 没有任何联系。第 3 行向 b 末尾添加了元素 4，但不会影响到 a。但是，第 5 行向 a[1]末尾添加元素 3 后，再输出 b，发现 b[1]也被添加了元素 3。这不符合 b 应该和 a 没有任何联系的说法。

之所以会发生这样的情况，是因为 a[1]是一个指针，指向列表[2]。b 是 a 的复制，所以 b[1]也是一个指针，也指向列表[2]。既然 a[1]和 b[1]指向同样的地方，那么在 a[1]末尾添加元素相当于在 b[1]末尾添加元素。

可见，要做到让 b 和 a 完全没有联系，应该把列表[2]也复制一份，然后让 b[1]指向复制的列表[2]。不但要复制指针，还要复制指针指向的东西，这种复制方式称为深复制。b=a[:]这种方式，只复制指针（a 的元素），没有复制指针指向的东西，称为浅复制。列表的函数 copy()返回自身的一个浅复制。

Python 提供了 copy 库，调用其中的 deepcopy()函数即可实现深复制。例如：

```
1.  import copy              #引入 copy 库
2.  a = [1,[2]]
```

```
3.    b = copy.deepcopy(a)        #b 是 a 的深复制
4.    b.append(4)
5.    print(b)                    #>>[1, [2], 4]
6.    a[1].append(3)
7.    print(a)                    #>>[1, [2, 3]]
8.    print(b)                    #>>[1, [2], 4]
```

可以看到第 3 行使 b 成为 a 的深复制，此后 b 和 a 不会互相影响。

6.5.5 课堂练习

1. 下面的程序输入若干个整数，依次输出其中奇数的个位数。请填空。
样例输入：

```
12 37 334 79 20
```

样例输出：

```
7 9
```

```
s = _____
for e in s:
    print(e,end= " ")
```

2. 下面的程序输入整数 n，输出一个 n 乘以 n 的矩阵，所有元素都是 0。请填空。
样例输入：

```
3
```

样例输出：

```
0 0 0
0 0 0
0 0 0
```

```
n = int(input())
s = _____
for x in s:
    for _____:
        print(e,end = " ")
    print()
```

3. 下面的程序输入整数 n，输出一个 n 行 n 列的矩阵。矩阵第一行全是 1，第二行全
是 2……第 n 行全是 n。请填空。
样例输入：

```
4
```

样例输出：

```
1 1 1 1
2 2 2 2
3 3 3 3
4 4 4 4
```

```
n = int(input())
matrix = _____
```

```
for i in range(n):
    for j in range(n):
        print(matrix[i][j],end = " ")
    print("")
```

4. 写出下面几段程序的输出结果。

（1）a = [1,[2],3]; b = a; a[0] = 10; print(b)

（2）a = [1,[2],3]; b = a[:]; a[0] = 10; print(b)

（3）a = [1,[2],3]; b = a[:]; a[1].append(10); print(b)

★（4）import copy;

　　　　a = [1,[2],3]; b = copy.deepcopy(a);

　　　　a[1].append(10); print(b)

6.6　字典

6.6.1　字典的基本概念

字典是用于快速查找的一种数据类型。字典中的每个元素是由"键:值"（key:value）两部分组成的，可以根据键快速查找值。在字典中查找元素比在列表中查找元素快得多。在未排序的列表中查找元素，所需时间和列表元素个数成正比。而在字典中查找元素，所需时间基本是一个固定值，和字典元素个数无关。在已排序的列表中查找元素，虽然有办法做到速度很快，但是要删除或者添加元素，所需时间依然和列表元素个数成正比。而在字典中增删元素，能做到在固定时间内完成。想要记录数百万个居民的信息，并希望通过居民的身份证号快速查找到居民，就可以使用字典来存放居民信息，每个元素代表一个居民，身份证号是键，其余信息是值。值可以是任何形式，包括元组、列表、字典、集合等。

字典的定义形式如下：

{键1:值1, 键2:值2,…}

元素之间用","隔开；每个元素分为两部分，用":"隔开，":"左边是键，右边是值。没有元素的空字典就是"{}"。在上面的定义形式中，如果有两个元素的键相同，则只保留后面的那个元素。

字典的定义除了上述形式，还支持以下形式：

dict([(键1,值1), (键2,值2),…])

生成的字典相当于{键1:值1,键2:值2,...}

示例程序如下：

```
d = {'name':'Gumby','age':42,29:4.2}
print(d)        #>>{'name': 'Gumby', 'age': 42, 29: 4.2}
items = [('name','Gumby'),('age',42)]
d = dict(items)
print(d)        #>>{'name': 'Gumby', 'age': 42}
```

字典具有以下特点。

（1）所有元素的键都不相同。

（2）键必须是不可变的数据类型，比如字符串、整数、小数、元组等。列表、集合、字典等可变的数据类型不可作为字典元素的键。如果元组有可变元素如列表，则该元组也不能作为字典元素的键。

（3）不同元素的键的数据类型可以不一致，值的数据类型也可以不一致。

（4）元素的值是可赋值的，因此元素的值也是指针。

（5）不能修改元素的键。

（6）可以增删元素。

（7）两个字典不能比较大小，但是可以用"=="比较元素是否相同。

如果 dt 是字典，则可以用 dt[x]的方式访问 dt 中键为 x 的元素的值。还可以用 x in dt 判断 dt 中是否有元素的键是 x。

如果 dt 中没有键为 x 的元素，则 dt[x]会引发异常。

dt[x]=y 将 dt 中键为 x 的元素的值修改为 y，如果 dt 中没有键为 x 的元素，则会向 dt 中添加键为 x、值为 y 的元素。

用 del dt[x]可以删除键为 x 的元素。

需要注意的是，字典元素并没有序号。如果 n 是整数，则 dt[n]不是表示字典 dt 中的第 n 个元素，而是表示字典中键为 n 的元素的值。

如果两个字典 a 和 b 的内容相同，则 a==b 为 True。

示例程序如下：

```python
#prg0650.py
1.   dt = {'Jack':18,'Mike':19, 128:37, (1,2):[4,5] }
2.   print(dt['Jack'])          #>>18    键为'Jack'的元素的值是18
3.   print(dt[128])             #>>37    键为 128 的元素的值是 37
4.   print(dt[(1,2)])           #>>[4, 5]
5.   print(dt['c'])             #不存在键为'c'的元素，产生异常，导致 RE
6.   dt['Mike'] = 'ok'          #将键为 'Mike' 的元素的值改为 'ok'
7.   dt['School'] = "Pku"       #添加键为 'School'的元素，其值为'Pku'
8.   print(dt)
9.   #>>{'Jack': 18, 'Mike': 'ok', 128: 37, (1, 2): [4, 5], 'School': 'Pku'}
10.  del dt['Mike']             #删除键为'Mike'的元素
11.  print(dt)
12.  #>>{'Jack': 18, 128: 37, (1, 2): [4, 5], 'School': 'Pku'}
13.  scope={}                   #空字典
14.  scope['a'] = 3             #添加元素 'a':3
15.  scope['b'] = 4             #添加元素 'b':4
16.  print(scope)              #>>{'a': 3, 'b': 4}
17.  print('b' in scope)        #>>True  判断是否有元素的键为'b'
18.  scope['k'] = scope.get('k',0) + 1
19.  print(scope['k'])          #>>1
20.  scope['k'] = scope.get('k',0) + 1
21.  print(scope['k'])          #>>2
```

第 1 行：定义了一个包含 4 个元素的字典，并赋值给 dt。其中，键为'Jack'的元素的值为 18，键为'Mike'的元素的值为 19，键为 128 的元素的值为 37，键为元组(1,2)的元素的值为列表[4,5]。

第 5 行：若 dt 是字典，且没有元素的键为 x，那么 dt[x]试图读取 dt 中键为 x 的元素的值时会产生异常。但是，如果对 dt[x]进行赋值，则没有问题。如第 7 行所示，dt 中没有键为'School'的元素，dt['School']="Pku"导致往 dt 中添加了一个键为'School'、值为'Pku'的元素。

第 10 行：删除 dt 中键为'Mike'的元素。如果 dt 中没有这样的元素，则会产生异常。

第 18 行：字典的 get()函数十分方便，其用法为 get(key,value)。如果字典中存在键为 key 的元素，则返回该元素的值，否则返回 value。本行代码的意思是：如果 scope 中有键为 'k'的元素，则将该元素的值加 1；如果没有，则返回 0。本行代码的效果是往 scope 中添加一个键为'k'、值为 1 的元素。

第 20 行：此时 scope 中已经有键为'k'的元素，故执行完本句，该元素的值变为 2。

6.6.2 字典的成员函数

字典的成员函数见表 6.6.1。

表 6.6.1 字典的成员函数

成员函数	功能
clear()	清空字典
copy()	返回自身的浅复制
get(key,value)	如果字典中存在键为 key 的元素，则返回该元素的值，否则返回 value
items()	取字典的元素序列，可用于遍历字典
keys()	取字典的键的序列
pop(key)	删除键为 key 的元素，并返回该元素的值。如果没有这样的元素，则会引发异常
values()	取字典的值的序列

keys()、items()、values()返回的序列既不是列表，也不是元组，但是可以用 for 循环遍历，也可以将其转换成列表或者元组。另外，如果字典 x 的键互相都可以比较大小，则可以用 a=sorted(x)来得到列表 a，其内容是由字典 x 的键组成且经过排序后的列表。

部分字典的成员函数用法示例如下：

```
#prg0660.py
1.  d={'name': 'Gumby', 'age': 42, 'GPA':3.5}
2.  for x in d.items():        #>>('name', 'Gumby'),('age', 42),('GPA', 3.5),
3.      print(x,end = ",")     #x是一个元组，x[0]是键，x[1]是值
4.  print()
5.  print(sorted(d))           #>>['GPA', 'age', 'name']
6.  for k,v in  d.items():     #>>name Gumby,age 42,GPA 3.5,
7.      print(k,v,end = ",")
8.  print()
9.  for x in d.keys():         #>>name,age,GPA,
10.     print(x,end=",")
11. print()
12. print(list(d.values()))    #>>['Gumby', 42, 3.5]
13. d.pop('name')
14. print(d)                   #>>{'age': 42, 'GPA': 3.5}
```

第 2 行：遍历字典 d。d.items()的返回值是一个序列，里面的每个元素 x 都是元组，对应字典中的一个元素。其中，x[0]是键，x[1]是值。

第 9 行：遍历字典的键序列。如果写成 for x in d:，效果也一样。

字典元素的值是可赋值的，因此其也是指针。所以在进行字典复制的时候，会涉及深复制和浅复制的问题。字典的函数 copy()执行的是浅复制，即不会复制元素的值所指向的内容。如果要进行字典的深复制，同样是使用 copy 库的 deepcopy()函数。如果 x 是一个字典，则 y=copy.deepcopy(x)可以生成一个 x 的深复制。

6.6.3　单词出现频率统计

字典的一个典型用途就是统计单词出现的频率。

例题 6.6.3.1：单词出现频率统计（P0620）。

输入：最多 60000 个单词，每行一个单词。单词由小写字母构成，不超过 30 个字符。

输出：按单词出现频率从高到低输出所有单词。频率相同的单词，按照词典序从小到大排序。

例题：单词出现
频率统计

样例输入：

```
about
send
about
me
```

样例输出：

```
2 about
1 me
1 send
```

解题思路：使用一个字典，元素的键是单词，值是单词的出现频率。第一次碰到某个单词 x，就新建一个元素加入字典，该元素的键为 x、值为 1。下一次碰到单词 x，就将键为 x 的元素的值加 1。最后遍历字典，将元素存入一个列表，然后排序输出。

解题程序：

```
#prg0680.py
1.  dt = {}
2.  while True:
3.      try:
4.          wd = input()
5.          if wd in dt:              #如果有元素的键为 wd
6.              dt[wd] += 1
7.          else:
8.              dt[wd] = 1            #加入键为 wd 的元素，其值是 1
9.      except:
10.         break                    #输入结束后的 input()引发异常，跳到此处，再跳出循环
11. result = []
12. for x in dt.items():
13.     result.append(x)            #x 是一个元组，x[0]是单词，x[1]是出现频率
14. result.sort(key = lambda x:(-x[1],x[0]))
15. for x in result:
16.     print(x[1],x[0])
```

第 5~8 行可以用下面的一行替代：

```
dt[wd] = dt.get(wd, 0) + 1
```

用列表而不是字典来解决上面的问题，也未尝不可。但是程序写起来会相对麻烦，而且由于单词数量较大，花费时间是用字典的数百倍，在 OJ 平台上会超时，导致无法通过。

6.6.4　课堂练习

1. _____不适合作为字典的键。
   - A. 23
   - B. "this"
   - C. (1,3)
   - D. [1,2]

2. _____适合作为字典的键。
   - A. (1,[2])
   - B. [2]
   - C. [2,3]
   - D. None

3. _____有错误。
   - A. d = {}; d[20] = 'ok'
   - B. d = {29:'Tom','Jack':'29'}; print(d['29'])
   - C. d = {None:None, None:2}; print(d[None])
   - D. d = dict([(18,20),(20,'Jack')])

4. 下面程序的输出结果是_____。

```
d = {}; b = {'a':2, 3:[1,2]};
d['ok'] = b[3]; d['ok'].append(10);
print(b); print(d)
```

5. 下面程序的输出结果是_____。

```
d = {28:32,2.5:4,'ok':'hello'}
for e in d:
    print(e,end=",")
```

6. 下面程序的输出结果是_____。

```
a = {'ab':12, 'Tom':2.4, 789: 'Tom'}
print(len(a)); print(12 in a)
```

7. 下面程序的输出结果是 19。请填空。

```
dt = {'Jack':18,'Mike':20,'Tom':16}
_____
print(dt['Jane'])
```

8. 下面的程序输入一行若干个单词，统计并输出它们的出现频率（输出次序无要求）。请填空。每个横线处只能填写一条语句。

样例输入：

```
about take about yes yes me
```

样例输出：

```
about 2,take 1,yes 2,me 1,
```

```
words = input().split()
dt = {}
for w in words:
    _____
for x in _____:
    print(x[0],x[1],end= ",")
```

6.7 集合

6.7.1 集合的概念和应用

Python 中集合的概念等同于数学中的集合，它具有以下特点。

（1）元素类型可以不同。

（2）不会有重复元素。

（3）可以增删元素。

（4）整数、小数、复数、字符串、元组都可以作为集合的元素。但是列表、字典和集合等可变的数据类型不可作为集合的元素。元组如果包含列表等可变元素，也不能作为集合的元素。

集合的作用是快速判断某个东西是否在一堆东西里面。用 in 查询一个元素是否在一个列表中，所需时间和列表元素个数成正比。用 in 查询一个元素是否在一个集合中，所需时间基本上是固定值，和集合元素个数无关。

集合的定义形式如下：

{元素 1, 元素 2, …}

如果集合中的元素有重复，则会自动去重。

如果两个集合 a 和 b 的内容相同，则 a==b 为 True。

集合可以由元组、列表、字符串以及字典转换而来。set()可以表示空集合。例如：

```
#prg0690.py
1.  print(set())                   #>>set()        空集合
2.  a = {1,2,2,"ok",(1,3)}         #集合会自动去重
3.  print(a)                       #>>{1, 2, (1, 3), 'ok'}
4.  b = (3,4)
5.  c = (3,4)
6.  a = set((1,2,"ok",2,b,c))
7.  for x in a:                    #>>1 2 ok (3, 4)
8.      print(x,end = " ")
9.  print("")
10. a = set("abc")                 #字符串转集合
11. print(a)                       #>>{'c', 'a', 'b'}
12. a = set({1:2,'ok':3,(3,4):4})  #字典转集合
13. print(a)                       #>>{1, 'ok', (3, 4)}
14. print(a[2])                    #产生错误，集合中的元素没有顺序，不能用下标访问
```

集合中的元素是无序的，不能通过下标访问。遍历集合时，访问元素的顺序和元素加入集合的先后顺序未必一致。所以上面程序用 print()输出集合或像第 7 行那样遍历集合时，元素输出的顺序没有规律且具有不确定性，不一定每次运行都得到相同结果。

第 6 行：看上去 b 和 c 是不同的变量，但是由于它们的值相同，因此字典 a 中只留下一个(3,4)。

第 12 行：集合由字典转换而来时，只取字典的键的部分。

集合常用的成员函数见表 6.7.1。

表 6.7.1　集合常用的成员函数

成员函数	功能
add(x)	添加元素 x。如果 x 已经存在，则不添加
clear()	清空集合
copy()	返回自身的浅复制
remove(x)	删除元素 x。如果不存在元素 x，则会引发异常
update(x)	将序列 x 中的元素加入集合

还有一些成员函数，请读者自行探索。

可以用 in 来判断一个元素是否在集合中；可以用 a=sorted(x)来得到集合 x 中的元素经过排序以后的列表 a。

两个集合 a 和 b 支持以下运算：

```
a|b      #求 a 和 b 的并集
a&b      #求 a 和 b 的交集
a-b      #求 a 和 b 的差集，即在 a 中而不在 b 中的元素
a^b      #求 a 和 b 的对称差集，等价于 (a|b)-(a&b)
```

相应地，集合也支持 a|=b、a&=b、a-=b、a^=b 这 4 个运算，它们都是对 a 进行修改，不会生成新的集合，即 a|=b 不等价于 a=a|b。

集合还支持以下关系运算：

```
a==b     #a 中的元素是否和 b 中的元素一样
a!=b     #a 中的元素是否和 b 中的元素不一样
a<=b     #a 是不是 b 的子集（a 中有的元素，b 都有）
a<b      #a 是不是 b 的真子集（a 中有的元素，b 都有，且 b 还包含 a 中没有的元素）
a>=b     #b 是不是 a 的子集
a>b      #b 是不是 a 的真子集
```

集合的综合示例程序如下：

```
#prg0700.py
1.   a = set()              #a 是空集合
2.   b = set()
3.   a.add(1)               #添加元素 1
4.   a.update([2,3,4])      #将列表元素添加到 a 中
5.   b.update(['ok',2,3,100])
6.   print(a)               #>>{1, 2, 3, 4}
7.   print(b)               #>>{2, 3, 100, 'ok'}
8.   print( a | b )         #>>{1, 2, 3, 4, 100, 'ok'}   求 a 和 b 的并集
9.   print( a & b )         #>>{2, 3} 求 a 和 b 的交集
10.  print( a - b)          #>>{1, 4} 求 a 和 b 的差集
11.  a -= b                 #在 a 中删除 b 中有的元素
12.  print(a)               #>>{1, 4}
13.  a ^= {3,4,544}         #求对称差集
14.  print(a)               #>>{544, 1, 3}
15.  a.update("take")
16.  print(a)               #>>{544, 1, 3, 'e', 'k', 't', 'a'}
```

组合数据类型 / 第 6 章

```
17.  print(544 in a)        #>>True
18.  a.remove(544)          #删除元素，若元素不存在，则会出错
19.  print(a)               #>> {1, 3, 'a', 'k', 't', 'e'}
20.  a = {1,2,3}
21.  b = {2,3}
22.  print( a > b)          #>>True  b是a的真子集
23.  print( a >= b)         #>>True  b是a的子集
24.  print( b < a)          #>>True  b是a的真子集
```

例题 6.7.1：统计不重复的单词个数（P0630）。

输入不超过 60000 个单词，每行一个单词，统计不重复的单词个数。单词由小写字母构成，不超过 30 个字符。

样例输入：

```
about
take
about
zoo
take
```

样例输出：

```
3
```

解题思路：设置一个集合，读到一个单词时，如果集合里没有该单词，就将其加入集合；如果集合里有该单词，就什么都不做。最后统计集合中有多少个元素。

解题程序：

```
#prg0710.py
1.   words = set()
2.   while True:
3.       try:
4.           wd = input()
5.           if not wd in words:
6.               words.add(wd)
7.       except:
8.           break
9.   print(len(words))
```

实际上，可以去掉第 5 行，不用判断 wd 是否在 words 中，直接将 wd 加入 words。因为如果 wd 在 words 中，那么 add()函数就什么都不做。

也可以使用列表来实现：

```
words = []
while True:
    try:
        wd = input()
        if not wd in words:
            words.append(wd)
    except:
        break
print(len(words))
```

因为本题单词的数量接近 60000 个，且重复单词不多，使用列表时会因超时而导致不

通过。而使用集合，瞬间就能完成。经实测，在作者的计算机上，使用字典完成本题需要0.07s，而使用列表则需要12.39s。问题的关键在于，用 in 判断元素是否在列表中，所需时间和列表元素个数成正比，元素越多就越慢；而用 in 判断元素是否在集合中，所需时间基本上是固定值，和集合元素个数无关。

6.7.2　课堂练习

1. 以下属于集合的是_____。

    A.　{}　　　　　　　B.　1,2,3　　　　　　C.　set()　　　　　　D.　{dog:0, cat:1, pig:2}

2. 下面的数据类型中有_____个可以作为集合的元素。

    （1）元组

    （2）字符串

    （3）小数

    （4）整数

    （5）列表

    A.　2　　　　　　　　B.　3　　　　　　　　C.　4　　　　　　　　D.　5

3. 下面_____语句没有错误。

    A.　st = {1,2,3,'tom'}; print(st[2])

    B.　st = {1,2,3,{5,6}}; print(len(st))

    C.　st = {1,2,2,3,3}; st.add(2)

    D.　st = {(1,[2]),(3,4),5}

4. 下面程序的输出结果是_____。

```
a = {1,2,3,4}; b = {3,4,5,6}
print(a ^ b); print(a - b)
print(a < b)
```

5. 下面的程序输入一行用空格隔开的若干个整数，输出去掉重复值后的这些整数（顺序不重要）。请填空，每个横线处不能填写超过一条语句。

样例输入：

```
1 2 2 3 5 5 4 4 8
```

样例输出：

```
1 2 3 4 5 8
```

```
a = list(map(int,input().split()))
b = _____
for x in b:
    print(x,end = " ")
```

6.8　习题

1. 下面 4 个程序段中有_____个有语法错误。

    （1）if {}: print("ok")

（2）if (): print("ok")

（3）if []: print("ok")

（4）if not "": print("ok")

    A. 0   B. 1   C. 2   D. 3

2. 关于列表和元组，描述错误的是_____。

    A. 列表和元组中的元素都是有序号的

    B. 列表和元组都使用[ ]进行索引

    C. 列表和元组都可以使用 append()函数来添加元素

    D. 列表和元组都可以使用 len()函数求得所包含的元素的个数

3. 下面_____说法不正确。

    A. 两个元组不一定可以比较大小

    B. 若 a 和 b 是两个集合且 a 小于 b 不成立，则 b 小于等于 a 成立

    C. 两个字符串一定可以比较大小

    D. 两个列表有可能不可以比较大小

4. 下面_____语句不合法。

    A. a,b,c = [1,2,3]   B. b = 2,3,4

    C. d = (3,)   D. 以上都合法

5. 以下不合法的表达式是_____。

    A. "1"+"1"   B. (1)+(1)   C. [1]+[1]   D. {1}+{1}

6. 以下不合法的表达式是_____。

    A. {1,1}   B. {1:1}   C. {1;1}   D. {1-1}

7. 以下程序的输出结果是_____。

```
a = [1,3,5]; b = 2,4,6; c = [a,b]; print(c)
```

    A. [(1, 3, 5), 2, 4, 6]   B. [1, 3, 5, 2, 4, 6]

    C. [[1, 3, 5], (2, 4, 6)]   D. [[1, 3, 5], [2, 4, 6]]

8. 以下程序的输出结果是_____。

```
d = {}; d[1] = d.get(1,[])+['a']; print(d)
```

    A. {1: 'a'}   B. {1: 1}   C. {1: ['a']}   D. {1: [1, a]}

9. 以下是编程题，可以到 OpenJudge 平台的"程序设计实习 MOOC"小组中和本书同名的比赛中进行提交。括号中的数是题目编号。

（1）过滤多余的空格（P0640）。一个句子中也许有多个连续空格，过滤多余的空格，只留下一个空格。

（2）统计数字个数（P0650）。输入一行字符，统计其中数字的个数。

（3）大小写字母互换（P0660）。把一个字符串中所有大写字母替换成小写字母，同时把所有小写字母替换成大写字母。

（4）找第一个只出现一次的字符（P0670）。给定一个只包含小写字母的字符串，找到第一个只出现一次的字符。

（5）判断字符串是否为回文（P0680）。输入一个字符串，判断该字符串是否为回文。回文是指顺读和倒读都一样的字符串。比如 abba、cccdeedccc 都是回文。

（6）字符串最大跨距（P0690）。有 3 个字符串 S、S1、S2，检测 S1 和 S2 是否同时在

S 中出现，且 S1 位于 S2 的左边，S1 和 S2 不重叠。计算满足上述条件的最右边的 S2 的起始点与最左边的 S1 的终止点之间的字符数目。

（7）找出全部子串位置（P0700）。给定两个字符串 s1、s2，找出 s2 在 s1 中所有出现的位置。

（8）回文子串（P0760）。给定一个字符串，输出所有长度至少为 2 的回文子串。回文子串长度小的优先输出，若长度相等，则出现位置靠左的优先输出。

（9）"石头剪刀布"（P0710）。已知两人有不同的周期性出拳序列，比如一人总是出石头—布—石头—剪刀—石头—布—石头—剪刀……问出拳 N 次后，谁赢得多。

石头剪刀布

（10）向量点积计算（P0720）。给定两个 n 维向量 $\boldsymbol{a}=(a_1,a_2,\cdots,a_n)$ 和 $\boldsymbol{b}=(b_1,b_2,\cdots,b_n)$，求点积 $\boldsymbol{a}\cdot\boldsymbol{b}=a_1b_1+a_2b_2+\cdots+a_nb_n$。

（11）万年历（P0730）：给定年月日，求星期几。已知 2020 年 11 月 18 日是星期三。本题不但有公元前年份，还有公元 0 年，这个和真实的纪年不一样。

（12）成绩排序（P0734）：给出一些学生的姓名和成绩，将学生按成绩从高到低排序。成绩相同的学生，按照姓名从小到大排序。

（13）病人排队（P0740）：请将登记的病人按照以下原则排出看病的先后顺序：1）老年人（年龄>= 60 岁）比非老年人优先看病。2）老年人按年龄从大到小的顺序看病，年龄相同的按登记的先后顺序排序。3）非老年人按登记的先后顺序看病。

（14）扑克牌排序（P0750）：一副扑克牌有 52 张牌，分别是红桃，黑桃，方片，梅花各 13 张，不包含大小王，现在 Alex 抽到了 n 张牌，请将扑克牌按照牌面从大到小排序。

（15）回文子串（P0760）：给定一个字符串，输出所有长度至少为 2 的回文子串。回文子串即从左往右输出和从右往左输出结果是一样的字符串，比如：abba，cccdeedccc 都是回文字符串。

（16）矩阵乘法（P0770）。给定两个矩阵，计算其乘积。

（17）矩阵转置（P0780）。给定一个矩阵，求其转置矩阵。

（18）计算鞍点（P0790）。寻找一个矩阵的鞍点。鞍点指的是矩阵中的一个元素，它是所在行的最大值，并且是所在列的最小值。

（19）最简单的单词（P0800）。现有数量巨大的单词，每个人都对 10 个单词进行难度评分，不同的人可以对同一个单词评分，如果单词被多个人评分，它的综合评分是这些评分的平均数。求综合评分最小的单词。

（20）乒乓球联赛（P0806）。许多同学参加了乒乓球联赛，每参加一次就可以得到一些积分。现给出同学们的参赛记录，每条参赛记录格式是"姓名 本次参赛获得积分"。请按照总积分从高到低的顺序输出参赛记录，如果总积分相同，就按比赛次数从小到大的顺序输出，如果比赛次数相同，就按照姓名的英文词典顺序输出。

（21）校园食堂预订系统（P0810）。某学校为方便学生订餐，推出食堂预订系统。食堂预订系统会在前一天提供菜单，学生在开饭时间前可订餐。食堂每天会推出 m 个菜，每个菜有固定的菜价和总份数，售卖份数不能超过总份数。假设共有 n 个学生订餐，每个学生固定点 3 个菜，当点的菜售罄时，学生就点不到这个菜了。请根据学生预订记录，计算食堂总的预订收入。

第7章 算法基础

7.1 什么是算法

算法是对计算过程的描述，是为了解决某个问题而设计的有限长操作序列。通常认为算法具有以下性质。

（1）有穷性。一个算法必须可以用有限条指令、伪指令或者自然语言语句描述，且必须在执行有限次操作后结束。每次操作都必须在有限时间内完成。算法结束后必须给出所处理问题的解或宣告问题无解。

（2）确定性。一个算法，对于相同的输入，无论运行多少次，总是得到相同的输出。也可以说只要算法的初始条件相同，那么算法运行的结果也相同。

（3）可行性。算法中的指令或描述语句含义明确、无歧义，且可以被机械化地自动执行。

（4）输入和输出。这里的输入和输出，不应被狭隘地理解成键盘输入和显示器或打印机的输出。输入指的是算法所处理的问题的数据，输出指的是描述该问题的答案的数据。算法可以不需要输入。但是没有输出的算法是没有意义的。算法变为程序运行起来后，从本质上说，输入和输出都是存放在内存中的数据，当然它们可能一开始就从外存被读入内存，也可能最后从内存写入外存。

常用的算法或者说设计算法时常用的思想有枚举、二分、递归、动态规划、贪心、深度优先搜索、广度优先搜索等。本书将介绍前3种。

衡量算法优劣的主要指标是运行效率。运行效率分为时间效率和空间效率两种。时间效率指的是算法运行时间的长短；空间效率指的是算法需要存储空间的多少。时间效率和空间效率往往很难兼顾，可以用空间来换时间，也可以用时间来换空间。绝大多数情况下，时间效率更为重要，因此，用空间换时间的策略在算法设计中应用很广，常用的动态规划算法就是如此。

运行效率相同的不同算法，也有编程效率的高低之分，即将算法变为程序的难易之分。运行效率相同的情况下，程序员能够用较短时间实现的且不容易写出隐错的算法更好。

7.2 程序或算法的时间复杂度

编写程序解决问题，采用的算法不一样，程序解决问题所花的时间会有天壤之别。以求斐波那契数列的第 n 项为例，理论上下面两个函数都可以解决这个问题。

解法 1：

```
def fib(n):
    a1 = a2 = 1
    for i in range(n-2):
        a2,a1 = a1+a2,a2
    return a2
```

解法 2：

```
def fib(n):
    if n <= 2:
        return 1
    else:
        return fib(n-1) + fib(n-2)
```

用解法 1 求第 1000000 项，可以瞬间得出结果。读者可以试试用解法 2 求第 100 项，看看多长时间会出结果。别真的傻傻地等，用现在的个人计算机，10 万年也算不出结果。原因是解法 2 存在大量的重复计算，例如算 fib(5)时会把 fib(4)从头到尾算一遍，算 fib(6)时又会把 fib(5)从头到尾算一遍……。

既然程序或者算法的时间效率有巨大区别，就需要用一个指标来衡量。一个程序或算法的时间效率，也称为"时间复杂度"，简称"复杂度"。复杂度常用大写字母 O 来表示，比如 $O(n)$、$O(n^2)$ 等。n 代表问题的规模，例如斐波那契数列的第 n 项，要排序的成绩单里学生的人数，要模糊处理的图像的像素个数等。在目前的学习阶段，可以认为 $O(x)$ 就是和 x 成正比，至于到底是 x 的多少倍，并不重要。

复杂度是用算法运行过程中，**当问题规模 n 足够大时，执行次数最多的某种时间固定的操作**（称为"基本操作"）的执行次数和 n 的关系来度量的。至于这种基本操作每次执行需要多少时间，并不重要。

在有 n 个元素的无序数列 a 中查找某个数 x，只能从头到尾将 a 看一遍，这叫顺序查找，其基本操作就是"查看一个元素"。如果 x 不在 a 中，则需要看完整个 a，基本操作就会进行 n 次；如果 x 在 a 中，x 可能是第一个，也可能是最后一个，平均需要看 $(n+1)/2$ 个元素才能找到 x，因此顺序查找的复杂度就是 $O(n)$。哪怕基本操作需要做 $2n$ 次、$3n$ 次，甚至 $10000n$ 次，我们都说复杂度是 $O(n)$，不必关心前面的系数。

复杂度

计算复杂度的时候，只统计当问题规模 n 足够大时，执行次数最多的某种时间固定的操作的执行次数。比如某个算法需要执行加法运算 n^2 次和除法运算 $1000n$ 次，当 n 足够大时，n^2 大于 $1000n$，所以其复杂度是 $O(n^2)$。

如果执行次数是多个 n 的函数之和，则只需关心随着 n 的增长，增长得最快的那个函数，例如：$O(n^3+n^2)$ 等价于 $O(n^3)$，$O(2^n+n^3)$ 等价于 $O(2^n)$，$O(n!+3^n)$ 等价于 $O(n!)$。

以求斐波那契数列的第 n 项的解法 1 为例，问题的规模就是 n。i 取一个值、a1+a2、对 a1 和 a2 进行赋值等都是基本操作，它们执行的次数都是 $n-2$，因此解法 1 的复杂度就是 $O(n)$。至于解法 2，要计算复杂度颇为不易，**粗看会觉得是 $O(2^n)$，但更精确的答案是 $O(1.618^n)$**。

实际上，求斐波那契数列的第 n 项，还有复杂度为 $O(\log(n))$ 的算法。这里的 log 没有底数，是因为不论 $\log_2$、$\log_{10}$ 还是 $\log_{100}$，只相差一个固定的倍数。不论是 $\log_2(n)$ 还是

$10000 \times \log_{10}(n)$，复杂度都是 $O(\log(n))$。

在**没有重复元素**的整数列表 a 中找出两个数，使其和为整数 m，程序如下：

```
1.   def findPair(a,m):          #也适合 a 中有重复元素的情况
2.       n = len(a)
3.       for i in range(n-1):
4.           for j in range(i+1,n):
5.               if a[i] + a[j] == m:
6.                   return a[i],a[j]
7.       return None
```

在这个算法里，第 4 行取 j 的值和第 5 行看 i 的值、看 j 的值、看 m 的值、看 a[i]、看 a[j]、算 a[i]+a[j]，以及用"=="进行比较等都可以看作基本操作，它们执行的次数是一样多的。对于每个 i，j 的取值依次是 i+1,i+2,…,n-1，因此这些基本操作每个执行的次数都是 (n-1)+(n-2)+…+2+1，即 $n^2/2 - n/2$。计算复杂度的时候，如果复杂度函数 f(n) 由多项相加而成，则只考虑随着 n 的增长，增长得最快的那一项。因此上述算法的复杂度就是 $O(n^2)$。这不是最佳的算法，后文会介绍使用集合的复杂度为 $O(n)$ 的算法。

有时复杂度不能仅由一个 *n* 来表示。比如矩阵乘法，一个 $m \times n$ 的矩阵和一个 $n \times k$ 的矩阵相乘，如果用最原始和简单的算法（实际上有更好的算法）计算，那么需要做 $m \times n \times k$ 次乘法，即复杂度是 $O(m \times n \times k)$。

常见的复杂度有以下几种（从低到高列出）。

（1）常数复杂度 $O(1)$，时间（操作次数）和问题的规模无关。

（2）对数复杂度 $O(\log(n))$，对数的底是多少不重要。

（3）线性复杂度 $O(n)$。

（4）排序复杂度 $O(n\log(n))$。

（5）多项式复杂度 $O(n^k)$，*k* 是常数。

（6）指数复杂度 $O(a^n)$，*a* 是常数。

（7）阶乘复杂度 $O(n!)$。

在一个排好序的序列中找出最大值或最小值，复杂度是 $O(1)$。因为只需看第一个或最后一个元素即可，所花时间和序列元素个数无关。

可以说在英文词典中查单词采用的是复杂度为 $O(\log(n))$ 的算法。假设词典有 *n* 页，那么要看几页才能找到单词所在页呢？高效的方法是翻到词典正中间那页查看，就知道要查的单词是在词典的前一半还是后一半，于是半本词典就可以不用查看，查找范围缩小到原来的一半。再翻到剩下的半本词典正中间那页查看，又能缩小一半的查找范围。每看一次都能缩小一半的查找范围，因此叫作二分查找。二分查找的查找范围以对数形式迅速缩小。例如，一本有 1024 页的词典，只要看不超过 $\log_2 1024$ 页，即 10 页，查找范围就能缩小到 1 页，于是就能找到相应单词，或确定单词不在词典里。庄子所说的"一尺之棰，日取其半，万世不竭"是对"对数减少"（其反义词是"指数增长"）的惊人速度没有概念。日取其半，取几十天，棰就只剩下一个原子了。如果算法能达到对数复杂度，那么问题规模哪怕有全宇宙的原子数目那么大也不用担心。

在排好序的有 *n* 个元素的列表中二分查找 *x*，做法如下：一开始查找区间是整个列表，每次用 *x* 和查找区间的中点进行比较，相等则查找结束，不相等则能知道 *x* 应该在查找区间的前一半或后一半，即进行一次比较，即便没有找到，也可以将查找区间缩小一半。这

样，最多只需进行$[\log_2 n]$次比较，查找区间就会变为只有一个元素，查找就可以结束。所以，二分查找的复杂度是$O(\log_2 n)$，即$O(\log(n))$。

在无序的列表中顺序查找元素的复杂度是$O(n)$。

排序的复杂度是$O(n\log(n))$。

"笨拙"的排序算法（如插入排序算法、选择排序算法、冒泡排序算法等）的复杂度是$O(n^2)$。

前文求斐波那契数列的第n项的解法2的复杂度是$O(1.618^n)$。

如果一个问题的复杂度达到指数级别，那么这个问题的规模稍大，就会变得无法解决。对于整数的质因数分解，若将问题的规模视为整数二进制表示形式的位数，则目前来看该问题就是一个达到指数复杂度的问题，虽然还没有被证明的确如此。随便找两个很大的质数p和q，通过$p \times q$可以得到整数z。然而要将z分解质因数得到p和q，目前还没有达到多项式复杂度的算法，但也没有证明不存在这样的算法。在z很大，比如其二进制表示形式有2048位的情况下，想找到p和q，目前来看是不可能完成的任务。目前十分流行的加密算法——RSA公开密钥算法，其难以破解的原因就是"大整数的质因数分解很困难"。

计算机科学的核心就是研究怎样才能快速地解决问题。

不论是不是计算机专业人士，使用Python时都有必要知道一些操作的复杂度。否则设计的程序在处理大规模数据时，就有可能运行速度很慢，甚至根本算不出结果。

Python中常见的复杂度为$O(1)$的操作如下。

（1）根据下标访问列表、字符串、元组中的元素。

（2）在集合、字典中增删元素。

（3）用列表的append()函数在列表末尾添加元素以及用pop()函数删除列表末尾元素。

（4）用in判断元素是否在集合中或某关键字是否在字典中。

（5）以关键字为下标访问字典中的元素的值。

（6）用len()函数求字符串、元组、列表、字典、集合的元素个数。

Python中常见的复杂度为$O(n)$的操作如下。

（1）用in判断元素是否在字符串、元组、列表中。

（2）用insert()函数在列表中插入元素。

（3）用remove()或del()函数删除列表中的元素。

（4）调用字符串、元组或列表的find()、rfind()、index()等执行顺序查找的函数。

（5）用字符串、元组或列表的count()函数计算元素出现次数。

（6）用max()、min()函数求列表的最大值、最小值。

（7）字符串、元组、列表的加法：a+b的复杂度是$O(len(a)+len(b))$，因为要将a和b拼接成一个新的字符串、元组或列表；若a和b是列表，则a+=b的复杂度是$O(len(b))$。

前面讲述的"在**没有重复元素**的整数列表a中找出两个数，使其和为整数m"的问题，使用集合，就可以实现复杂度为$O(n)$的算法。将列表元素都加入一个集合，复杂度为$O(n)$；然后对每个元素a[i]，查看m-a[i]是否和a[i]不相等且在集合中（复杂度为$O(1)$），这样总复杂度就是$O(n)$。具体程序如下：

```
#prg0012.py
def findPair(a,m):
```

```
        st = set(a)    #复杂度为 O(n)
        for x in a:
            if m-x!= x and m-x in st:  #集合 in 运算的复杂度为 O(1)
                return x,m-x
        return None
```

Python 中复杂度为 $O(n\log(n))$ 的操作有：用 Python 自带的排序函数进行排序。

⊗ 常见错误：**本该用字典或者集合进行查找的场合，却使用 in 或 index()在列表中进行查找，导致程序运行得很慢。在 OJ 平台上做某些题目时，就可能会导致超时的错误。** 初学者没有时间观念，意识不到 sort()、find()、index()等函数需要花费的时间并不是可以忽略的常数，从而导致浪费。比如下面的代码：

```
lst = []
for i in range(n):
    lst.append(int(input()))
    lst.sort()
```

要对列表 lst 进行排序，在添加完全部元素以后执行 sort()即可。每添加一个元素就执行 sort()，是严重的浪费。

一些初学者常写类似下面的代码：

```
print(max(lst)*max(lst))    #假设 lst 是一个列表
```

max()函数的复杂度是 $O(n)$，这里多用了一次 max()函数，非常浪费。如果某个费时操作的结果要多次使用，那么应该将该操作的结果存到变量里以后再用，而不是重复做该操作。所以上面代码应该写成如下形式：

```
a = max(lst)
print(a*a)
```

7.3 枚举算法

用数学的方法解决问题，就是要找定理、推公式。有了定理和公式，就可以计算出答案。然而许多问题是没有定理和公式的，比如给定正整数 n，求小于 n 的最大质数，这个问题找不到可以计算出答案的公式。

非常常见的情况是：对于一个问题，直接找它的解很困难，然而验证一个可能的解是不是该问题的解却比较容易。这种情况下，就可以用"枚举"的方法来求解。所谓枚举，就是一个不漏地试，即对每个可能的解 X，判断 X 是否为问题的解。 如果已经试出问题的解，还没判断的可能解就不必再去判断。以求小于 n 的最大质数为例，可以依次判断 $n-1$，$n-2,\cdots,2$ 是不是质数，找到的第一个质数就是问题的解。

回顾前面用枚举算法解决的例题，如下。

例题 4.3.3：输入正整数 n 和 m，在 $1\sim n$ 中取出两个不同的数，使得其和是 m 的因子，问有多少种不同的取法。解法：枚举两个数的所有不同的取法，对每个取法判断其和是不是 m 的因子。

例题 4.4.1：输入 3 个不超过 100 的正整数，输出它们的最小公倍数。解法：从小到大试每个整数，看是不是 3 个数的公倍数。

例题 5.1.1：八皇后问题。解法：通过八重循环枚举所有摆法，对每种摆法判断是否符合要求。

计算机的特点就是不知疲倦、不惧重复。**枚举是用计算机解决问题的基本方法之一，也许是最重要的基本方法之一。**

例题 7.3.1：奥数问题（**P0812**）。

用数字'0'~'9'替换字母'A'~'E'，使得类似于下面形式的等式成立：

ABC + ACDE = DCABC

同一个字母必须用同一个数字替换，不同字母必须用不同数字替换。输入的第一行是整数 n，代表有 n（$n \le 10$）个等式要求解；接下来每行是一个等式，由 3 个字符串 s_1、s_2、s_3 组成，等式就是 $s_1+s_2=s_3$。每个字符串最多有 10 个字符，包含'A'~'E'这 5 个字母。替换后产生的数不能有前导 0，比如 "012" 是不允许出现的。对每个等式，要求输出替换为数字后的等式。如果有多个解，要输出最小的解。两个解比较大小，哪个解字母'A'表示的数小就算小；字母'A'表示的数相同，则比较字母'B'表示的数……如果无解，则输出 "No Solution"。

样例输入：

```
5
A A B
AA AA AAA
AB ABC ACDD
A A BC
ABCD BCD ACEA
```

样例输出：

```
1+1=2
No Solution
No Solution
5+5=10
2371+371=2742
```

解题思路：采用枚举，把所有可能的替换方案都试一遍，看等式是否成立。一共 5 个字母，就写 5 重循环。'A'对应最外重循环，'B'对应次外重循环……每重循环都从 0 枚举到9，这样就能确保找到的第一个解是最小的。

解题程序：

```
#prg310.py
1.   def count(s1,s2,s3):
2.      a = [0] * 5   #a[0]存放'A'表示的数，a[1]存放'B'表示的数……
3.      def toInt(s):#依据 a 将 s 中'ABE'这样的字符串转换成整数。若有前导 0 则返回-1，表示失败
4.         result = ""
5.         for c in s:
6.            result += chr(ord('0') + a[ord(c) - ord('A')])
7.         if len(result) > 1 and result[0] == '0':
8.            return -1
9.         return int(result)
10.      #下面枚举 5 个字母的所有组合
```

```
11.     for a[0] in range(10):  #a[0]存放'A'表示的数
12.       for a[1] in range(10):  #a[1]存放'B'表示的数
13.         for a[2] in range(10):
14.           for a[3] in range(10):
15.             for a[4] in range(10):
16.               st = set(a)
17.               if len(st) == 5:  #len(st)<5 说明有多个字母表示同一个数
18.                 n1, n2, n3 = toInt(s1), toInt(s2), toInt(s3)
19.                 if n1 >= 0 and n2 >= 0 and n3 >= 0 and n1 + n2 == n3:
20.                   print(f"{n1}+{n2}={n3}")
21.                   return
22.     print("No Solution")
23. n = int(input())
24. for i in range(n):
25.     s1,s2,s3 = input().split()
26.     count(s1,s2,s3)
```

由于枚举所有可能情况的复杂度也只有 10^5，因此为编程简单，上面的做法没有讲究效率，验证了全部的情况。

用多重循环枚举，循环重数多时，写起来很麻烦，看上去也很不美观。用递归函数来解决本题以及 N 皇后问题（输入整数 N，求 N 个皇后摆在 $N×N$ 的棋盘上的摆法），就不需要写多重循环。

枚举算法，从字面上看是要验证所有可能的解。但是验证一个可能解是否正确是需要花时间的。因此，**改进枚举算法的一个重要思路就是不去验证显然不可能是解的可能解**。以求 3 个数的最小公倍数为例，不需要验证每个数，只需要验证最大数的倍数即可；发现了最大数和另一个数的公倍数以后，就只需要验证该公倍数的倍数即可。以八皇后问题为例，如果一个摆放方案的前两行已经造成冲突，那么前两行和该方案相同的所有摆放方案都不必验证。

一个问题的所有可能解构成了一个"解空间"，解决问题就是要在这个解空间中通过验证可能解来寻找真正的解。这个过程称为"搜索"。减少需要验证的可能解的数量，称为"剪枝"，这是提高搜索效率的关键。不进行剪枝的盲目搜索，即盲目的枚举算法，俗称"暴力"算法。如果计算机的运算速度无限快，即 1s 能执行无穷多条指令，那么算法这门学科就基本没有研究的价值了，因为几乎任何问题都可以用"暴力"算法来解决。

在某些情况下，我们不但要找一个问题的解，还要找该问题的最优解，这也需要通过搜索来完成。比如将一个打乱的魔方用最少的步骤还原，就是一个通过搜索求最优解的问题。求最优解的基本思想是找到所有解，在里面挑最优的。具体到还原魔方问题，假定用不超过 100 步转动一定可以还原魔方，那么这个问题的解空间就是所有步数不超过 100 的转动的序列。这个解空间中可能解的数量无比巨大，是不可能验证完的，必须剪枝。一个重要的剪枝的技巧是记录目前发现的最优解，在寻求一个可能的新解的过程中，如果发现该可能的新解花费的代价已经大于等于目前最优解花费的代价，则该可能的新解就不用考虑了。以还原魔方问题为例，如果已经找到一个 n 步还原的方案，那其他所有步数大于等于 n 的方案就都不需要验证。

7.4 二分算法

对于有些问题，将所有可能解排序，通过对位于解的查找区间中点的解进行一次验证，就可以找到解或缩小查找区间到原来的一半，这样就能很快找到解或宣告无解。二分算法成立的前提条件是解的单调性，即如果一个可能解被发现是因为太大（或太小）而不能成立，则比其更大（或更小）的所有可能解都必定不能成立。

在一个从小到大排好序的列表 a 中用二分算法查找元素 x 的函数如下：

```
#prg0722.py
def binarySearch(a,x):
    L,R = 0, len(a) - 1          #查找区间的起点和终点（含终点）
    while L <= R:                #只要查找区间不为空，就进入循环
        mid = (L + R)//2
        if a[mid] == x:
            return mid           #返回元素下标
        elif x < a[mid]:
            R = mid - 1
        else:
            L = mid + 1
    return -1                    #找不到 x
```

例题 7.4.1：网线总管（P0814）。

库存中有 N 条网线，已知它们的长度（精确到厘米）。现在要切割这些网线，得到至少 K 条等长的网线。网线不可拼接。问这 K 条等长的网线的最大长度是多少。

输入：第一行包含两个整数 N 和 K，以一个空格隔开，其中 N（$1 \leqslant N \leqslant 10000$）是库存中的网线数，$K$（$1 \leqslant K \leqslant 10000$）是需要的网线数；接下来的 N 行，每行一个数，为库存中每条网线的长度（单位：米）。所有网线的长度至少 1 米，至多 100 千米。输入中的所有长度都精确到厘米，即保留小数点后两位。

输出：能够从库存的网线中切出 K 条等长网线的最大长度（单位：米）。必须精确到厘米，即保留小数点后两位。若无法得到长度至少为 1 厘米的指定数量的网线，则必须输出 "0.00"。

样例输入：

```
4 11
8.02
7.43
4.57
5.39
```

样例输出：

```
2.00
```

解题思路：首先将长度单位由米换算成厘米，则计算过程中就只需处理整数，输出答案时再除以 100 即可。

最大可行长度 L 的范围是从 1 厘米到最大库存网线长度，也可以说所有的可能解就是从 1 到最大库存网线长度（单位：厘米）的所有整数。假定最大可行长度为 L，如果无法

切出 K 条长度为 L 的网线，那一定是因为 L 太大，则比 L 更大的长度一定不可行，因此解的范围是满足单调性的，可以用二分算法来实现。验证 L 是否为可行长度的办法就是逐个考察每一条库存网线，看能切割出几条长度为 L 的线，然后将总数加起来看是否达到 K。

如果发现了一个可以切割出 K 条网线的长度 L，则记录它，然后尝试更大的 L。记录的可行长度 L 会越来越大。最后一个被记录的可行长度 L 就是问题的答案。

解题程序：

```python
#prg0330.py
1.  N,K = map(int,input().split())
2.  a = []
3.  for i in range(N):
4.         a.append(int(float(input())*100))
5.  L,R = 1, max(a)    #[L,R]是查找区间
6.  best = 0
7.  def valid(L): #验证长度 L 是否可行
8.         total = 0
9.         for i in range(N):
10.               total += a[i] // L
11.               if total >= K:
12.                    return True
13.         return False
14. while L <= R:    #只要查找区间不为空，就进入循环
15.         mid = L + (R - L)//2
16.         if valid(mid):
17.               best = mid      #目前找到的最优解
18.               L = mid + 1     #查找区间变为大于 mid 的那一半
19.         else:
20.               R = mid - 1     #查找区间变为小于 mid 的那一半
21. print("%.2f" % (best/100))
```

第 14 行：二分过程要到查找区间变为空时才结束，L == R 成立时查找区间并不为空，而是其中还有一个可能解。所以此处条件为 L <= R。初学者经常会误写为 L < R。

第 18 行：此处的 +1 是必需的，这样才能确保查找区间变小，否则若 L==R，就会陷入死循环。初学者往往会在此处写成 L = mid，这是不正确的。同理，第 20 行的-1 也是必需的。

valid() 函数的复杂度是 $O(N)$，所以本程序的复杂度为 $O(N\log(\text{maxL}))$，maxL 是最大库存网线长度（单位：厘米）。

7.5 递归

一个函数调用了自己，称为递归。递归和循环可以互相替代。一种程序设计语言支持递归就可以不需要支持循环，支持循环就可以不需要支持递归。比如早期的 LISP 语言，就不支持循环，只支持递归。当然，为了方便使用，程序设计语言一般既支持递归，也支持循环。

从替代循环的角度看，递归和循环都是一种手段，可以用来解决任何问题。但是递归更多的是一种解决问题的思想——从这个角度看，也可以说递归是一种算法。

用递归解决问题的基本思路是：要解决某个问题，可以先做一步，做完一步以后，剩下的问题也许就会变成一个或多个和原问题形式相同但规模更小的问题，就可以用递归求解了。有许多问题可以用这种问题分解的思路来解决。

还有一些问题，本身就是用递归形式定义的，非常适合用递归解决。

本节主要通过具体例题，讲述以上两种情况下递归的用法。

例题 7.5.1：上台阶（P0500）。

有 n（$n > 0$）级台阶，从下面开始走，要走到所有台阶上面，每步可以走一级或两级台阶，问有多少种不同的走法。

解题思路：先走第一步。第一步有两种走法，即走一级台阶和走两级台阶。于是所有的走法就被分成两类，即第一步走一级台阶和第一步走两级台阶的。问第一步走一级台阶共有多少种走法，相当于问走 $n-1$ 级台阶共有多少种走法。同样，第一步走两级台阶的走法数，等于走 $n-2$ 级台阶的总走法数。于是我们发现，走第一步以后，剩下的两个问题和原问题形式相同，但是规模变小了（台阶数由 n 变成了 $n-1$ 和 $n-2$）。如果用 ways(i) 表示 i 级台阶的走法数，那么：

```
ways(n) = ways(n-1) + ways(n-2)
```

这就是这个问题的递归公式，或者说递推公式。但是用递归解决问题，需要指出终止条件，即 n 为何值时不再需要使用上面的递推公式，直接就能得出答案。显然 n==1 是一个终止条件，即 ways(1)=1。但是只有这一个终止条件是不够的。假设要求 ways(2)，按递推公式，就要求 ways(0)，要求 ways(0) 就要求 ways(-1) 和 ways(-2)，递归就变得没完没了且不合逻辑。所以，还要加上一个终止条件，即 ways(0)=1。ways(0)=1 是符合逻辑的。0 级台阶有几种走法？1 种，就是不用走，原地不动就算已经走到所有台阶上面了。当然，终止条件不用 ways(0)=1 而用 ways(2)=2 也是可以的。那么终止条件是否还可以再加上 ways(3)=3、ways(4)=5 呢？可以加，但是没有必要。

终止条件的选取，确保能够终止递归即可。ways(n)=ways(n-1)+ways(n-2) 这个递推公式有两条递归路径：一条路径 n 每次减少 1，另一条路径 n 每次减少 2。终止条件的选取应该使得沿这两条路径进行的递归都会被终止。那么，终止条件选 n==1 和 n==0（或 n==2）就足以做到这一点。

解题程序：

```
def ways(n):                    #n 级台阶的总走法数
    if n == 1 or n == 0:
        return 1
    return ways(n-1)+ways(n-2) #第一步走一级台阶的走法+第一步走两级台阶的走法
print(ways(4))                  #>>5      4 级台阶的走法
```

可以看出，此题的本质和求斐波那契数列的第 n 项的本质一样。虽然本程序写成递归的形式是低效不可取的，但是用递归的思想来解决这个问题是合适的。

例题 7.5.2：数字三角形（P0512）。

下面给出了一个数字三角形。从三角形的顶部到底部有很多条不同的路径。对于每条路径，把路径上面的数加起来可以得到一个和。路径上的数的和越大，路径越优。你的任务就是找到最优路径上的数的和。

```
7
3 8
8 10 0
2 7 4 4
4 5 2 6 5
```

注意：路径上的每一步只能从一个数走到它正下方的数或正下方的数的右边的那个数。

输入：输入第一行是一个整数 N（1<N≤15），表示三角形的行数；下面的 N 行给出数字三角形。数字三角形上的数的范围为 0～100。

输出：输出最优路径上的数的和。

样例输入：

```
5
7
3 8
8 10 0
2 7 4 4
4 5 2 6 5
```

样例输出：

```
30
```

本题可以用递归的方法解决。基本思路是：用二维列表存放数字三角形。以 D(i,j) 表示第 i 行的第 j 个数（i 和 j 都从 0 开始算），以 MaxSum(i,j) 表示从第 i 行的第 j 个数到底边的最佳路径上的数之和，则 MaxSum(0,0) 即本题所求的答案。

用递归解决问题，一个重要的思路就是先做一步，然后看剩下的问题变成什么样——剩下的问题很有可能和原问题形式相同，但是规模变小。在本题中，先走的一步，无非就是往正下方的数走，或往右下方的数走。如果第一步走到了正下方的数，剩下的问题就是如何从正下方的数出发，走出一条到底边的最佳路径。这和原问题形式相同，但是规模变小了，因为起点离底边更近了。第一步走到右下方的数，情况也类似。

总之，从某个 D(i,j) 出发，显然下一步只能走 D(i+1,j) 或者 D(i+1,j+1)。如果走 D(i+1,j)，那么得到的 MaxSum(i,j) 就是 MaxSum(i+1,j) + D(i,j)；如果走 D(i+1,j+1)，那么得到的 MaxSum(i,j) 就是 MaxSum(i+1,j+1)+D(i,j)。所以，选择往哪里走，就看 MaxSum(i+1,j) 和 MaxSum(i+1,j+1) 哪个更大。如果 D(i,j) 在底边上，则 MaxSum(i,j)= D(i,j)，这就是终止条件。

解题程序：

```python
#prg0670.py
1.  n = int(input())
2.  D = []
3.  def MaxSum(i,j):
4.      if i == n-1:      #D[i][j]在底边
5.          return D[i][j]
6.      x = MaxSum(i+1,j)
7.      y = MaxSum(i+1,j+1)
8.      return max(x,y) + D[i][j]
9.  for i in range(n):
10.     lst = list(map(int,input().split()))
11.     D.append(lst)
12. print(MaxSum(0,0))
```

前面的程序效率非常低，在 n 值并不大，比如 $n=100$ 的时候，程序就慢得几乎算不出结果了。为什么会这样呢？因为重复计算过多，使得复杂度变成 $O(2^n)$。使用"动态规划"的方法可以避免重复计算，将复杂度降至 $O(n^2)$，不过这不属于本书内容。

例题 7.5.3：绘制雪花曲线。

要进行绘图，可以使用 Python 自带的 turtle 库。turtle 库中有许多函数支持绘图，用法是 turtle.xxx(...)，其中 xxx 是函数名。绘图是在一个窗口中进行的，用 turtle.setup(x,y) 可以创建一个宽 x 像素、高 y 像素的窗口，窗口会出现在屏幕中央。窗口的中心位置是平面直角坐标系的原点，其坐标是(0,0)。这个坐标系有方向的概念，方向用角度来表示。正东方向是 0 度，正北方向是 90 度，正西方向是 180 度，正南方向是 270 度。当然，也可以说正南方向是−90 度，正西方向是−180 度。

不妨把用 turtle 库创建的窗口想象成一张纸。这张纸上有一支虚拟的笔。笔开始的位置是(0,0)，且笔是落在纸上的。当笔在纸上移动时，就会画出线条。笔是有前进方向的。笔的初始方向是 0 度。turtle.fd(x)会使笔沿着前进方向移动 x 像素。turtle.left(x)会使笔的方向左转 x 度，turtle.right(x) 会使笔的方向右转 x 度。

下面要在窗口上绘制雪花曲线。雪花曲线也称为科赫曲线，其递归定义如下。

（1）长度为 size 像素、方向为 x 度的 0 阶雪花曲线是沿 x 方向度绘制的一条长度为 size 像素的线段。

（2）长度为 size 像素、方向为 x 度的 n 阶雪花曲线由以下 4 部分依次拼接组成。

① 长度为 size/3 像素、方向为 x 度的 n−1 阶雪花曲线。

② 长度为 size/3 像素、方向为 x+60 度的 n−1 阶雪花曲线。

③ 长度为 size/3 像素、方向为 x−60 度的 n−1 阶雪花曲线。

④ 长度为 size/3 像素、方向为 x 度的 n−1 阶雪花曲线。

图 7.5.1 ~ 图 7.5.3 所示为几个雪花曲线。

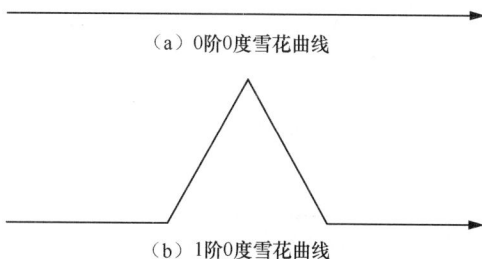

（a）0阶0度雪花曲线

（b）1阶0度雪花曲线

图 7.5.1　0 阶 0 度雪花曲线和 1 阶 0 度雪花曲线

图 7.5.2　2 阶 0 度雪花曲线

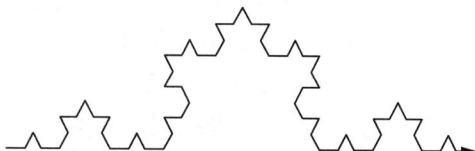

图 7.5.3　3 阶 0 度雪花曲线

绘制长度为 600 像素、方向为 0 度的 3 阶雪花曲线的程序如下：

```
#prg0420.py
1.  import turtle        #画图要用 turtle 库
```

```
2.   def snow(n,size):
3.   #从笔的当前位置出发，沿着笔的当前方向画一条长度为 size 像素的 n 阶雪花曲线
4.       if n == 0:        #0 阶雪花曲线
5.           turtle.fd(size)                #笔沿着当前方向前进 size 像素
6.       else:
7.           for angle in [0,60,-120,60]:
8.               turtle.left(angle)         #笔左转 angle 度。也可以用 turtle.lt(angle)
9.               snow(n-1,size/3)
10.
11. turtle.setup(800,600)      #创建窗口
12. turtle.penup()             #抬起笔，这样笔在移动时就不会在窗口上画线
13. turtle.goto(-300,0)        #将笔移动到(-300,0)的位置
14. turtle.pendown()           #放下笔
15. turtle.pensize(3)          #设置笔的粗度为 3 像素
16. snow(3,600)                #绘制长度为 600 像素、阶为 3 的雪花曲线，方向为 0 度
17. turtle.done()              #保持绘图窗口，无此行则画完图窗口会自动关闭
```

程序运行结果如图 7.5.4 所示。

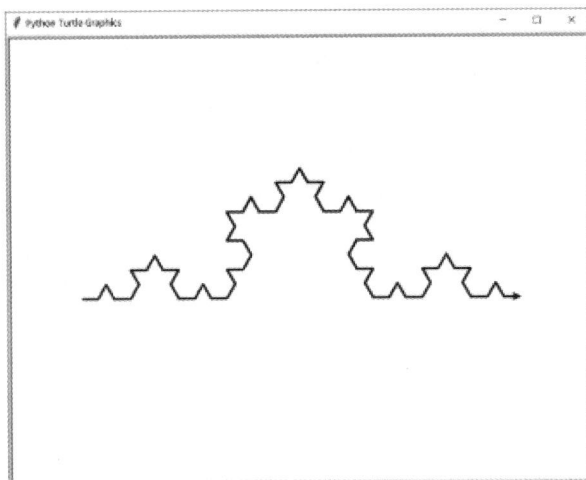

图 7.5.4　程序运行结果

第 1 行：本行的作用是导入 turtle 库，这样后面的标识符"turtle"才有定义。

第 2 行：函数 snow(n,size)的作用是从笔的当前位置出发，沿着笔的当前方向画一条长度为 size 像素的 n 阶雪花曲线。

第 5 行：0 阶雪花曲线就是一条长度为 size 像素的线段，turtle.fd(size)的作用是沿当前笔的方向前进 size 像素，画出一条长度为 size 像素的线段。

第 7~9 行：按照雪花曲线的递归定义，一条在笔的当前方向上的长度为 size 像素的 n 阶雪花曲线应该由 4 段长度为 size/3 像素的 n-1 阶雪花曲线连接而成。这个循环就依次画出这 4 段。若笔的当前方向是 x，则这 4 段的方向依次是 x、x+60、x-60、x。可以看出，若 n-1 阶雪花曲线画完时笔的方向不变（和开始画时的一样），那么 n 阶雪花曲线画完时笔

的方向也不变。再加上 0 阶雪花曲线画完时笔的方向是不变的，由数学归纳法可知，任何阶数的雪花曲线画完时笔的方向都和开始画时的一样。连画 4 段 n-1 阶雪花曲线，需要在画完一段后修改笔的方向，再画下一段。修改笔的方向，可以通过让笔左转某个角度来实现。调用 turtle.left(d) 可以让笔的方向左转 d 度。因此要依次画这 4 段方向为 x、x+60、x-60、x 的 n-1 阶雪花曲线，就可以让笔先左转 0 度（等于没转）画第 1 段，再左转 60 度画第 2 段，接着右转 120 度（即左转-120 度）画第 3 段，然后左转 60 度回到最初的方向 x 画第 4 段。

雪花曲线是一种分形图形。什么是分形图形？即一个图形由和整体图形相似的 n 个局部图形构成，每个局部图形又由 n 个更小的和整体图形相似的局部图形构成……当然，这是一个非常不精确的模糊定义，请读者自己意会。

7.6 习题

以下是编程题，可以到 OpenJudge 平台的"程序设计实习 MOOC"小组中和本书同名的比赛中进行提交。括号中的数是题目编号。

（1）完美立方（P0524）。形如 $a^3=b^3+c^3+d^3$ 的等式被称为完美立方等式，例如 $12^3=6^3+8^3+10^3$。编写一个程序，对任意的正整数 N（$N \leqslant 100$），寻找所有的四元组 (a, b, c, d)，使得 $a^3=b^3+c^3+d^3$，其中 a、b、c、d 大于 1 且小于等于 N，且 $b \leqslant c \leqslant d$。

（2）生理周期（P0526）。人分别每隔 23 天、28 天和 33 天会出现一个体力、情感、智力高峰。对于每个人，我们想知道何时 3 个高峰会出现在同一天。已知从当前年份的第一天开始，3 个高峰分别出现在第 x、y、z 天（不一定是第一次高峰出现的时间）。你的任务是给定一个从当年第一天开始数的天数，输出从给定那天（不包括给定那天）开始下一次 3 个高峰出现在同一天的时间（距给定时间的天数）。例如：给定时间为 10，下一次 3 个高峰出现在同一天的时间是 12，则输出 2（注意这里不是 3）。

（3）派（P0190）。我有 N 个不同口味、不同大小的派要分给 F 个朋友。我和每个朋友会拿到一块派（必须是一整个派或一个派上切下来的一块，不能由几个派的小块拼成）。所有人拿到的派应是同样大小的，但不需要是同样形状的。每个完整的派都是一个圆形，每个完整派的半径都已知。请问每个人拿到的派的面积最大是多少。

（4）求最大公约数（P0530）。给定两个正整数，用辗转相除法求它们的最大公约数。

（5）递归复习法（P0540）。一个学生复习期末考试，要用递归复习法，即当他复习知识点 k 的时候，他发现理解知识点 k 必须先理解知识点 $k-1$ 和知识点 $k-2$，于是他先去学习知识点 $k-1$ 和知识点 $k-2$；当他复习知识点 $k-1$ 的时候，又发现理解知识点 $k-1$ 必须先理解知识点 $k-2$ 与知识点 $k-3$，又得先去复习知识点 $k-2$ 和知识点 $k-3$。已知复习每个知识点所需的时间，求要多少时间才能复习完知识点 n。

（6）逃出迷宫（P0542）。有类似图 7.6.1 所示的迷宫，0 表示可以走的道路，1 表示不能走的陷阱。要从左上角走到右下角，且只能向下或向右走，问是否可以成功逃出迷宫。提示：参考"数字三角形"例题的做法。

（7）奇异三角形。一个边长为 x 的 n 阶奇异三角形是等边三角形，3 个角上分别是一个边长为 $x/2$ 的 $n-1$ 阶奇异三角形。

图 7.6.2 所示为奇异三角形。

0	0	1	1	0
0	0	0	0	0
0	1	1	1	0
0	1	1	1	0
0	1	1	1	0

图 7.6.1　逃出迷宫

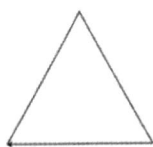

（a）0 阶奇异三角形　　　　（b）1 阶奇异三角形　　　　（c）2 阶奇异三角形

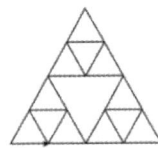

图 7.6.2　奇异三角形

输入整数 n（$0 \leqslant n \leqslant 5$），绘制 n 阶奇异三角形。

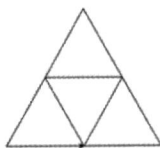

提示：①turtle.left(x)可以让笔向左转 x 度；②turtle.right(x)可以让笔向右转 x 度；③pos = turtle.pos()可以取得画笔当前位置，turtle.goto(pos)就可以移动画笔到那个位置；④turtle.seth(x)可以设置画笔方向为角度 x；⑤绘图完成后调用 turtle.done()可以保持绘图窗口。

第8章 面向对象程序设计

8.1 结构化程序设计和面向对象程序设计

结构化程序设计也称为面向过程程序设计。这里的"过程"就是函数的意思。按结构化的方式，在编写大型程序的时候，会将复杂的大问题逐层分解为许多简单的小问题的组合。整个程序被划分成多个功能模块，不同的功能模块可以由不同的人员进行开发。一个功能模块可以对外提供若干个函数，使用这个功能模块的时候，只要知道这些函数的名称、作用、用法即可。

结构化程序设计要考虑的是如何将整个程序分成一个个的函数，哪些函数之间要互相调用，以及每个函数内部将如何实现。结构化程序在规模较大时会难以理解和维护。在结构化程序中，函数和其所操作的数据（全局变量）之间的关系没有清晰和直观的体现。随着程序规模增大到成千上万个函数、成百上千个全局变量，程序会变得难以理解。函数之间存在怎样的调用关系？到底有哪些函数可以对某项数据进行操作？某个函数到底是用来操作哪些数据的？在这种情况下，当某项数据的值不正确时，很难找出到底是哪个函数导致其值不正确的，因而对程序的查错也变得困难。

结构化程序不利于代码的重用。在编写某个程序时，常常会发现其需要的某项功能在现有的某个程序里已经有了相同或类似的实现，那么自然希望能够将那部分源代码抽取出来并在新程序中使用，这就叫代码的重用。但是在结构化程序设计中，随着程序规模的增大，大量函数、变量之间的关系错综复杂，要抽取可重用的代码会变得十分困难。比如想要重用一个函数，但这个函数调用了一些新程序用不到的其他函数，那么不得不将其他函数一并抽取出来；更糟糕的是，也许想要重用的函数访问了某些全局变量，这样还要将不相关的全局变量抽取出来，或者修改被重用的函数以去掉对全局变量的访问。

总之，**在规模庞大时，结构化程序会变得难以理解，难以查错，难以重用**。随着软件规模的不断增大，结构化程序设计越来越难以适应软件开发的需要。此时，面向对象程序设计应运而生。

面向对象程序设计继承了结构化程序设计的优点，同时有效地弥补了结构化程序设计的缺陷。面向对象程序设计的思路更接近真实世界。真实世界是各类不同的事物组成的，每一类事物都有共同的特点，各类事物互相作用构成了多彩的世界。比如，"人"是一类事物，"动物"也是一类事物，人可以饲养动物，动物有时也会攻击人……面向对象程序设计就是要分析待解决的问题中有哪类事物，每类事物有哪些特点，不同的事物种类之间有什么关系，事物之间如何相互作用——这与结构化程序设计考虑的如何将问题分解成一个个子问题的思路有较大不同。

在面向对象程序设计中，将事物个体称为"对象"。将同一类事物的共同特点概括出来，形成一个"类"，这个过程叫作"抽象"。在面向对象程序设计中，对象的特点包括两个方面：属性和方法。属性指的是对象的静态特征，如员工的姓名、职位、薪水等，可以用变量来表示，也称为成员变量；方法指的是对象的行为，以及能对对象进行的操作，如员工可以请假、加班，员工可以被提拔、被加薪等，可以用函数来表示，也称为成员函数。属性和方法统称为类的成员。方法可以对属性进行操作，比如"加薪"方法会修改"薪水"属性，"提拔"方法会修改"职位"属性。

通过某种语法形式，将数据（即属性）和用以操作数据的算法（即方法）捆绑在一起形成一个整体，即设计了一个"类"。比如可以设计一个"员工类"，将员工的数据和操作员工数据的方法捆绑在一起，从而能从形式上看出两者的紧密联系。

对于面向对象程序设计来说，设计程序的过程就是设计类的过程。

需要指出的是，面向对象程序设计也离不开结构化程序设计的思想。编写一个类内部的代码时，还是要用结构化程序设计方式。而且面向对象程序设计的先进性主要体现在编写比较复杂的程序的时候。

Python 具有面向对象的特性，可以较好地支持面向对象程序设计。

8.2 Python 中的类

一个学生的信息包含姓名、学号、绩点、出生日期等。可以用一个元组或列表来表示一个学生，例如：

```
student = ["张三",20001807,3.4,"1988-01-24"]
```

这种方式的不便之处在于，当要访问 student 的某个属性如绩点时，需要记住绩点是下标为 2 的那个元素。如果 student 有多个属性，要记住每个属性对应的下标对程序员来说是一个沉重的负担，因为很容易记错导致莫名的 bug。阅读程序的人看到 student[i]=4 这样的表达式，搞不清楚到底是在对哪个属性赋值，是很焦虑的。

为了程序员的心理健康，Python 提供自定义数据类型即"类"来解决这个问题。可以用类来代表一类事物。

定义类的格式如下：

```
class 类名:
    def __init__(self,参数1,参数2,...):
        self.属性1 = 参数1
        self.属性2 = 参数2
        ......
    def 成员函数1(self,参数1,参数2,...):
        ......
    def 成员函数2(self,参数1,参数2,...):
        ......
    def 成员函数n(self,参数1,参数2,...):
```

类的成员函数的第一个参数一定要命名为 self。

类中必须要有__init__()成员函数（函数名前后都是两个下画线），该函数称为"构造函数"。

由类生成的变量称为"对象"。类生成一个对象，也称为类的实例化。生成一个对象的写法是：

```
类名(实参1,实参2,...)
```

该表达式会返回一个对象。这个表达式看上去像一个函数调用，实际上也确实调用了类中的__init__()函数。但是，此处的实参个数比__init__()函数中的形参个数少 1 个，即 self 不需要对应实参，self 就是对象本身。一定要分清"类"和"对象"这两个不同的概念。**"类"是对一类事物共同特点的概括，"对象"是该类事物的一个个体（实例）。**

类的用法示例程序如下：

类和对象的
基本概念

```
#prg0720.py
1.  class Student:                               #定义 Student 类
2.      def __init__(self, n,i,g,b):             #一定要有 self
3.          self.name = n                        #添加名为 name 的属性
4.          self.id = i                          #添加名为 id 的属性
5.          self.gpa = g
6.          self.birthDate = b
7.      def printInfo(self,title=""):
8.              print(title,self.name, self.id, self.gpa, self.birthDate)
9.  student1 = Student("Jack",1877,3.4,"1988-01-02")  #生成 student1 对象
10. student1.printInfo("Hello")
11. #>>Hello Jack 1877 3.4 1988-01-02
12. student1.name = "Big Jack"                   #修改对象属性的值
13. print(student1.name)                         #>>Big Jack
14. student2 = Student("Big Jack",1877,3.4,"1988-01-02")
15. print(student1 == student2)                  #>>False   等价于 student1 is student2
16. students = [student1, Student("Mary",1876,3.4,"1988-12-02"),
17.            Student("Tom",1782,3.8,"1988-11-02"),
18.            Student("Jane",1762,3.1,"1989-04-02")]
19. student1.gender = "Female"                   #为 student1 添加 gender 属性
20. students.sort(key=lambda x:(-x.gpa,x.id))
21. for x in students:
22.     print(x.name,x.id,x.gpa,x.birthDate)
23. students.sort()                              #导致 RE，因为对象本身不能比较大小
```

第 1~8 行：定义一个 Student 类，概括了学生这类事物的特性，即有 name、id、gpa、birthDate 这 4 个属性，还有 printInfo()方法。

第 9 行：由 Student 类生成一个"对象"student1。由本行进入 Student 的__init__()函数时，n 等于"Jack"，i 等于 1877，g 等于 3.4，b 等于"1988-01-02"，而 self 不对应实参，它就是对象 student1。

第 10 行：可以用"对象名.方法名"的方式来调用类的方法。方法是用来对一个具体的对象进行操作的，因此只能通过具体的对象才能调用。如果本行直接写 printInfo("Hello")

是错误的，因为不知道 printInfo()到底作用在哪个对象上。调用一个对象 X 的方法，写法就是 "X.方法名()"，如本行的 student1.printInfo("Hello")，表示 printInfo()作用在 student1 这个对象上，即进入 printInfo()方法后，self 就是 student1，self.name 自然就是对象 student1 的属性 name。由本行可知，调用对象的方法时，第一个参数 self 是不需要也不应该给出对应实参的。

第 12 行：可以用 "对象名.属性名" 的方式访问对象的属性，也可以对对象的属性进行赋值。对象的属性也是指针。

第 14 行：定义了一个新的对象 student2。同一个类的不同实例，即不同对象，各自拥有一份属性，互不干扰。student2 和 student1 就是互相独立的两个对象。

第 15 行：默认情况下，对象之间不能比较大小，且若 a 和 b 是两个同类的对象，a==b 等价于 a is b。非默认的情况，以及希望对象能够比较大小，该如何做呢？详见 8.3 节。

第 19 行：可以随时为一个对象添加属性。此处为 student1 对象添加了 gender 属性，但是其他 Student 对象，如 student2，并没有 gender 属性。所以，是为对象添加属性，而不是为类添加属性。

第 20、21 行：将 students 列表按照 gpa 从高到低排序，gpa 相同的，按 id 从小到大排序。

第 22 行的输出结果如下：

```
Tom 1782 3.8 1988-11-02
Mary 1876 3.4 1988-12-02
Big Jack 1877 3.4 1988-01-02
Jane 1762 3.1 1989-04-02
```

想要实现对象之间的复制，不妨在定义类的时候，实现一个 copy()函数：

```python
class point:
    def __init__(self,x,y):
        self.x,self.y = x,y
    def copy(self):
        return point(self.x,self.y)
a = point(3,4)
b = a.copy()
```

设计类的最大好处是将数据和操作数据的方法捆绑在一起，当作一个整体使用。Python 中的各种库，如 turtle、Matplotlib、jieba、SQLite3 等，其中有大量的类。使用这些库，就是在使用库中的类。

实际上，**Python 中所有的变量和常量都是对象，函数也是对象**。小数所属的类是 float，字符串所属的类是 str，列表所属的类是 list，函数所属的类是 function，等等。程序员自己编写的类，如前面程序中的 Student 类，称为自定义的类。

8.3 对象的比较

Python 中所有的类，包括自定义的类，都有__eq__()方法。

Python 规定，x==y 的值，就是 x.__eq__(y)的值；如果 x.__eq__(y)未定义，就是 y.__eq__(x)的值；如果 x.__eq__(y)和 y.__eq__(x)都未定义，则 x==y 也未定义，会导致 RE。例如，小

数常量是 float 类的对象，整数常量是 int 类的对象，所以：

```
print(24.5.__eq__(24.5))     #>>True
print((4).__eq__(5))         #>>False          不可以写为 4.__eq__(5)
```

默认情况下，一个自定义类的__eq__()方法的功能是判断两个对象的 ID 是否相同。因此，默认情况下，一个自定义类的两个对象 a 和 b，a==b 和 a is b 的含义一样，都是"a 和 b 指向相同的地方"。同理，a!=b 和 not a is b 的含义相同。

除了__eq__()方法，所有的类还有__ne__()（ne 是 not equal 的缩写）、__lt__()（lt 是 less than 的缩写）、__gt__()（gt 是 greater than 的缩写）、__le__()（le 是 less or equal 的缩写）、__ge__()（ge 是 greater or equal 的缩写）这几个方法，这些方法统称比较方法。对于任何类型的对象 a 以及任何表达式 b，有：

a!=b 等价于 a.__ne__(b)或 b.__ne__(a)（若 a.__ne__(b)未定义）；

a<b 等价于 a.__lt__(b)；

a>b 等价于 a.__gt__(b)；

a<=b 等价于 a.__le__(b)；

a>=b 等价于 a.__ge__(b)。

有些类的有些比较方法被特意设置成 None，变成没有定义。如果 a.__lt__(b)没有定义，则 a<b 也没有定义，会导致 RE。比如字典的__lt__()、__gt__()、__le__()、__ge__()方法都被设置成 None，因此两个字典就不能用"<"">""<="">="比较大小。**默认情况下，自定义类的__lt__()、__gt__()、__le__()、__ge__()方法都被设置成 None，因此自定义类的对象不可以用">""<"">=""<="比较大小。**通过为对象 a 所属的自定义类重写比较方法，可以改变 a==b 和 a!=b 的含义，也可以让 a 和 b 用">""<"">=""<="比较大小。例如：

```
#prg1480.py
1.  class point:
2.      def __init__(self, x, y = 0):
3.          self.x, self.y = x,y
4.      def __eq__(self,other):
5.          return self.x == other.x and self.y == other.y
6.      def __lt__(self,other):     #使得两个point对象可以用"<"比较大小
7.          if self.x == other.x:
8.              return self.y < other.y
9.          else:
10.             return self.x < other.x
11. a,b = point(1,2),point(1,2)
12. print(a == b)                #>>True
13. print(a != b)                #>>False
14. print(a < point(0,1))        #>>False
15. print(a < point(1,3))        #>>True
16. lst = [a,point(-2,3),point(7,8),point(5,9),point(5,0)]
17. lst.sort()
18. for p in lst:                #>>-2 3,1 2,5 0,5 9,7 8,
19.     print(p.x,p.y,end = ",")
```

第 4 行：point 类本来就有默认的__eq__()方法，此处将其重写了。a==b 等价于 a.__eq__(b)，进入__eq__()方法，self 是 a，other 是 b。按照此处__eq__()方法的写法，a==b

当且仅当 a.x 和 b.x 相等且 a.y 和 b.y 相等。因此，第 12 行的输出结果为 True。如果没有重写__eq__()方法，则第 12 行的输出结果为 False，因为默认的__eq__()方法会判断 a 和 b 的 ID 是否相同。a!=b 和 a.__ne__(b)等价，而默认的 a.__ne__(b)和 not a.__eq__(b) 等价，因此第 13 行的输出结果是 False。

第 6 行：按照此处__lt__()方法的写法，a 和 b 哪个的 x 小哪个就小，如果二者的 x 相等，则哪个的 y 小哪个就小。

第 17 行：用不指定 key 的 sort()函数比较两个元素 a、b 时，是看表达式 a<b 或 b<a 的值。如果元素 a、b 是对象，则进行比较时，本质上看的就是 a.__lt__(b)或 b.__lt__(a)。因此，point 类重写了__lt__()方法，本行的 sort()才能执行。如果 point 类的__lt__()方法被设置为 None（默认情况就是如此），则 sort()无法执行，本行会导致 RE。

8.4 输出对象

定义一个类的时候，如果写了__str__(self)方法，则可以用 print()将该类的对象输出。对于对象 x，print(x)的结果就是 print(x.__str__())。有了__str__(self)方法，还可以将对象转换成字符串。str(x)就等价于 x.__str__()。例如：

```
class point:
    def __init__(self,x,y):
        self.x,self.y = x,y
    def __str__(self):
        return ("(%d,%d)" % (self.x, self.y))
print(point(3,5))              #>>(3,5)
print(str(point(2,4)))        #>>(2,4)
```

8.5 继承和派生

假设教育部门要开发一个学生信息管理程序，并推广到全国使用。如果用面向对象的方法开发，必然要设计一个"学生"类。"学生"类包含所有学生的共同属性和方法，比如姓名、学号、性别、成绩等属性，判断是否该退学、判断是否该奖励或处罚等方法。而中学生、本科生、研究生又有各自不同的属性和方法，比如本科生和研究生有专业的属性，而中学生没有；研究生还有导师的属性；中学生有竞赛加分、特长加分等属性，而本科生和研究生没有。如果为每类学生都编写一个类，显然会有不少重复的代码，造成资源浪费。使用类的"继承"机制就能避免资源浪费，做到代码重用。

定义一个新的类 B 时，如果发现类 B 拥有某个已写好的类 A 的全部特点，此外还有类 A 没有的特点，就不必重写类 B，而是可以把类 A 作为一个"基类"（也称"父类"），把类 B 作为基类 A 的一个"派生类"（也称"子类"）来写。这样，就可以说从 A 类"派生"出了 B 类，也可以说 B 类"继承"了 A 类。

派生类是通过对基类进行扩充和修改得到的。基类的所有成员自动成为派生类的成员。扩充指的是在派生类中，可以添加新的成员变量和成员函数；修改指的是在派生类中，可以重写从基类继承的成员。

有了"继承"的机制，对上述学生信息管理程序，就可以编写一个"学生"类，用于概括各类学生的共同特点，然后从"学生"类派生出"本科生"类、"中学生"类、"研究生"类等。

在 Python 中，从一个类派生出另一个类的写法是：

```
class 类名(基类名)：
    ......
```

例如下面这个学生信息管理程序：

```
#prg1500.py
1.   import datetime
2.   class student:
3.       def __init__(self,id,name,gender,birthYear):
4.           self.id,self.name,self.gender,self.birthYear = \
5.               id,name,gender,birthYear
6.       def printInfo(self):
7.           print("Name:",self.name)
8.           print("ID:", self.id)
9.           print("Birth Year:",self.birthYear)
10.          print("Gender:",self.gender)
11.          print("Age:",self.countAge())
12.      def countAge(self):
13.          return datetime.datetime.now().year - self.birthYear
14.  class undergraduateStudent(student):  #undergraduateStudent类, 继承了student类
15.      def __init__(self,id,name,gender,birthYear,department):
16.          student.__init__(self,id,name,gender,birthYear)
17.          self.department = department
18.      def qualifiedForBaoyan(self):    #给予保研资格
19.          print("Qualified for baoyan")
20.      def printInfo(self):             #基类中有同名方法
21.          student.printInfo(self)      #调用基类的printInfo()方法
22.          print("Department:",self.department)
23.  def main():
24.      s2 = undergraduateStudent("118829212","Harry Potter","M",2000,
25.                               "Computer Science")
26.      s2.printInfo()
27.      s2.qualifiedForBaoyan()
28.      if s2.countAge() > 18:
29.          print(s2.name, "is older than 18")
30.  main()
```

第 11 行：类的方法之间可以互相调用。本行调用了 countAge()方法。

第 14 行：undergraduateStudent 类继承了 student 类，称为 student 类的派生类（子类）。student 类就是 undergraduateStudent 类的基类（父类）。所有基类的属性和方法都自动成为派生类的属性和方法。因此，undergraduateStudent 类的对象也会有 id、name 等属性，以及countAge()等方法。第 28 行调用了 countAge()方法，第 29 行访问了 name 属性。

第 16 行：派生类可以调用基类的构造函数，写法如下。

```
基类名.__init__(self,...)
```

本行调用基类的构造函数对 id、name 等属性进行初始化。注意，在调用基类的方法时，

是通过"基类名.方法名"的方式调用的，为了指出该方法作用的对象，就必须将 self 作为实参传递进去。

第 17 行：初始化了一个基类没有的属性 department。

第 18 行：派生类可以添加基类没有的方法。

第 20 行：派生类中的方法可以和基类的方法同名。当通过派生类对象调用基类和派生类中的同名方法时，起作用的是派生类中的方法。如第 26 行所示，此处调用派生类的printInfo()方法。

第 21 行：在派生类的方法中，如果要调用基类的同名方法，写法如下。

```
基类名.方法名(...)
```

程序输出：

```
Name: Harry Potter
ID: 118829212
Birth Year: 2000
Gender: M
Age: 20
Department: Computer Science
Qualified for baoyan
Harry Potter is older than 18
```

Python 自带一个 object 类，并且所有其他的类，不论是 Python 固有的，如 str、tuple 等，还是自定义的类，都是从 object 类派生的。

object 类有__eq__()、__ne__()、__lt__()、__gt__()、__le__()、__ge__()、__str__()等方法。由于派生类能自动获得基类所有的属性和方法，所以所有类都有上述方法，只不过有的类的上述方法被重置成 None。

Python 有库函数 dir()，参数是一个类的名字，功能是返回由这个类中所有方法的名字构成的列表。例如：

```
class A:
    def func(x):
        pass
print(dir(A))
```

程序输出：

```
['__class__', '__delattr__', '__dict__', '__dir__', '__doc__', '__eq__', '__format__',
'__ge__', '__getattribute__', '__gt__', '__hash__', '__init__', '__le__', '__lt__', '__
module__', '__ne__', '__new__', '__reduce__', '__reduce_ex__', '__repr__', '__setattr__',
'__sizeof__', '__str__', '__subclasshook__', '__weakref__', 'func']
```

读者还可以自行尝试一下，看看 dir(int)、dir(str)、dir(tuple)等能返回什么。类似 dir()的函数还有 help()。此外，Python 的"内省"机制也有类似 dir()的功能，非常好用，请参考 11.1 节。

8.6 类属性和静态方法

同类的不同对象各自有一份属性，不会互相影响。要调用一个类中的方法，就需要通过一个对象来进行，即方法需要作用在一个具体的对象上。实际上，定义类的时候，可以定义一种称为"类属性"的特殊属性，该属性被所有该类对象共享；还可以定义一种称为"静态方法"的特殊方法，该方法不需要作用在一个具体的对象上，调用时也不需要通过具体的对象来进行。例如：

```
#prg1510.py
1.  class employee:
2.      totalSalary = 0              #类属性，用于记录发给所有员工的工资总数
3.      def __init__(self,name,income):
4.          self.name,self.income = name, income
5.      def pay(self,salary):
6.          self.income += salary
7.          employee.totalSalary += salary
8.
9.      @staticmethod
10.     def printTotalSalary():      #静态方法
11.         print(employee.totalSalary)
12.
13. e1 = employee("Jack",0)
14. e2 = employee("Tom",0)
15. e1.pay(100)
16. e2.pay(200)
17. employee.printTotalSalary()      #>>300
18. e1.printTotalSalary()            #>>300
19. e2.printTotalSalary()            #>>300
20. print(employee.totalSalary)      #>>300
```

第2行：初始化了一个属性 totalSalary。该属性前面没有"self."，且初始化语句未出现在任何一个方法中，则该属性就是 employee 类的类属性。

第7行：类属性被所有 employee 类的对象共享，并非每个对象都有自己的一个 totalSalary 属性，而是只有一个，因此，在类的方法中访问它时，前面不写"self."，而要写类名。

第9行：@staticmethod 表明下一行定义的方法 printTotalSalary()是静态方法。静态方法没有 self 参数，因此内部不能访问类的非类属性，如 self.income。如果在该方法中写 income=1000 这样的语句，那么访问的也只是该方法的局部变量 income，不是属于某个对象的 income。在静态方法内可以访问类属性，同样要在类属性前面加类名。

第15、16行：执行这两行，进入 pay()函数时会增加 employee 类的类属性 totalSalary 的值。所以这两行执行完后，employee.totalSalary 变成 300。

第17行：静态方法并不是具体作用于某个对象，因此可以通过"类名.方法名(...)"的方式来调用静态方法。

第18、19行：虽然静态方法并不是具体作用于某个对象，但是可以通过"对象名.方法名(...)"的方式来调用静态方法，其效果等价于"类名.方法名(...)"。

在上面的例子中，如果没有类属性和静态方法，那么只能将 totalSalary 定义为全局变量，将 printTotalSalary()定义为全局函数。这就不能直接看出它们和 employee 类的关系了。有了类属性和静态方法，就可以将它们捆绑到 employee 类中。所以，类属性和静态方法存在的目的是少写全局变量和全局函数。

8.7 对象作为字典的键或集合的元素

在默认情况下，自定义类的对象可以作为字典的键或集合的元素，但用于区分不同字典的键或集合的元素的是对象的 ID 而不是对象的内容。例如：

```
#prg1530.py
1.  class A:
2.      def __init__(self,x):
3.          self.x = x
4.  a,b = A(5),A(5)                  #两个 A(5)不是同一个，因此 a 和 b 的 ID 不同
5.  dt = {a:20,A(5):30,b:40}         #3 个键的 ID 不同，因此不算重复
6.  print(len(dt),dt[a],dt[b])       #>>3 20 40
7.  print(len({a,b,A(5)}))           #>>3
8.  print(dt[A(5)])                  #导致 RE
```

第 5 行：尽管 a、b 和 A(5)内容相同，但它们的 ID 不同，因此不会导致键重复，这和一般字典的键的概念有很大区别。这导致用对象作为字典的键意义不大，还容易产生混乱。

第 7 行：本行的 A(5)和 a、b 的 ID 都不同，因此集合中有 3 个元素。

第 8 行：本行的 A(5)和第 5 行的 A(5)以及 a、b 都不是一个对象，它们的 ID 不同，因此 dt 中找不到键为本行 A(5)的元素，导致 RE。

如果希望用对象的内容而非对象的 ID 作为字典的键或集合的元素，则需要为对象所属的类重写__eq__()方法和__hash__()方法，并且使得对内容相同的两个对象 a、b, a.__eq__(b)返回 True，且 a.__hash__()和 b.__hash__()的返回值相同。注意，__hash__()方法的返回值必须是整数。

下面是一个同时重写了__eq__()方法和__hash__()方法的例子：

```
#prg1550.py
1.  class point:
2.      def __init__(self,x,y):
3.          self.x, self.y = x,y
4.      def __eq__(self,other):
5.          if isinstance(other,point):      #判断 other 是不是 point 类的对象
6.              return self.x == other.x and self.y == other.y
7.          elif isinstance(other,tuple):    #如果 other 是元组
8.              return self.x == other[0] and self.y == other[1]
9.          else:
10.             return False
11.     def __hash__(self):
12.         return hash(self.x) + hash(self.y)
13. a = point(3,4)
14. print((3,4) == a)                       #>>True
15. b = point(3,4)
16. dt = {point(3,4):10,point(3,4):20,a:30}
17. print(len(dt),dt[a],dt[b],dt[point(3,4)])   #>>1 30 30 30
18. print(len({a,b,point(3,4)}))            #>>1
```

第 14 行：(3,4).__eq__(a)无定义，但 a.__eq__((3,4))可以执行。在执行过程中，other 就是(3,4)，因此__eq__()方法返回 True，(3,4) == a 的值为 True。

第 12 行：hash()是 Python 的库函数，能生成一个复杂的整数。

第 16 行：由于程序按前述要求重写了__eq__()和__hash__()方法，所以本行的两个 point(3,4)和 a 被认为是相同的键。因此字典 dt 里只保留了元素 a:30。

8.8 习题

1. 设有自定义类的对象 a 和 b，使得 a==b 不等价于 a is b，则需要为该类重写_____方法。

    A. __eq__()   B. __le__()   C. __gt__()   D. __lt__()

2. 要让自定义类的对象可以用"<"比较大小，应为该类重写_____方法。

    A. __eq__()   B. __le__()   C. __gt__()   D. __lt__()

3. 下面说法_____是正确的。

    A. 同一个类的两个对象，它们的属性数量可以不同

    B. 调用类的静态方法时，必须通过具体对象进行

    C. 不同类的两个对象，必然不可以比较大小

    D. 自定义类的对象不可以作为集合的元素

4. 有类 A 的代码如下：

```
class A:
    def __init__(self,n):
        self.n = n
```

（1）下面_____代码是没有错误的。

    A. a = A(); a.n = 20

    B. a,b = A(3),A(4); print(a < b)

    C. st = {A(3), A(3) }

    D. a = A(3); print(len(a))

（2）写出下面几段代码的输出结果。

① a,b = A(3),A(3); print(a==b)

② st = {A(3),A(3)}; print(len(st))

③ dt = {A(3):29, A(4):30, A(3):32}; print(dt[A(3)])

5. 有类 A 的代码如下：

```
class A:
    total = 0
    def __init__(self,n):
        self.n = n; A.total += 1
    @staticmethod
    def getTotal():
        return A.total
```

写出下面几段代码的输出结果。

（1）a = b = A(3); print(A.getTotal())

（2）a,b = A(3),A(4); st = {A(5)}; print(A.getTotal())

（3）st = {A(3),A(4),A(5)}; print(A(3) in st); print(A.getTotal())

6. 请编写类 B，使得下面程序的输出结果是：

True True False

1

1 2

```
class B:
    ……
b,b1,b2,b3 = B(1),B(1),B(2),B(3)
print(b == b1, b1 < b2, b3 < 2)
print(len({B(1),b1}))
dt = {B(1):1, B(2):2,B(3):3}
print(dt[b1],dt[b2])
```

第**9**章 文件读写

第9章

9.1 概述

在计算机系统中，断电以后还能保存的数据都是以文件的形式存放在外存（如硬盘、U 盘、SD 卡等）的。许多要分析和处理的数据都是以文件的形式存在的，对数据分析和处理的结果往往也要保存为文件的形式。因此，各种程序设计语言都提供进行文件读写的方法。

虽然所有的文件归根到底都是 0-1 串，但是通常人们还是把文件分为文本文件和二进制文件两大类。文本文件的内容是由某种通用编码（如 ASCII、UTF-8、GBK 等）表示的文字，各种语言的文字都可以，可以看作字符串。可以在记事本中打开并阅读文本文件，文件名通常以 ".txt" ".html" ".csv" 作为扩展名。二进制文件的内容则并非文字，在记事本中打开二进制文件，看到的是看不懂的东西，俗称 "乱码"。大部分文件都是二进制文件，如可执行文件（扩展名为 ".exe"）、图像文件（扩展名为 ".jpg" ".png" 等）、视频文件（扩展名为 ".avi" ".mp4" ".mpeg" 等）、音频文件（扩展名为 ".mp3" ".wav" 等）。对于 Word 文件、PDF 文件，虽然其内容基本都是文字，但是这些文字在文件内部并不是用某种通用编码表示的，而是用一些特殊的格式表示的，因此只能用相应的软件才能打开这类文件，在只能处理通用编码的记事本中打开这类文件，看到的也是乱码。

在 Python 中对文件进行读写，都需要先打开文件，然后读写，最后关闭文件。

Python 中的 open()函数可以用来打开文件，格式如下：

```
open(file,mode='r',buffering=-1,encoding=None,errors=None,newline=None,closefd=
True)
```

可以看到，open()函数有很多参数，除了第一个参数 file（代表文件名）没有默认值以外，其他参数都有默认值。除了 file 外，一般只会用到 mode 和 encoding 两个参数。

mode 参数表示打开文件的模式，是一个字符串，可以有表 9.1.1 所示的几种取值。

表 9.1.1 mode 参数取值

mode 参数取值	含义
'r'	以读的方式打开文件，只能读取文件内容，不能写入。如果文件不存在，则会引发 RE
'w'	以写的方式打开文件。目的是创建一个文件，并往里面写入数据。文件打开后不能读取其中的数据，只能写入数据。如果文件存在，则原文件会被覆盖
'a'	以添加的方式打开文件。打开后不可读取文件内容，只能写入数据。如果文件不存在，则会创建一个新文件。如果文件存在，则写入的数据会被添加到原文件末尾

mode 参数取值	含 义
'r+'	以读写的方式打开文件。如果文件不存在，则会引发 RE。如果文件存在，则可以读取其中的内容，也可以向其中写入数据
'w+'	以读写的方式打开文件。创建文件，如果文件存在，则原文件会被覆盖。可以往文件里写入数据，也可以从文件里读取数据
'a+'	以添加和读的方式打开文件。如果文件不存在，则会创建一个新文件。如果文件存在，则写入的数据会被添加到原文件末尾，且可以读取文件的数据

另外，还可以在打开模式字符串里加上字符'b'，表示打开的是二进制文件，如'rb'、'wb'、'r+b'、'w+b'等。不带字符'b'，就认为打开的是文本文件。

encoding 参数是一个字符串，表示文本文件的编码，一般只在处理文本文件的时候有用。调用 open()函数时如果不给出这个参数，则使用操作系统默认的编码。同一个操作系统也可能由于系统设置的原因导致默认编码不同。因此打开文本文件时，最好明确指定编码。文本文件的编码通常有 UTF-8 和 GBK 两种，编码的相关内容将在 9.2 节中介绍。

open()函数会返回一个值，称为"文件对象"。文件打开之后，对文件的各种操作都是通过文件对象来进行的。

如果以文本方式打开文件，那么读取和写入的数据都是字符串，每次读写操作至少读写一个字符（一个字符可能是由多个字节表示的）。如果以二进制方式打开文件，那么读取和写入的数据都是字节流，每次读写操作至少读写一个字节。字节流是 Python 中的一种数据类型，任意多个字节的数据都可以算一个字节流。比如一个图像文件的大小是 234445 字节，那么用二进制方式打开该文件后，就可以将整个图像文件的内容都读取到一个长度为234445 字节的字节流中。

文件打开后，不论有没有进行读写操作，记得一定要关闭。 文件对象有 close()成员函数，用于关闭文件。

文件对象的读写函数见表 9.1.2。读写的是字符串还是字节流，取决于文件的打开方式。

表 9.1.2　文件对象的读写函数

函数	功能
readall()	读取整个文件的内容到字符串或字节流中
read(x)	读取长度为 x 的内容到字符串或字节流中。不写参数则读取整个文件的内容
readline(x)	读取文件当前行中的前 x 个字符或字节。不写参数则读取整行内容
readlines(x)	读取文件中的 x 行内容到字符串列表或字节流列表中。不写参数则读取所有行内容
write(x)	将字符串 x 或字节流 x 写入文件
writelines(x)	将字符串列表 x 或字节流列表 x 的元素写入文件

9.2　文本文件的编码

文本文件的内容都是文字。当然，这些文字也都是用 0-1 串来表示的。用 0-1 串表示文字，可以有不同的方案。比如，用 00000000 表示'a'，用00000001 表示'b'，用 00000010 表示'c' ……这是一种方案；用 01100001 表示'a'，用 01100010 表示'b' ……这是另一种方案。这两种方案都用 8 位表示一个字母。在有

文本文件的
编码

的方案中，甚至可以用不同的位数来表示不同字母，常用的字母位数少，不常用的字母位数多，这样可以节省文章的存储空间。用 0-1 串表示文字的一套方案，就称为"编码"。常见的编码有 ASCII、GBK、Unicode、UTF-8 等。

ASCII 是一套表示英文字母、数字、常用标点符号的方案，它用 8 位表示一个字符。8 位二进制数的取值范围是 0 ~ 255，因此 ASCII 最多只能表示 256 个字符，但足以覆盖能通过计算机键盘输入的符号。在 ASCII 中，'a'用 01100001 表示，我们就说'a'的 ASCII 是 01100001。"编码"这个词，有时指的是一整套方案，有时指的是一个字符的二进制表示形式，请读者自行分辨。键盘上的字符，其 ASCII 的范围是 0 ~ 127，即它们的二进制表示形式的最高位（最左位，即第 7 位，因最右位称为第 0 位）都是 0。不妨把这些字符称为常规字符。常规字符以外的 ASCII 字符往往不可显示，或显示为奇怪的字符，比如笑脸等。因此也有人认为有效的 ASCII 的范围是 0 ~ 127。

显然，用 ASCII 无法表示汉字。GB2312 编码是我国颁布的一套能表示汉字和常规字符的编码，称为国标码。在这套编码中，常规字符的编码和 ASCII 的相同，但是每个汉字则用 2 个字节即 16 位表示。每个汉字所对应的 2 个字节，最高位都是 1，这样就能和常规字符区分。解读 GB2312 编码信息时，碰到最高位为 0 的字节，则认为其是一个常规字符，碰到连续两个最高位为 1 的字节，就将其当作一个汉字看待。"落单"的最高位为 1 的字节，还是看作 ASCII 字符，只不过这些字符往往显示为乱码。GB2312 编码有一种修订方案，称为 GBK 编码，其能表示的汉字更多。我国台湾省则用单独规定的一套 Big5 编码表示繁体字。

Unicode 是国际通用的文字编码，用 2 个字节表示 1 个字符，一共能表示 65536 个字符。由于世界上很多语言都是使用字母的拼音语言，因此 Unicode 可以表示全球常用语言中的常用字符。常规字符在 Unicode 中也是用 2 个字节表示的，其中低字节和 ASCII 的一样，高字节就是 0。一篇由常规字符构成的文章，用 ASCII 表示显然比用 Unicode 表示节省空间。由于互联网上绝大部分信息如各种网页信息都是用常规字符表示的，这些信息存储或者传输的时候如果用 Unicode，就会比用 ASCII 多费一倍的空间或时间，因此就有了更节省存储空间和传输时间的 UTF-8 编码。

UTF-8 编码不是定长编码，即不同字符在 UTF-8 编码中的字节数是不一样的。常规字符在 UTF-8 编码中是用 1 个字节表示的，这和 ASCII 的相同。某些语言的字符在 UTF-8 编码中用 2 个字节表示。常用的约 2 万个汉字在 UTF-8 编码中用 3 个字节表示。还有一些字符用 4 个字节甚至更多字节表示。一个中英文混合的网页，用 ASCII 无法表示，用 Unicode 和 UTF-8 编码都能表示。如果该网页以英文为主，用 UTF-8 编码表示比用 Unicode 表示节省空间；如果该网页以中文为主，结果就相反。

内存中的字符串如果用 UTF-8 编码表示，处理起来会比较麻烦。比如要找字符串中下标为 i 的字符，由于 UTF-8 编码不定长，不能迅速算出下标为 i 的字符在字符串中位于第几个字节的位置，很可能要把前 i 个字符都看一遍才能找到下标为 i 的字符，这样效率就会很低。因此，**内存中的字符串都采用 Unicode，即所有字符，包括常规字符，都是用 2 个字节表示的**。ord(x)用于求字符 x 的 Unicode，chr(x)用于求 Unicode 为 x 的字符。Python 中的字符串都采用 Unicode，当字符串被写入文件的时候（例如用文件对象的 write()函数往文件里写入字符串），会将其转为文件打开时指定的编码后再写入；从文件里读取字符串到内存的时候（例如用文件对象的 readline()函数读取一行内容），读取的字符串是将文件里的字符串转换成 Unicode 以后的样子。

文本文件常见的编码有 GBK 和 UTF-8 两种。在 Windows 中用记事本新建一个文本文件，保存或另存为的时候，在对话框下方有一个"编码"下拉列表，其中有 UTF-8 和 ANSI 等编码可选。如果选 ANSI，就表明要存为 GBK 编码。以中文为主的文件，存为 GBK 编码比存为 UTF-8 编码节省空间。

用'r'或'r+'模式打开已有的文本文件时要指定文件的编码。如果不指定，就使用默认编码。如果文件的实际编码和打开文件时使用的编码不一致，就很可能会在打开或读取文件的过程中产生无法识别编码的 Unicode Decode Error 类型异常，或者读取的字符串是乱码。可以引入异常处理机制，如果发现编码异常，就换一个编码再读取。

用'w'、'a'、'w+'、'a+'模式打开文件时，也要指定编码。如果不指定，同样使用默认编码。默认编码到底是什么编码，很难说。所以打开文件时最好指定编码。

一般来说，Python 中的.py 文件必须存为 UTF-8 编码才能运行。如果存为 ANSI（GBK）编码，则应该在文件开头写如下语句：

```
#coding=gbk
```

有一些 UTF-8 文件，开头带 3 个字节的标记，俗称 BOM（Byte Order Mark，字节顺序标记），其十六进制形式为 EF BB BF，用来表明这是一个 UTF-8 文件。对于这种文件，用 readlines()或 readline()读入时，第一行会在行首多出一个输出时不会显示出来的字符，即 BOM。输出第一行的第一个字符，看有没有显示，就知道文件是否带 BOM。

9.3 读写文本文件

要读写文本文件，首先要用 open()函数打开文件，将 open()函数的返回值即文件对象赋值给一个变量，例如 f，以后就可以用 f 的成员函数对文件

读写文本文件

进行读写。下面的程序创建一个编码为 UTF-8 的文本文件并往里面写入字符串，这个文件是 C 盘的 tmp 文件夹下的 t.txt。

```
a = open("c:\\tmp\\t.txt","w",encoding="utf-8")
#注意，若文件存在，原文件会被覆盖
a.write("good\n")
a.write("好啊\n")
a.close()
```

需要注意的是，文件夹 C:\tmp 必须存在，才可能成功创建文件。open()函数不会新建文件夹。运行后 C:\tmp\t.txt 文件的内容如下。

```
good
好啊
```

如果要生成 GBK 编码的文件，则调用 open()函数时可以指定 encoding="gbk"。
下面的程序用于从刚才生成的文件中读取数据：

```
1.   f = open("c:\\tmp\\t.txt","r", encoding="utf-8")   #"r"表示读取
2.   lines = f.readlines()        #lines 是一个字符串列表，每个元素就是一行
3.   f.close()
4.   for x in lines:
```

```
5.      print(x,end="")
```

输出:

good
好啊

第 2 行: 读取全部文件内容到字符串列表 lines 中。lines 里的每个元素就是一行, 包括行末的换行符 "\n", 因此空行也会对应一个元素, 就是 "\n"。

如果文件特别大, 用 readlines() 把整个文件读入内存再处理, 可能会比较慢。下面两个程序可以逐行读入文件内容并逐行处理, 输出结果与前面的程序相同。

```
1.   f = open("c:\\tmp\\t.txt","r",encoding="utf-8")
2.   for x in f:   #x 就是一行, 包括结尾的 "\n"
3.       print(x,end="")
4.   f.close()
```

或

```
1.   f = open("c:\\tmp\\t.txt","r", encoding="utf-8")
2.   while True:
3.       data = f.readline()    #带结尾的换行符 "\n"。空行也有一个字符, 就是 "\n"
4.       if data == "":         #满足此条件就代表文件结束
5.           break
6.       print(data,end="")
7.   f.close()
```

第 3 行: readline() 读入的字符串是包含行末的 "\n" 的; 读入空行时, data 的值就是 "\n"。如果不想要换行符, 可以用 data=data.rstrip() 去掉换行符。

第 4 行: readline() 返回空串就代表文件已经读完。

以读的方式打开文件, 如果文件不存在或者指定的编码有误, 则会引发异常。可靠的程序应当在打开文件时进行异常处理, 以免程序中止。例如:

```
1.   try:
2.       f = open("c:\\tmp\\ts.txt","r", encoding="utf-8")
3.       #若文件不存在, 会产生异常, 跳到 except 后面执行
4.       lines = f.readlines()
5.       f.close()
6.       for x in lines:
7.           print(x,end="")
8.   except Exception as e:
9.       print(e)
```

第 9 行: 如果文件不存在, 则有可能输出如下内容。

```
[Errno 2] No such file or directory: 'c:\\tmp\\ts.txt'
```

可以在已有的文本文件后面添加内容, 写法如下:

```
f = open("c:\\tmp\\t.txt","a",encoding="utf-8")
#"a"表示打开文件添加内容。若文件不存在, 就创建文件
f.write("新增行\n")
f.write("ok\n")
f.close()
```

9.4 文件的相对路径和绝对路径

在用 open()函数打开文件的时候，文件名可以写绝对路径，也可以写相对路径。路径也叫目录。绝对路径即文件名包含磁盘的盘符，能够看出这个文件到底存放在哪里，如"C:/tmp/me/test.txt"，指明文件 test.txt 在 C 盘的 tmp 文件夹的 me 子文件夹下。相对路径则没有盘符，仅从文件名无法看出这个文件到底存放在哪里，还需要知道"当前文件夹"（也叫当前路径或当前目录）是什么才能准确定位该文件。程序运行时，会有一个当前文件夹，打开文件时，如果文件不是绝对路径形式，则都是相对于当前文件夹的。下面是一些文件的相对路径的写法。

```
"readme.txt"                #文件在当前文件夹里面
"tmp/readme.txt"            #文件在当前文件夹的 tmp 文件夹里面
"tmp/test/readme.txt"       #文件在当前文件夹的 tmp 文件夹的 test 文件夹里面
"../readme.txt"             #文件在当前文件夹的上一层文件夹里面
"../../readme.txt"          #文件在当前文件夹的上两层文件夹里面
"../tmp2/test/readme.txt"   #文件在当前文件夹的上一层文件夹的 tmp2 文件夹的 test 文件夹里面。
                            #tmp2 和当前文件夹是平级的，在同一个文件夹里面
"/tmp3/test/readme.txt"     #文件在当前盘符的根文件夹的 tmp3/test/里面
```

".."表示上一层文件夹。文件路径中的"/"也可以写成"\"。比如"C:/tmp/test.txt"、"C:\\tmp\\test.txt"和 r"C:\tmp\test.txt"三者是等价的。

一般情况下，程序运行时的当前文件夹就是程序的.py 文件所在的文件夹。在 PyCharm 中运行的程序就是如此。

程序可以获取当前文件夹，以及改变当前文件夹。例如：

```
1.  import os
2.  print(os.getcwd())                      #os.getcwd()用于获取程序的当前文件夹
3.  os.chdir('/Users/guo_w/Desktop/')       #os.chdir()用于改变程序的当前文件夹
4.  print(os.getcwd())
```

将上面的程序放在 C:\tmp5\test 文件夹下，在 PyCharm 中运行程序，可以得到以下输出：

```
c:\tmp5\test
c:\Users\guo_w\Desktop
```

在以命令行方式运行程序时，命令提示符窗口的当前文件夹就是程序的当前文件夹，不论程序存放在哪里。假设 C:\tmp\test 文件夹下有如下程序 t1.py：

```
import os
print(os.getcwd())
```

打开命令提示符窗口，进入 C:\music\violin 文件夹，以图 9.4.1 所示命令行方式运行 t1.py。

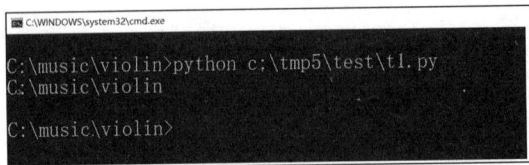

图 9.4.1　命令行方式

可以看到，输出结果是：

```
C:\music\violin
```

调用 open() 函数时，通过绝对路径能指明文件的位置，通过相对路径再结合当前路径也能说明文件的具体位置。如果以读的方式打开文件，而具体位置的那个文件并不存在，则会引发异常。

9.5 文件夹的操作

Python 自带的 os 库和 shutil 库中有函数可以用来操作文件和文件夹（目录），文件夹操作函数见表 9.5.1。

文件夹的操作

表 9.5.1　文件夹操作函数

函数	功能
os.chdir(x)	将程序的当前文件夹设置为 x
os.getcwd()	获取程序的当前文件夹
os.listdir(x)	返回一个列表，包含文件夹 x 中的所有文件和子文件夹的名字
os.mkdir(x)	创建文件夹 x
os.path.exists(x)	判断文件或文件夹 x 是否存在
os.path.getsize(x)	获取文件 x 的大小（单位：字节）
os.path.isfile(x)	判断 x 是不是文件
os.remove(x)	删除文件 x
os.rmdir(x)	删除文件夹 x。x 必须是空文件夹才能被删除
os.rename(x,y)	将文件或文件夹 x 改名为 y。不但可以改名，还可以起到移动文件或文件夹的作用。例如，os.rename("c:/tmp/a","c:/tmp2/b") 可以将文件夹或文件 C:/tmp/a 移动到 C:/tmp2/文件夹下，并改名为 b。前提是 tmp2 必须存在
shutil.copyfile(x,y)	复制文件 x 到文件 y。若 y 存在，则会被覆盖

要列出当前文件夹下所有的文件，可以用 os.listdir() 函数，其返回一个列表，列表中的元素是当前文件夹下所有文件和文件夹的名字。

假设 C:\tmp 文件夹下有文件 t.py、a.txt、b.txt 和文件夹 hello，程序 t.py 如下：

```python
import os
for x in os.listdir():
    if os.path.isfile(x): #判断 x 是不是文件
        print("file:", x, end= ", " )
    else:
        print("folder:", x, end = ", " )
```

输出结果为：

```
folder: hello, file: a.txt, file: b.txt, file: t.py
```

可见 os.listdir() 列出来的文件或文件夹名字是不带路径的。

使用 os.rmdir() 删除文件夹时要求文件夹为空。如果要删除一个不为空的文件夹，就要自定义下面的递归函数：

文件读写 / 第 9 章

```
#prg0730.py
1.    import os
2.    def powerRmDir(path):                              #删除文件夹 path
3.        lst = os.listdir(path)
4.        for x in lst:
5.            actualFileName = path + "/" + x
6.            if os.path.isfile(actualFileName):    #判断 actualFileName 是不是文件
7.                os.remove(actualFileName)
8.            else:
9.                powerRmDir(actualFileName)        #actualFileName 是文件夹
10.       os.rmdir(path)
11.
12. powerRmDir(r"c:\tmp\tmpphoto")
```

调用 powerRmDir() 函数时给的参数可以是绝对路径，也可以是相对路径。**读者若想在自己的计算机上测试一下这个函数，一定要小心，删除的文件夹是不能从回收站恢复的。**

文件夹 path 必须为空才可以用 os.rmdir(path) 删除，因此先要将 path 里面的所有文件和子文件夹删除。第 4~9 行遍历 path 中的所有文件和文件夹，并逐个删除。

第 5 行：x 是一个文件夹或者文件的名字，是不带路径的，因此要对文件或文件夹 x 进行处理，需要在其名字前面加上路径 path。否则会一直在当前文件夹下找 x，而在这个程序中，当前文件夹一直不变，那么只要 x 不在当前文件夹下，就会找不到 x。

类似地，可以编写如下函数获取指定文件夹下所有文件的总大小：

```
#prg0740.py
1.    def getTotalSize(path):
2.        total = 0
3.        lst = os.listdir(path)
4.        for x in lst:
5.            actualFileName = path + "/" + x
6.            if os.path.isfile(actualFileName):
7.                total += os.path.getsize(actualFileName)
8.            else:
9.                total += getTotalSize(actualFileName)
10.       return total
```

在需要编程对文件夹进行操作的时候，可以模仿上面两个函数的写法。

9.6 文本文件处理综合实例

给定若干篇英文文章、一个大学英语四级词汇表，以及一个单词原型和变化形式的对照表，要求统计大学英语四级词汇表中哪些单词在这些文章中出现过，以及出现的总次数。统计结果保存在一个文件里，按单词出现总次数降序排列。对于一个单词的变化形式，统计时要将其看作原型。例如，"did" 和 "done" 都当作 "do" 统计。另外，所有单词都转成小写形式统计。

每篇英文文章都是一个文本文件，扩展名是 ".txt"，格式如下：

```
When many couples decide to expand their family, they often take into consideration
the different genetic traits that they may pass on to their children. For example, if
someone has a history of heart problems, they might be concerned about passing that
on to their children as well.
```

```
They asked:"What are you doing here?" I didn't answer.
......
```

大学英语四级词汇表保存在文本文件 cet4words.txt 中，格式是每行一个单词：

```
a
about
above
......
```

单词原型和变化形式的对照表保存在文本文件 word_varys.txt 中，格式如下：

```
act
    acted|acting|acts
action
    actions
active
    actively|activeness
......
```

每两行对应一个单词，第一行是单词原型，第二行是单词的变化形式，用"|"隔开。

程序运行时，用户输入用来存放统计结果的目标文件名，程序可对当前文件夹下的所有 .txt 文件（cet4words.txt 和 word_varys.txt 除外）进行统计，并将统计结果写入目标文件。

存放统计结果的文件的格式如下：

```
the 60
a   48
be  40
and 20
......
```

每行一个单词，单词和单词出现总次数之间用制表符分隔。

这是一个很真实的数据处理案例，是作者开发英语软件过程中用到的。这个案例涉及字符串处理、函数、字典、集合、排序等，基本上把前面所学的内容都用到了。处理过程如下。

（1）构造一个字典 resultDict，用于存放统计结果。元素的键是单词，值是单词出现总次数。resultDict 开始是一个空字典。

（2）读入 word_varys.txt，将单词的原型和变化形式的关系存入一个字典 varyWordsDict，以便遇到文章中的单词时，可以查到它的原型。在字典 varyWordsDict 的每个元素中，键是单词的变化形式，值是单词的原型，如 {"done":"do", "did":"do", "does":"do", "are":"be", "is":"be", ... }。

（3）读入 cet4words.txt，将其中的单词放入集合 cet4Set 中。

（4）对当前文件夹下的每个文本文件，将其所有内容读入一个字符串 txt。将 txt 从头到尾看一遍，发现一个单词，就到字典 varyWordsDict 中查找原型。如果查不到，就认为该单词本身就是原型。该单词的原型如果不在集合 cet4Set 中，则忽略；如果在集合 cet4Set 中，则用字典 resultDict 记录其出现次数。

（5）统计完所有文件后，将字典 resultDict 中的元素全部取出放入列表，将该列表排序并输出。

对单个文件的处理过程要写成一个函数以便多次使用。

整个单词处理程序如下：

```
#prg0750.py
1.    import os
2.    resultDict = {} #用于存放统计结果的字典
3.    def makeVaryWordsDict():
4.        vary_words = {}
5.        #元素为"单词的变化形式:单词的原型"，如 {"acts":"act","acting":"act",...}
6.        f = open( "word_varys.txt","r",encoding="utf-8")
7.        lines = f.readlines()
8.        f.close()
9.        L = len(lines)
10.       for i in range(0,L,2):  #每两行是一个单词的原型及单词的变化形式
11.           word = lines[i].strip()       #单词的原型
12.           varys = lines[i+1].strip().split("|")   #单词的变化形式
13.           for w in varys:
14.               vary_words[w] = word   #加入元素，w 的原型是 word
15.       return vary_words
16.
17.   def makeCet4Set():
18.       cet4words = set([])
19.       f = open( "cet4words.txt","r",encoding="utf-8")
20.       lines = f.readlines()
21.       f.close()
22.       for line in lines:
23.           cet4words.add(line.strip())   #将大学英语四级单词加入集合
24.       return cet4words
25.   def countFile(filename,varyWordDict,cet4Set):
26.       try:
27.           f = open(filename,"r",encoding="utf-8")
28.       except Exception as e:
29.           print(e)
30.           return None
31.       txt = f.read() #将文章全部内容读入字符串 txt
32.       f.close()
33.       start = -1  #单词的起点下标，-1 表示还未发现下一个单词的起点
34.       for i in range(len(txt)): #从 txt 中分割单词
35.           c = txt[i]
36.           if not ( c >= 'a' and c <= 'z' or c >= 'A' and c <= 'Z'):
37.               if start != -1:  #单词起点已经出现过
38.                   wd = txt[start:i].lower()
39.                   start = -1    #刚找到一个完整单词，下一个单词的起点还未出现
40.                   resultDict[wd] = resultDict.get(wd,0)+1
41.               else:
42.                   if start == -1:
43.                       start = i #i 就是新看到的单词的起始位置
44.       if start != -1: #处理文件结尾是一个单词，且其后没有非字母字符的情况
45.           wd = txt[start:-1].lower()
```

```
46.          resultDict[wd] = resultDict.get(wd,0)+1
47.      return 1
48. def main():
49.      resultFile = input("请输入存放统计结果的文件名: ")
50.      varyWordsDict = makeVaryWordsDict()
51.      cet4Set = makeCet4Set()
52.      lst = os.listdir()    #列出当前文件夹下所有文件和文件夹的名字
53.      for x in lst: #lst是字符串列表，x是字符串，表示一个文件或文件夹的名字
54.          if os.path.isfile(x):   #如果x是文件而不是文件夹
55.              x = x.lower()
56.              if x.endswith(".txt") and \
57.                      not x in ["cet4words.txt","word_varys.txt"]:
58.                  countFile(x,varyWordsDict,cet4Set)
59.      lst = list(resultDict.items())
60.      lst.sort(key = lambda x : x[1],reverse=True)   #单词按频率从高到低排列
61.      f = open(resultFile, "w",encoding="utf-8")
62.      for x in lst:
63.          f.write("%s\t%d\n" % (x[0], x[1]))
64.      f.close()
65. main()
```

这个程序能够运行的前提是程序的 .py 文件必须和待统计的所有 .txt 文件以及 cet4words.txt 和 word_varys.txt 都存放在同一个文件夹下，且程序启动时当前文件夹就是 .py 文件所在的文件夹。

9.7 数据交换文件格式 CSV

有时，希望用 Python 生成的文件可以被除记事本以外的其他软件读取，这就要求文件遵循一定的格式。

如果希望生成的文件可以被 Excel 打开为电子表格，那么数据可以为多行，每行各项数据之间用制表符分隔。即便某项数据没有，也要留出分隔的制表符。例如：

```
#prg0760.py
1.  f = open("c:/tmp/tmp.txt","w",encoding="utf-8")
2.  f.write("城市\tGDP(亿元)\t人口(万)\n")
3.  f.write("冰 城\t1234.5\t230\n")
4.  f.write("长安\t2234\t130\n")
5.  f.write("于阗\t134\t30\n")
6.  f.write("西凉\t\t30\n")
7.  f.close()
```

前面程序生成的文件，不论是用 Excel 直接打开，还是复制其内容并粘贴到 Excel 中，都可以得到图 9.7.1 所示的效果。

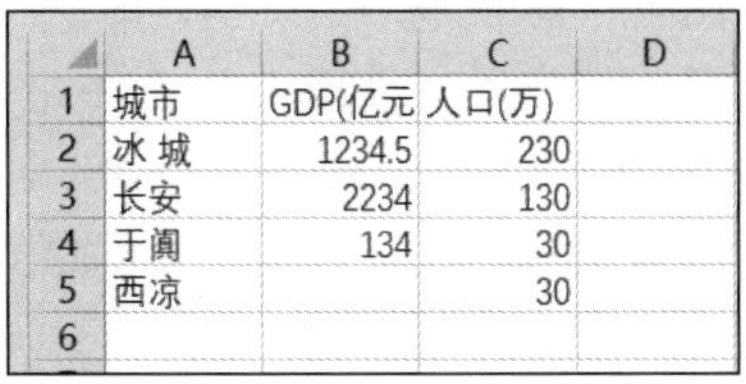

注意，表格最后一行的 GDP 数值缺失。程序第 6 行应连写两个 "\t"，确保 30 这个数位于第 3 列。

有一种比较通用的文件，叫 CSV 文件，其扩展名是

	A	B	C	D
1	城市	GDP(亿元	人口(万)	
2	冰城	1234.5	230	
3	长安	2234	130	
4	于阗	134	30	
5	西凉		30	
6				

图 9.7.1 程序执行效果

".csv"，文件格式是每行用"，"（英文的逗号）分隔各项数据。如果数据本身就有"，"，则用""""引起数据。例如：

```
#prg0770.py
1.  f = open("c:/tmp/tmp.csv","w",encoding="gbk")
2.  f.write("城市,GDP(亿元),人口(万)\n")
3.  f.write("冰 城,1234.5,230\n")
4.  f.write("长安,2234,130\n")
5.  f.write("于阗,134,30\n")
6.  f.write('"西,凉",,30\n')    #城市名是"西,凉"
7.  f.close()
```

上面程序生成的 tmp.csv 文件，可以用 Excel 直接打开，其效果和图 9.7.1 所示的一样，除了最后一行城市名变为"西,凉"。注意，如果 CSV 文件中有中文，为避免 Excel 显示为乱码，文件编码必须是 GBK 或 GB2312，因为 Excel 打开 CSV 文件时，默认其编码是国标码而不是 UTF-8。如果一定要存成 UTF-8 编码且希望 Excel 正确显示，那么要将上面程序的第 1 行用以下几行替代：

```
f = open("c:/tmp/tmp.csv","wb")          #以二进制写方式打开文件
f.write(b"\xEF\xBB\xBF")                  #写入 UTF-8 文件的 BOM
f.close()
f = open("c:/tmp/tmp.csv","a",encoding="utf-8")  #以添加方式打开文件
```

这样生成的 CSV 文件，开头会带 BOM，用 Excel 打开时就知道那是使用 UTF-8 编码的。

用 Python 程序读取并处理 CSV 文件，只要读取每一行到字符串 x，然后使用 x.split("，")就可以分割出一行的各项数据。但是要注意每行的最后一项会包含换行符"\n"。

9.8 多维数据交换字符串格式 JSON

本节的内容可以等真正用到了再仔细看。

数据有"维度"的概念，这个概念并没有严格的定义。一维列表表示一维数据，二维列表表示二维数据。一个字典，其元素的键为学号，值为绩点，这就是一维数据；如果值为各学科成绩的列表，该字典就是二维数据；如果各学科成绩又需要用多次考试的得分来记录，该字典就是三维数据。总之，int、float、str 等基本数据类型的数据被看作零维数据，以 N 维数据作为元素的数据集就是 $N+1$ 维数据。

生活中有许多数据是多维的结构。用字符串表示并传输多维数据，是现实的需求。一种称为 JSON 的字符串格式，可以很方便地表示多维数据。JSON 格式的字符串（简称 JSON 字符串）有两种形式，和 Python 中的字典及列表被 print() 函数输出的形式几乎相同。Python 内置了 json 库，可以将字典、列表或元组转换成 JSON 字符串或输出到文件，也可以将 JSON 字符串或者文件载入 Python 的字典或列表中。json 库常用函数有如下两个。

（1）json.loads(x)：将 JSON 字符串 x 转换成一个对象返回，转换成的对象可能是字典，也可能是列表，取决于 x 的格式。

（2）json.dumps(x)：将对象 x 转换成 JSON 字符串，x 可以是列表、字典、元组。

并不是所有的字典、列表和元组都可以用 json.dumps() 转换成 JSON 字符串。比如字典

的键不能是元组，字典的值、列表以及元组的元素都不能是集合等。转换不成功就会导致 RE。

下面的程序演示了 json 库的用法：

```
#prg0780.py
1.   import json
2.   dt = {1:(10,20),2:200,'ok':[1,2,None],3.5:'jack'}
3.   jsonStr = json.dumps(dt)          #jsonStr 是一个字符串
4.   print(jsonStr)
5.   #>>{"3.5": "jack", "1": [10, 20], "2": 200, "ok": [1, 2, null]}
6.   print(json.loads(jsonStr))        #将 jsonStr 转换成字典
7.   #>>{'ok': [1, 2, None], '1': [10, 20], '2': 200, '3.5': 'jack'}
8.   obj = json.loads('[1,2,"3",4]')   #将 JSON 字符串转换成列表
9.   print(type(obj), obj)             #>><class 'list'> [1, 2, '3', 4]
10.  jsonStr = """{
11.      "animals": {
12.          "dogs": [
13.              { "name": "Jack", "age":2 },
14.              { "name": "Mary", "age": 10}
15.          ],
16.          "cats": [
17.              { "name": "Bili", "price": 21 }
18.          ]
19.      },
20.      "trees": ["apple tree","pear tree"]
21.  }"""
22.  obj = json.loads(jsonStr)
23.  print(type(obj))   #>><class 'dict'>
24.  print(obj)
25.  #>>{'animals': {'dogs': [{'name': 'Jack', 'age': 2}, {'name': 'Mary',
     'age': 10}], 'cats': [{'name': 'Bili', 'price': 21}]}, 'trees': ['apple tree',
     'pear tree']}
26.  print(json.dumps(dt,indent = 4))    #生成带缩进的 JSON 字符串
```

从第 5 行的输出结果可以看到，json.dumps() 的返回值 jsonStr 是一个字符串。print(dt) 输出：{1: (10, 20), 2: 200, 3.5: 'jack', 'ok': [1, 2, None]}。而 print(jsonStr) 输出：{"3.5": "jack", "1": [10, 20], "2": 200, "ok": [1, 2, null]}。

jsonStr 和 print(dt) 输出结果的差别如下。

（1）jsonStr 中字典的键都变成了字符串。因为在 JSON 格式中，字典的键必须是字符串。

（2）jsonStr 中元组都变成了列表的形式，None 变成了 null，且字符串都是用双引号引起来的。

第 6 行：json.loads() 由 jsonStr 转换出一个字典，该字典和原来的 dt 有所不同。其中，字典的键都变成了字符串，元组都变成了列表的形式。

第 10～21 行：这个 jsonStr 的格式是常见的 JSON 文件或从网络收到的 JSON 字符串的格式，多行且带缩进，层次清晰、易懂。

第 26 行：想要生成多行带缩进的 JSON 字符串，调用 dumps() 函数时加 indent 参数，表明要缩进的空格数即可。请读者自行运行程序查看本行输出结果。

9.9 习题

1. 下面的程序用于复制文件（任何类型的文件都可以复制）。请填空。

```
srcFile = input("请输入要复制的源文件名: ")
destFile = input("请输入要复制的目标文件名: ")
srcFile = open(srcFile, _____)
destFile = open(destFile, _____)
destFile.write(_____)
srcFile.close()
destFile.close()
```

2. 有一个文本文件包含所有学生的学号和姓名，还有一个文本文件包含学生某次 OpenJudge 平台作业的提交排名记录。排名记录中包含学生的昵称和通过的题目数。昵称可能包含姓名，可能包含学号，也可能都包含。给定一个算分规则，请根据这两个文件生成一个学生分数的文件。本题详情及用到的两个文本文件见配书资源包。

3. 编写一个能在指定文件夹的指定扩展名（如.txt、.csv 等）的文本文件中寻找指定字符串的程序 findtext.py。程序输入指定的文件夹、要找的字符串和要搜索的文件的扩展名，程序在该文件夹下所有符合扩展名要求的文件中寻找字符串，还要递归查找所有子文件夹、子文件夹下的文件，如果找到哪个文件包含要找的字符串，则输出该文件带路径的文件名。

第10章 正则表达式

正则表达式是一个符合某种语法规则的字符串，它能够用来描述一种字符串的模式（也可以理解为格式）。普通字符串是一个正则表达式，如"a 好 c"，它描述的模式是"值为'a 好 c'的字符串"。"a.c"也是一个正则表达式，其中的"."表示"此处需要有一个字符，任意字符均可"，因此"a.c"描述的模式就是"以 a 开头、c 结尾且任意长度为 3 的字符串"。符合该模式的字符串，称为能"匹配"该正则表达式，例如 "abc"、"adc"、"a(c"等都能匹配正则表达式"a.c"。

正则表达式的概念

正则表达式能描述的模式比"a.c"这样的要复杂得多。比如，正则表达式可以用来描述手机号的格式、电子邮箱的格式、网址的格式、身份证号的格式等。下面是一些正则表达式的应用场景。

（1）验证数据的合法性。比如程序要求用户输入电子邮箱或手机号时，可以用正则表达式判断用户的输入是否符合电子邮箱或手机号的格式。

（2）从文本中提取符合一定格式的字符串。比如 Word 支持按正则表达式查找，通过指定合适的正则表达式，就可以做到在 Word 文档里查找数值、手机号、电子邮箱等。通过编写 Python 程序也可以从文本文件里提取符合一定格式的字符串。

（3）批量文本替换。即将符合某种格式的文本替换成想要的格式。比如 Word 有正则表达式替换功能，可以实现类似"在文档中的所有整数前后都加圆括号"等功能。当然，也可以编写 Python 程序对文本文件做类似的处理。

（4）文本分析。比如本章最后的例子：找出《三国演义》中所有孔明提到曹操的内容。

正则表达式不是 Python 独有的。许多程序设计语言都支持正则表达式，而且规则基本相同。

本章只介绍正则表达式的部分内容。

10.1 功能字符和字符组合

在正则表达式中，一些字符不是代表该字符本身，而是有特殊的含义。比如，"."在正则表达式中并不是代表字符"."，而是表示"任意一个字符"。同样，"+"在正则表达式中也有特殊含义，它表示"左边的那个字符需出现一次或多次"。例如，正则表达式"cba+k"中"+"的左边是"a"，因此，它描述的模式就是"以 cb 开头、k 结尾，两者中间还有一个或多个 a 的字符串"。那么，"cbak"、"cbaak"、"cbaaaaaak"都能匹配该正则表达式，而"cbamk"

则不行，因为没说"m"能出现。还有其他一些字符和字符组合，在正则表达式中也有特殊的含义。

Python 中有函数用于判断一个字符串的全部或者一部分是否能够匹配某个正则表达式。正则表达式的主要用途是从文本中抽取符合某种模式的字符串。例如：

```python
import re
print(re.findall("bla.k","This is a black goat.")[0])
```

程序输出：

```
black
```

上面程序中，re.findall()使用正则表达式"bla.k"找出字符串"This is a black goat."中以 bla 开头、k 结尾且长度为 5 的字符串。

re 是 Python 自带的正则表达式库，使用正则表达式必须执行 import re。

在正则表达式中有特殊含义的部分功能字符和字符组合见表 10.1.1。

表 10.1.1　在正则表达式中有特殊含义的部分功能字符和字符组合

功能字符/ 字符组合	匹配的模式	正则表达式	匹配的字符串
.	匹配除\n 外的任意一个字符，包括汉字（多行匹配方式下也能匹配\n ）	"a.b"	"acb" "adb" "a(b" ……
*	量词。表示左边的字符可出现 0 次或任意多次	"a*b"	"b" "ab" "aaaab" ……
?	量词。表示左边的字符必须出现 0 次或 1 次	"ka?b"	"kb" "kab"
+	量词。表示左边的字符必须出现 1 次或多次	"ka+b"	"kab" "kaaab" ……
{m}	量词。m 是整数。表示左边的字符必须且只能出现 m 次	"ka{3}d"	"kaaad"
{m,n}	量词。m、n 是整数。表示左边的字符必须出现至少 m 次，最多 n 次。n 也可以不写，表示出现次数没有上限	"ka{1,3}b"	"kab" "kaab" "kaaab"
\d	匹配一个数字字符，等价于[0-9]	"a\db"	"a2b" "a3b" ……
\D	匹配一个非数字字符，等价于[^\d]、[^0-9]	"a\Db"	"acb" ……
\s	匹配一个空白字符，如空格、\t、\r、\n 等	"a\sb"	"a b" "a\nb" ……
\S	匹配一个非空白字符	"a\Sb"	"akb" ……
\w	匹配一个单词字符，包括汉字、大小写英文字母、数字、下画线，或其他语言的文字	"a\wb"	"a_b" "a 中 b" ……

功能字符/ 字符组合	匹配的模式	正则表达式	匹配的字符串
\W	匹配一个不是单词字符的字符	"a\Wb"	"a?b" ……
m	分组引用符号。*m*是正整数，表示*m*号分组在本次匹配中匹配的子串，如\1、\2		
|	A|B 表示能匹配 A 或能匹配 B 均算能匹配	"ab|c"	"ab" "c"

表 10.1.1 中，*、?、+、{*m*}、{*m,n*}用来表示出现次数，所以叫量词。"匹配的字符串"一列，如果有"……"，则表示还有能匹配的字符串没有列出；如果没有，则表示所有能匹配的字符串都列出了。后面的表格也一样。

正则表达式中常见的功能字符有以下几个：

*** $. [ ] ( ) ? ^ { } **

要在正则表达式中表示这几个字符本身，就需要在其前面加 "\\"，见表 10.1.2。

表 10.1.2　正则表达式功能字符处理

正则表达式	匹配的字符串
"a\\$b"	"a$b"
"a*b"	"a*b"
"a\\[\\]b"	"a[]b"
"a\\.*b"	"ab" "a.b" "a..b" ……
"a\\\\\\\\b"	"a\\\\b"（注意：此字符串长度为 3，中间那个字符是\\）
r"a\\b"	r"a\\b"（r'a\b'等价于'a\\b'）

"a\\.*b"描述的模式就是"以"a"开头、"b"结尾，中间有 0 个或任意多个 "." 的字符串"。因为 "\\." 在正则表达式中代表普通字符 "."。

要在正则表达式中表示普通字符 "\\"，是比较麻烦的，要连写 4 次，或者连写两次，前面加 r，如表 10.1.2 最后两行所示。因为正则表达式的语法规定，作为正则表达式的字符串，其值中必须有两个连续的 "\\" 才能表示一个普通字符 "\\"。"值"和"写法"是不同的，比如写法为 "a\\\\k" 的字符串，其值中的字符 "\\" 只有一个。按照 Python 字符串的写法，一个 "\\" 在字符串中需要连写两次，因此在正则表达式中表示普通字符 "\\" 要连写 4 次。

在 Python 字符串的写法中，以下字符都不会和前面的 "\\" 一起构成转义字符：

s S w W d D . + ? * $ [ ] ( ) ^ { }

即 "\s""\S""\w" 等都是两个字符，而不是像 "\n""\t" 那样的一个字符。Python 字符串的写法 "\\\s" 和写法 "\s" 的值是一样的，都是一个 "\\" 后面接一个 "s"，都是两个字符。例如：

```
print("\\s\s\S\w\W\d\D\.\+\?\*\$\[\]\(\)\^\{\}")
```

输出结果是：

```
\s\s\S\w\W\d\D\.\+\?\*\$\[\]\(\)\^\{\}
```

所以，在正则表达式里面，"\s"中的"\"就不用连写两次。当然，连写两次也可以。**不过最好使用"r"开头的字符串表示正则表达式，否则在较高版本的 Python 中运行时容易出现警告信息。**使用各种正则表达式相关函数处理正则表达式时，函数看到的是其值，而不是其写法。

要表示"此处必须出现一个某范围内的字符"，或者"此处必须出现一个字符，但不可以是某范围内的字符"，可以在正则表达式中使用"[XXX]"，见表 10.1.3。

如表 10.1.3 最后两行所示，"^"出现在"[]"中第一个字符的位置，表示"此处不能出现后面的字符"。想要在"[]"中表示普通字符"^"，则需要在前面加"\"。如[^\^]表示"此处有一个字符，但不能是'^'"。

表 10.1.3　正则表达式范围表示

字符组合	匹配的模式	正则表达式	匹配的字符串
[a2c]	匹配一个 a、2、c 之一的字符	"s[a2c]k"	"sak" "s2k" "sck"
[a-zA-Z]	匹配任意一个英文字母	"b[a-zA-Z]k"	"bak" "bUk" ……
[\da-z\?]	匹配一个数字、一个小写英文字母或'?'	"b[\da-z\?]k"	"b0k" "bck" "b?k"
[^abc]	匹配一个非 a、b、c 之一的字符	"b[^abc]k"	所有能匹配'b.k'的字符串，除了： "bak" "bbk" "bck"
[^a-f0-3]	匹配一个非英文字母 a~f 且非数字 0~3 的字符	"b[^a-f0-3]k"	"bnk" "b4k" ……

汉字的 Unicode 范围是 4e00~9fa5（十六进制）。例如：

```
print('\u4e00\u4e03')        #>>一丁
```

所以，[\u4e00-\u9fa5]匹配任意一个汉字。

在正则表达式中，*、?、+、{*m*}和{*m,n*}这些量词还可以用在.、[XXX]、\d 等的后面，见表 10.1.4。

表 10.1.4　正则表达式量词

正则表达式	匹配的模式
".+"	匹配任意长度不为 0 且不含"\n"的字符串。"+"表示左边的"."代表的任意字符出现 1 次或多次，不要求出现的字符都必须一样
".*"	匹配任意不含"\n"的字符串，包括空串
"[\dac]+"	匹配长度不为 0 且由数字或"a""c"构成的字符串，如"451a"、"a21c78ca"
"\w{5}"	匹配长度为 5 且由单词字符构成的字符串，如"高大 abc"、"33 我 a1"、"ab_cd"

表 10.1.5 列出了更多量词用法。

表 10.1.5 更多量词用法

正则表达式	匹配的模式
"[1-9]\d*"	以 1～9 开头，接下来跟着 0 个或任意多个数字，即匹配正整数
"-[1-9]\d*"	匹配负整数
"-?[1-9]\d*|0"	"-?"表示"-"可以出现也可以不出现，"|"是"或"的意思，"|0"表明单个 0 也能匹配，故匹配所有整数
"[1-9]\d*|0"	匹配非负整数

re 库中有一些函数用于正则表达式的匹配，如 re.match()、re.search()、re.findall()等。例如：

```
re.match(pattern,string, flags = 0)
```

此函数用于查看字符串 string 的起始位置是否有能匹配正则表达式 pattern 的子串。re.match()允许匹配的子串后面有多余的字符。flags 是匹配选项，可以不写。如果匹配成功，则返回一个"匹配对象"；如果匹配失败，则返回 None。

有几个常用的 re 库的函数，都以"匹配对象"作为返回值。匹配对象中包含匹配的子串的各种信息，并提供各种函数来获取这些信息。例如，span()函数能返回一个元组(m,n)，指明子串的起始位置是下标 m，终止位置是下标 n(下标 n 的那个字符不在子串内)；group()函数能返回匹配的子串。示例程序如下：

```
#prg0790.py
1.    import re
2.    def match(pattern,string):
3.        x = re.match(pattern,string)
4.        if x != None:
5.            print(x.group())         #输出匹配的子串
6.        else:
7.            print("None")
8.    match("a c","a cdkgh")          #>>a c
9.    match("abc","kabc")             #>>None  虽然有 abc，但不是在起始位置
10.   match("a\tb*c","a\tbbcde")       #>>a    bbc        b 出现 0 次或任意多次，然后跟 c
11.   match("ab*c","ac")              #>>ac
12.   match(r"a\d+c","ac")            #>>None
13.   match(r"a\d{2}c","a34c")        #>>a34c
14.   match(r"a\d{2,}c","a3474884c")  #>>a3474884c
15.   match(".{2}bc","cbcd")          #>>None          bc 前面要有 2 个字符
16.   match(".{2}bc","bcbcdbc")       #>>bcbc
17.   match("ab.*","ab")             #>>ab             b 后面可以没有字符或有任意字符
18.   match("ab.*","abcd")           #>>abcd
19.   match(r"\d?b.*","1bcd")         #>>1bcd
20.   match(r"\d?b.*","bbcd")         #>>bbcd
21.   match("a?bc.*","abbbcd")        #>>None           b 太多了
22.   match("a.b.*","abcd")          #>>None           a 和 b 之间必须要有一个字符
23.   match("a.b.*","aeb")           #>>aeb
24.   match("a.?b.*","aebcdf")        #>>aebcdf
25.   #a 和 b 之间没有字符或有任意一个字符均可
26.   match("a.+b.*","aegsfb")        #>>aegsfb
27.   match("a.+b.*","abc")          #>>None           a 和 b 之间至少要有一个字符
28.   match("a高.+k","a高大kcd")      #>>a高大k
```

10.2 查找匹配的子串

在 re 库中，除了 re.match()函数，还有 3 个函数可以用于在字符串中查找匹配正则表达式的子串，它们是 re.search()、re.findall()和 re.finditer()。下面逐个讲解。

1．re.search(pattern, string, flags=0)

该函数用于查找字符串 string 中第一个匹配正则表达式 pattern 的子串。若匹配成功，该函数会返回一个"匹配对象"；若匹配失败，该函数会返回 None。例如：

```
#prg0800.py
1.  import re

2.  def search(pattern,string):
3.      x = re.search(pattern,string)        #x 是匹配对象
4.      if x != None:
5.          print(x.group(),x.span())        #输出子串及起止位置
6.      else:
7.          print("None")
8.  search("a.+bc*","dbaegsfbcef")           #>>aegsfbc (2, 9)
9.  search("a.+bc*","bcdbaegsfbccc")         #>>aegsfbccc (4, 13)
10. search("a.?高兴*d","dab 高兴 dc")        #>>ab 高兴 d (1, 6)
11. search("aa","baaaa")                     #>>aa (1, 3)
12. search(r"\([1-9]+\)","ab123(0456)(789)45ab")  #>>(789) (11, 16)
13. search(r"[1-9]\d+","ab01203d45")         #>>1203 (3, 7)
14. search("[\u4e00-\u9fa5]+","hello 小明 123")   #>>小明 (5, 7)
```

第 12 行："\([1-9]+\)"表示"()"及其中由 1～9 构成的字符串。"("和")"在正则表达式中有特殊含义，所以以要表示这两个字符本身时，要在前面加"\"。

第 13 行："[1-9]\d+"表示以 1～9 开头，后面有 0 个或任意多个数字的字符串，即正整数。

2．re.findall(pattern, string, flags=0)

该函数用于查找字符串 string 中所有和正则表达式 pattern 匹配的子串并放入列表。这些子串不可重叠。找不到子串就返回空列表。例如：

```
#prg0810.py
1.  import re
2.  print(re.findall(r'\d+',"this is 334 what me 774gw")) #>>['334','774']
3.  print(re.findall('[a-zA-Z]+',"A dog has 4 legs.这是 true"))
4.  #>>['A', 'dog', 'has', 'legs', 'true']
5.  print(re.findall(r'\d+',"this is good."))   #>>[]
6.  print(re.findall("aaa","baaaa"))            #>>['aaa']
```

第 6 行：只能找到一个'aaa'而不是两个，因为匹配的子串之间不能重叠。

3．re.finditer(pattern, string, flags=0)

该函数用于查找字符串 string 中所有和正则表达式 pattern 匹配的子串（不重叠）。该函

数的返回值是一个"可调用迭代器"。"可调用迭代器"这个概念太复杂，此处不妨近似地理解为一个序列。该序列由匹配对象构成，每个匹配对象对应一个匹配的子串，且可以用for循环遍历该序列。然而，不可以用len()函数判断该序列的长度，因为其并非真正的序列。假设该函数的返回值为r，则可以用list(r)!=[]是否成立判断r中是否包含匹配对象。例如：

```
#prg0820.py
1.  import re
2.  s = '233[32]88ab<433>(21)'
3.  m = r'\[\d+\]|<\d+>'            #|表示"或"
4.  for x in re.finditer(m,s):      #x是匹配对象
5.      print(x.group(),x.span())
6.  i = 0
7.  y = re.finditer(m,"aaaaa")
8.  print(list(y))
```

程序输出：

```
[32] (3, 7)
<433> (11, 16)
[]
```

第3行的正则表达式描述的模式是"[]及其中的数字或<>及其中的数字"。因此匹配的子串有两个，即"[32]"和"<433>"，分别对应re.finditer()返回值里的两个匹配对象。

10.3 分组

在正则表达式中，"()"及其中的子表达式叫作"分组"。因为"()"可以嵌套使用，所以分组也是可以嵌套的，即一个分组里可以包含另一个分组。但是分组不会交叉。一个正则表达式中的分组是有编号的。从左到右看，第一个左括号所属分组就是1号分组，第二个左括号所属分组就是2号分组，以此类推。需要注意的是，"（"和"）"只用来标记分组起止位置，它们不会匹配任何字符。

分组

分组是正则表达式中非常重要的概念。分组的作用是提取匹配正则表达式的子串中重点关心的部分。例如正则表达式"[a-z]+\d+[a-z]+"描述的模式是"两个小写英文字符串中间夹着一串数字"。"abc3234def"、"hello553world"都能匹配该正则表达式。如果我们只关心中间这串数字，不关心两边的小写英文字符串，那么自然希望能方便地将中间的数字提取出来，而不是取得匹配子串后还要自己写几行程序去提取这串数字。如果将正则表达式写为"[a-z]+(\d+)[a-z]+"，即将数字部分写为一个分组，很容易就能提取出数字。匹配对象的group(n)函数，就能提取匹配子串中的第n个分组（n从1开始）。例如：

```
#prg0860.py
1.  import re
2.  x = re.search(r'[a-z]+(\d+)[a-z]+',"ab 123d hello553world47")
3.  print(x.group(1))           #>>553
4.  m = "(((ab*)c)d)e"
5.  r = re.match(m,"abcdefg")
6.  print(r.group(0))           #>>abcde
7.  print(r.group(1))           #>>abcd
```

```
8.   print(r.group(2))          #>>abc
9.   print(r.group(3))          #>>ab
10.  print(r.groups())          #>>('abcd', 'abc', 'ab')
```

第 2 行：匹配的子串是 "hello553world"，正则表达式里面只有 1 个分组，就是 1 号分组。因此 group(1) 就是 1 号分组的内容 "553"。"（"和"）"是表示分组起止位置的特殊字符，不会匹配任何字符。想要表示 "()中的字符串"，就应该写 "\(\d+\)"。

第 4 行：1 号分组是第一个左括号到最后一个右括号；2 号分组是第二个左括号到 "c" 后面那个右括号；3 号分组是第三个左括号到 "*" 后面那个右括号。

第 6 行：匹配对象的 group(0) 等价于 group()，返回整个正则表达式匹配的子串。

第 7~9 行：依次输出 1 号分组、2 号分组、3 号分组匹配的子串。在正则表达式中，1 号分组的内容是 "ab*cd"，因此它匹配子串 "abcd"；2 号分组的内容是 "ab*c"，因此它匹配子串 "abc"；3 号分组的内容是 "ab*"，因此它匹配子串 "ab"。

第 10 行：匹配对象的 groups() 函数的返回值是一个元组，元素依次是各个分组匹配的子串。

请看下面的程序来进一步加深对分组的理解：

```
#prg0870.py
1.   import re
2.   m = "(ab*)(c(d))e"
3.   r = re.match(m,"abcdefg")
4.   print(r.groups())          #>>('ab', 'cd', 'd')
5.   print(r.group(0))          #>>abcde
6.   print(r.group(1))          #>>ab
7.   print(r.group(2))          #>>cd
8.   print(r.group(3))          #>>d
```

在正则表达式中没有分组时，re.findall() 返回的是所有匹配子串构成的列表；有且只有一个分组时，re.findall() 返回的是一个子串的列表，每个元素是一个匹配子串中分组对应的内容。例如：

```
#prg0910.py
1.   import re
2.   m = r'[a-z]+(\d+)[a-z]+'
3.   x = re.findall(m,"13 bc12de ab11 cd320ef")
4.   print(x)        #>>['12', '320']    匹配的两个子串是 "bc12de" 和 "cd320ef"，取其分组
```

在正则表达式中有超过一个分组时，re.findall() 返回的是一个元组的列表，每个元组对应一个匹配的子串。元组里的元素，依次是 1 号分组、2 号分组、3 号分组等匹配的内容，即相当于子串对应的匹配对象的 groups() 函数的返回值。例如：

```
#prg0920.py
1.   import re
2.   m = r'(\w+) (\w+)'
3.   r = re.match(m,"hello world")
4.   print(r.group())           #>>hello world
5.   print(r.groups())          #>>('hello', 'world')
6.   print(r.group(1))          #>>hello
7.   print(r.group(2))          #>>world
8.   r = re.findall(m,"hello world, this is very good bro.")
```

```
9.    #找出由所有能匹配的子串对应的groups()函数的返回值构成的元组
10.   print(r)
11.   #>>[('hello', 'world'), ('this', 'is'), ('very', 'good')]
```

第 8 行：一共有 3 个子串可以匹配，分别是"hello world""this is""very good"。它们分别对应列表 r 中的 3 个元素。每个元素都是元组，元组里面是两个字符串，即两个分组匹配上的子串。

如果嫌 re.findall()只能取每个分组的内容而不能取整个匹配的子串，那么可以将整个正则表达式放在一个分组里面，比如写 m="((\w+) (\w+))"，这样 1 号分组的内容就是整个匹配的子串。

10.4 "|"的用法

"|"可以用在正则表达式中，表示"或"。例如正则表达式"X|Y|Z"，如果一个字符串能匹配 X、Y 或 Z，就能匹配整个正则表达式。"|"如果没有放在"()"中，其作用范围是直到整个正则表达式开头或结尾或碰到另一个"|"。例如，"a.b|c\de|ba+d"可以匹配"acb""c2e"和"baaad"。

正则表达式中，几个用"|"隔开的子表达式匹配的优先级是从左到右。一旦匹配上某个子表达式，就不再看右边的子表达式是否能匹配。例如：

```
#prg0930.py
1.    import re
2.    pt = r"\d+\.\d+|\d+"
3.    print(re.findall(pt,"12.34 this is 125"))    #>>['12.34', '125']
4.    pt = "a.|aab"
5.    print(re.findall(pt,"aabcdeaa12aab"))         #>>['aa', 'aa', 'aa']
```

第 3 行："12.34"可以匹配"\d+\.\d+"，因此就不会再认为"12"和"34"能匹配"\d+"。

第 5 行：由于 pt 中"a."总是优先于"aab"，因此"aab"就没有机会得到匹配。

"|"也可以用于分组，那么其起作用的范围就仅限于分组内部。例如：

```
#prg0940.py
1.    import re
2.    m ="(((ab*)+c|12)d)e"
3.    print(re.findall(m,'ababcdefgKK12deK'))
4.    #>>[('ababcd', 'ababc', 'ab'), ('12d', '12', '')]
5.    for x in re.finditer(m,'ababcdefgKK12deK'):
6.        print(x.groups())
7.    m = r'\[(\d+)\]|<(\d+)>'
8.    for x in re.finditer(m,'233[32]88ab<433>'):
9.        print(x.group(),x.groups())
```

第 2 行：2 号分组内部的"(ab*)+c"和"12"是"或"的关系，即 2 号分组可以匹配"abb"，也可以匹配"12"。

第 3 行：一共有两个子串能够匹配 m，分别是"ababcde"和"12de"。在第一个子串中，2 号分组中的"(ab*)+c"匹配"ababc"。在第二个子串中，2 号分组中的"12"匹配"12"，而 3 号分组"ab*"没有匹配任何子串，re.findall()规定这种情况为匹配了空串。

因此第 5、6 行的输出结果是：

```
('ababcd', 'ababc', 'ab')
('12d', '12', None)
```

在匹配对象的 groups() 函数返回的记录每个分组匹配的子串的元组中,没有匹配任何子串的 3 号元组,被记为匹配了 None。

第 7 行:"\[(\d+)\]|<(\d+)>"描述的模式就是"[]及其中的数字或<>及其中的数字"。因此在第 8 行的"233[32]88ab<433>"中一共有两个子串能够匹配,分别是"[32]"和"<433>"。在第一个子串中,2 号分组没有匹配任何子串;在第二个子串中,1 号分组没有匹配任何子串。因此第 8、9 行的输出结果是:

```
[32] ('32', None)
<433> (None, '433')
```

10.5 贪婪匹配和懒惰匹配

在默认情况下,+、*、?、{m,n}等量词总是匹配尽可能长的子串,即"贪婪匹配"。例如:

```
#prg0970.py
1.   import re
2.   print(re.match("ab*", "abbbbk").group())     #>>abbbb
3.   print(re.findall("<h3>(.*)</h3>", "<h3>abd</h3><h3>bcd</h3>"))
4.   #>>['abd</h3><h3>bcd']
5.   print(re.findall(r'\((.+)\)',"A dog has(have a).这(哈哈)true()me"))
6.   #>>['(have a).这(哈哈)true()']
```

第 2 行:按理说子串"a""ab""abb"等都能匹配"ab*",但匹配的结果却是"abbbb",这是因为要匹配尽可能长的子串。这种规定有时会导致得到我们不想要的结果。例如,第 3 行中类似"<h3>abd</h3><h3>bcd</h3>"这种形式的字符串,在每个网页中都会大量出现。"<h3>XXX</h3>"代表 XXX 是 3 号标题。我们的本意是想要把所有 3 号标题都提取出来。3 号标题是位于"<h3>"和"</h3>"之间的字符串,看上去用"<h3>(.*)</h3>"描述没有什么问题。这里有两个 3 号标题,分别是"abd"和"bcd",因此我们期望的输出结果是:

```
['abd', 'bcd']
```

实际上,由于".*"是尽可能长地匹配子串,所以会匹配到最远的"</h3>"为止,因此 1 号分组匹配的子串就变成第一个"<h3>"和最后一个"</h3>"之间的全部内容,但这不是我们想要的结果。第 5 行的本意是提取"()"及其中的字符串,但也没有达到目的。

纠正上述错误的办法是让量词做尽可能短的匹配,这就是"懒惰匹配"。在量词+、*、?、{m,n}后面加?,就能使量词做懒惰匹配。把上面第 3、5 行分别改成下面两行即可:

```
print(re.findall("<h3>(.*?)</h3>", "<h3>abd</h3><h3>bcd</h3>"))
print(re.findall('\((.+?)\)',"A dog has(have a).这(哈哈)true()me"))
```

".*?"表示让".*"匹配尽可能短的子串,因此匹配了"abd"就会结束。".+?"也是一样的。修改后就能得到我们想要的输出结果:

```
['abd', 'bcd']
['(have a)', '(哈哈)']
```

再看一个例子以加深理解：

```
1.  import re
2.  print(re.findall(r'\d+',"this is 34 what me 75 gw"))
3.  #>>['34', '75']
4.  print(re.findall(r'\d+?',"this is 34 what me 75 gw"))
5.  #>>['3', '4', '7', '5']
6.  print(re.findall('[a-zA-Z]+',"A dog head"))
7.  #>>['A', 'dog', 'head']
8.  print(re.findall('[a-zA-Z]+?',"A dog head"))
9.  #>>['A', 'd', 'o', 'g', 'h', 'e', 'a', 'd']
10. for k in re.finditer("a.*?b","aabab"):
11.     print(k.group())
12. #>>aab
13. #>>ab
14. m = "<h3>.*?[M|K]</h3>"
15. print(re.match(m,"<h3>abd</h3><h3>bcK</h3>").group())
16. #>><h3>abd</h3><h3>bcK</h3>
```

第 15 行：由于要求 "</h3>" 之前必须有 "M" 或 "K"，因此 ".*?" 要一直匹配到 "c"。

10.6 应用实例

使用正则表达式可以在文本中提取想要的内容。比如找出《三国演义》中所有孔明提到曹操的内容。孔明提到曹操时一般是如下形式。

孔明曰："……曹操……"

孔明笑曰："……操……"

说的话一定要用中文的"曰：""开头，用中文的"""结束。另外，还有"怒曰""大笑曰"等。曹操也可能被称作"曹贼""曹阿瞒"等。程序如下：

```
#prg1020.py
1.  import re
2.  f = open("c:/tmp/三国演义 utf8.txt","r",encoding="utf-8")
3.  txt = f.read()
4.  f.close()
5.  pt = "(孔明.{0,2}曰："[^"]*(曹操|曹贼|操贼|曹阿瞒|操).*?")"
6.  a = re.findall(pt,txt)
7.  print(len(a))                     #>>58    孔明提到曹操 58 次
8.  for x in a:
9.      print(x[0])
```

程序输出结果如下：

> ……
> *孔明曰："曹操于冀州作玄武池以练水军，必有侵江南之意。可密令人过江探听虚实。"*
> *孔明曰："新野小县，不可久居，近闻刘景升病在危笃，可乘此机会，取彼荆州为安身之地，庶可拒曹操也。"*
> ……

第 8 行的 x 也可能取到下面这个元组：

> *('孔明答曰："曹操乃汉贼也，又何必问？"', '操')*

看起来 1 号分组应该匹配"曹操"，结果匹配的是"操"，这是因为"[^"]*"做贪婪匹配，消耗掉了"曹"字。

有可能孔明说了"操练"这个词，也被当作提到"曹操"，这就需要手动鉴别。

★★★例题 **10.6.1**：抽取 IP 地址（**P083**）。

在一段多行的文本中抽取 IP 地址。IP 地址的左右不能有数字。例如，不能认为"1233.34.44.5"里面包含 IP 地址"233.34.44.5"，也不能认为"233.34.44.525"里面包含 IP 地址"233.34.44.52"。IP 地址右边不能有多余的"."。例如，不能认为"22.22.22.22.33"中包含 IP 地址"22.22.22.33"。假设 IP 地址不会跨多行。

样例输入：

```
23.13.44.24 hello,world 216.34.9.8take up123.13.55.35 2.2.2.2.a

1276.34.9.8. b23.13.44.25ok 180.13.44.256 22.22.22.22.33 0.0.0.1
.12.2.22.2  03.44.55.0 4.8.87.23 like 1112.2.22.2 me 112.2.22.2444
```

样例输出：

```
23.13.44.24
216.34.9.8
123.13.55.35
23.13.44.25
0.0.0.1
4.8.87.23
```

解题程序（这个程序中用到的正则表达式很难，读者不必深究）：

```
#prg1022.py
1.  import re
2.  p=r'(((25[0-5]|2[0-4]\d|1\d{2}|[1-9]?\d)\.){3}(25[0-5]|2[0-4]\d|1\d{2}|[1-9]?\d))'
3.  ip = r'(?<![\d\.])' + p +  r'(?![\d\.])'
4.  while True:
5.      try:
6.          s = input()
7.          for x in re.finditer(ip,s):
8.              print(x.group(1))
9.      except :
10.         break
```

第 3 行表明 IP 地址左边和右边都不能有多出来的数字。

通过抽取 IP 地址的例题可以看到，要写出一个精确的正则表达式是比较困难的。所谓精确，是指所有符合要求的子串都能被匹配，且所有匹配的子串都是符合要求的。例如一个精确的表示 IP 地址的正则表达式，能做到所有 IP 地址都与之匹配，且所有能与之匹配的字符串一定是 IP 地址。写一个"宽容"一些的正则表达式，然后对匹配结果进行进一步筛选会容易得多。所谓宽容，指的是只保证符合要求的子串都能被匹配，但是不保证所有匹配的子串都符合要求。例如，针对本题，将 IP 地址简单描述成"\.?((\d+)\.){3}\d+\.?"，然后对提取出来的子串再写几行程序判断是不是每一段都无前导 0，且都不超过 255，要比写精确的正则表达式描述 IP 地址容易得多。

下面是两个常用的正则表达式，不必深究，用的时候复制并粘贴即可：

```
\w+([-+.]\w+)*@\w+([-.]\w+)*\.\w+([-.]\w+)*        #电子邮箱
((http|https)://)?[\w\-_]+(\.[\w\-_]+)+([\w\-\.,@?^=%&:/~\+#]*[\w\-\@?^=%&/~
\+#])?)                                            #网址
```

10.7 习题

1. 下面程序的输出结果是_____。

```
import re
s = r"<h1>计算机</h1><h2>智能</h2><h1>编程</h1><h2>Python</h2>"
p = r"<h1>.*<\h1>"
for x in re.findall(p,s):
    print(x, end=",")
```

2. 以下是编程题，可以到 OpenJudge 平台的"程序设计实习 MOOC"小组中和本书同名的比赛中进行提交。括号中的数是题目编号。

（1）找出所有整数（P08400）。给定一段文字，其中可能有中文，把里面的所有非负整数找出来，不需要去掉前导 0。如果碰到 012.34 等应该找出两个整数 012 和 34，碰到 0.050 等应该找出 0 和 050。

（2）找出所有整数和小数（P08500）。给定一段文字，其中可能有中文，把里面的所有非负整数和小数找出来，不需要去掉前导 0 或小数点后面多余的 0，然后依次输出。

（3）找出小于 100 的整数（P08600）。给定两行输入，在每一行的输入中提取在[0,100)内的整数并依次输出。注意，要排除负数。

（4）密码判断（P08700）。用户密码的格式如下：①以大写或小写字母开头；②至少要有 8 个字符，长度不限；③由字母、数字、下画线或"-"组成。输入若干字符串，判断是否符合密码的条件。如果是，输出 yes；如果不是，输出 no。

（5）找< >中的数（P08800）。输入一串字符，将输入字符串中在< >里面、没有前导 0 且少于 4 位的整数依次输出。注意，单独的 0 也要输出。

第 11 章　玩转 Python 生态

Python 最大的优势是除了可以使用自带的一些库，还可以使用数量庞大的、能实现各种功能的第三方库。本章会介绍一些常用的 Python 自带的库和第三方库。需要强调的是，这些库的功能繁多，用法通常非常复杂，本章提到的可能只是入门的一部分。比如，库里的函数可能有几十个，本章只会提到几个；一个函数可能有七八个参数，本章只会用到其中的两三个参数。要更充分地利用这些库，还需要读者自己钻研。读者可以到相关库的官网学习，也可以搜索、参考相关文章。用 Python 编程解决问题，参考网络上的程序是必不可少的。有时并不需要搞清楚别人的程序中每一行是什么意思，只要能利用它们完成任务即可。

11.1　Python 库的安装、导入和使用

Python 自带的库，如 turtle、math、re 等，不需要另外安装。而第三方库需要安装。Python 提供了安装库的工具 pip 或 pip3。找到 Python 的安装文件夹，在命令提示符窗口进入 Scripts 子文件夹，然后输入"pip install 库名"（或"pip3 install 库名"）并按 Enter 键就可以安装库，如图 11.1.1 所示。

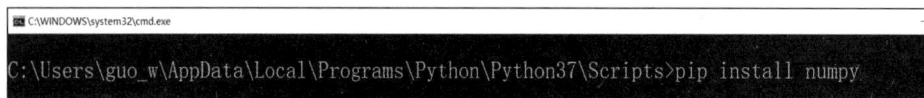

图 11.1.1　Python 库的安装

在 Windows 系统中，Python 的安装文件夹默认为图 11.1.1 所示的文件夹：

```
C:\Users\guo_w\AppData\Local\Programs\Python\Python37\
```

要将 guo_w 替换成读者自己的用户名，Python 版本不同则未必是 Python37，可能是 Python38、Python35 等。在资源管理器里面搜索文件 python.exe 就能搜索到 Python 的安装文件夹。注意，如果安装了多个版本的 Python，又想在多个版本的 Python 中都能使用某个库，就需要在多个版本的安装文件夹下都执行 pip install。pip 还有以下用法：

```
pip uninstall 库名        #卸载安装好的库
pip list                 #列出已经安装的库
```

库一般都会有不同的版本。随着库版本的更新，库也会有些许变化，比如函数名可能变得不一样。本书中的程序是以写作时可以安装的最新版本的库为基础的。如果读者发现书中的程序不能运行，有可能是安装的库的版本不对，应该安装最新版本的库。如果已经

安装了最新版本的库，就应该按照错误提示信息修改程序中出错的语句。

库安装好后，还需要在程序中导入才能使用。用 import X 可以将库 X 导入程序。import 语句有以下几种用法。

（1）import 库名

例如：

```
import turtle
turtle.setup(800,600)
```

（2）import 库名 as 别名

嫌库名太长写起来麻烦，就可以指定一个别名，以后别名就等价于库名。例如：

```
import turtle as tt
tt.setup(800,600)
```

（3）import 库名.类名

一个库里面可能有很多个类，一个类可以实现各种功能，一个类可以看作一个子库。例如：

```
import PIL.Image
PIL.Image.open("c:/tmp/tmp.jpg")
```

（4）from 库名 import 类名

这样就可以直接使用类名，不用写库名。例如：

```
from PIL import Image
Image.open("c:/tmp/tmp.jpg")
```

（5）from 库名 import *

这样就可以直接使用库中所有类名或函数名，不用写库名。例如：

```
from math import *
a,b,c = sin(20),sqrt(18),abs(-2)
```

（6）from 库名.类名 import 类名

例如：

```
from openpyxl.styles import Font,colors        #导入 Font 类和 colors 类
redFont = Font(size = 18, name='Times New Roman',
                bold=True, color = colors.RED)
```

一个库有很多类，每个类有很多成员函数，每个成员函数又有很多参数，因此很难记住它们的用法。PyCharm 有提示功能，即在一个类或对象后面输入 "."，PyCharm 会自动生成一个列表框，列出有哪些成员函数可以用。但这往往不够。**Python 中的库函数 dir(x) 可以返回对象 x 或类 x 的成员函数名的列表；help(x)可以返回函数 x 或类 x 的使用说明。**例如：

```
#prg1024.py
1.   import PIL.Image
2.   print(help(PIL.Image.open))
3.   img = PIL.Image.open("c:/tmp/tmp.jpg")
4.   print("img=",img)
5.   print(dir(img))
```

```
6.  print(help(img.convert),help(img.transpose),help(img.transform))
7.  def f(x,y,z):
8.      pass
9.  print(f.__code__.co_varnames)  #>>('x', 'y', 'z')
10. print(img.convert.__code__.co_varnames)
11. print(PIL.Image.open.__code__.co_varnames)
```

Python 还有一种机制叫 "内省"。如上面第 9 行输出了 f()函数的 3 个参数的名字；第 10 行输出了 img 对象的 convert()方法的参数的名字；第 11 行输出了 PIL.Image.open 函数() 的参数的名字。"内省" 也是学习函数用法的好办法。

11.2 日期和时间库 datetime

Python 自带 datetime 库，提供与日期、时间相关的功能。使用这个库，可以方便地知道某年某月某日是星期几、两个日期间隔几天，以及一个日期往前或往后数若干天的日期。datetime 库用法示例如下：

处理日期

```
#prg1030.py
1.  import datetime                            #导入 datetime 库
2.  dtBirth = datetime.date(2000,9,27)         #创建日期对象，日期为 2000 年 9 月 27 日
3.  print(dtBirth.weekday())                   #>>>2  输出 dtBirth 代表的日期是星期几。0 表示星期一
4.  dtNow = datetime.date.today()              #取今天的日期，假设是 2020 年 8 月 15 日
5.  print(dtBirth < dtNow)                      #>>True   日期可以比较大小
6.  life = dtNow - dtBirth                      #取两个日期的时间差
7.  print(life.days,life.total_seconds())      #>>7262 627436800.0
8.  #两个日期相差 7262 天，即 627436800.0 秒
9.  delta = datetime.timedelta(days = -10)     #构造时间差对象，时间差为-10 天
10. newDate = dtNow + delta                    #newDate 代表的日期是 dtNow 的日期往前数 10 天
11. print(newDate.year,newDate.month,newDate.day,newDate.weekday())
12. #>>2020 8 5 2    2020 年 8 月 5 日，星期三
13. print(newDate.strftime(r'%m/%d/%Y'))       #>>08/05/2020
14. newDate = datetime.datetime.strptime("2020.08.05", "%Y.%m.%d")
15. print(newDate.strftime("%Y%m%d"))          #>>20200805
```

第 13 行：日期对象的 strftime()函数可以将日期转换为字符串。可以自定义格式。%Y 表示年份，%m 表示月份，%d 表示天。

第 14 行：strptime()函数可以将一个字符串形式的日期或时间转换为时间对象。需要用第二个参数指明字符串日期或时间的格式。

datetime.MINYEAR 和 datetime.MAXYEAR 记录了 datetime 库能处理的最小年份和最大年份。目前分别是公元 1 年和公元 9999 年。

处理时间

datetime 库处理的时间可以精确到微秒（1×10^{-6} 秒）。用法示例如下：

```
#prg1040.py
1.  import datetime
2.  tm = datetime.datetime.now()               #取当前时间，精确到微秒
3.  print(tm.year,tm.month,tm.day,tm.hour,tm.minute,tm.second,
4.        tm.microsecond)
5.  #>>2020 8 15 20 32 53 899669   假设当前时间是 2020 年 8 月 15 日 20 时 32 分 53 秒 899669 微秒
```

```
6.   tm = datetime.datetime(2017, 8, 10, 15, 56, 10,0)
7.   #构造一个时间，2017 年 8 月 10 日 15 时 56 分 10 秒 0 微秒
8.   print(tm.strftime("%Y%m%d %H:%M:%S"))      #>>20170810 15:56:10
9.   print(tm.strftime("%Y%m%d %I:%M:%S %p"))  #20170810 03:56:10 PM
10.  tm2 = datetime.datetime.strptime("2013.08.10 22:31:24",
11.                        "%Y.%m.%d %H:%M:%S")  #由字符串生成一个时间对象
12.  delta = tm - tm2  #求时间差
13.  print(delta.days,delta.seconds,delta.total_seconds())
14.  #>>1460 62686 126206686.0 #时间差是 1460 天零 62686 秒，总共 126206686.0 秒
15.  delta = tm2 - tm
16.  print(delta.days,delta.seconds,delta.total_seconds())
17.  #>>-1461 23714 -126206686.0
18.  delta = datetime.timedelta( days = 10, hours= 10,minutes=30,seconds=20)
19.  #构造一个时间差，10 天 10 小时 30 分 20 秒
20.  tm2 = tm + delta
21.  print(tm2.strftime("%Y%m%d %H:%M:%S")) #>>20170821 02:26:30
```

第 6 行：构造时间时，最后一个参数代表微秒，也可以不写，不写则默认为 0 微秒。

第 9 行：%I 表示 12 小时制的时间；%p 表示上午还是下午，上午用 AM 表示，下午用 PM 表示。

第 10、11 行：由字符串 "2013.08.10 22:31:24" 生成一个时间对象，"%Y.%m.%d %H:%M:%S"指明了字符串的格式。注意%d 和%H 之间应有空格，其和 10 与 22 之间的空格对应。

要在程序里测试一段代码执行多长时间，可以在那段代码执行前用 datetime.datetime.now()记录当前时间，那段代码执行后再记录当前时间，两个时间相减就得到那段代码的执行时间。

11.3 随机库 random

Python 自带的 random 库可以用于生成随机数、随机数序列，以及做一些和随机化相关的事情，比如打乱一个列表中的元素等。random 库中的部分函数见表 11.3.1。

random 库使用

表 11.3.1 random 库中的部分函数

函数	功能
random()	随机生成一个[0,1]上的数
uniform(x,y)	随机生成一个[x,y]上的数。x、y 可以是小数
randint(x,y)	随机生成一个[x,y]上的整数。x、y 都是整数
randrange(x,y,z)	在 range(x,y,z)中随机取一个数
choice(x)	从序列 x 中随机取一个元素。x 可以是列表、元组、字符串
shuffle(x)	将列表 x 中的元素顺序随机打乱
sample(x,n)	从序列 x 中随机取一个长度为 n 的子序列。x 可以是元组、字符串、列表、集合
seed(x)	设置随机种子为 x。x 可以是数字、元组、字符串

random 库中的部分函数用法示例如下：

```
#prg1050.py
1.  import random
2.  print(random.random())                    #>>0.5502568034876353
3.  print(random.uniform(1.2,7.8))            #>>5.147405813383391
4.  print(random.randint(-20,70))             #>>20
5.  print(random.randrange(2,30,3))           #>>17  在 range(2,30,3)中随机取数
6.  print(random.choice("hello,world"))       #>>d
7.  print(random.choice([1,2,'ok',34.6,'jack'])) #>>ok
8.  lst = [1,2,3,4,5,6]
9.  random.shuffle(lst)
10. print(lst)                                #>>[5, 3, 4, 2, 1, 6]
11. print(random.sample(lst,3))               #>>[6, 2, 3]
```

该程序每次运行的结果都不一样，貌似体现了随机性，其实是一种伪随机。现实中真正的随机是不可预测的，比如连掷 n 次骰子，无法预测掷出来的序列。如果用程序模拟掷骰子来产生 n 个随机数，程序必须用一定的算法来实现，因而这 n 个随机数是可预测的。在初始条件相同的情况下，相同的算法，多次运行的结果必然是一样的。因此计算机产生的随机数序列，尽管概率上的随机性或均等性可以得到满足，但由于可预测，所以不能算是真的随机数序列，只能称为伪随机数序列。这里的"初始条件"称为"随机种子"。random.seed(x)就用于设置随机种子为 x。上面的程序没有设置随机种子，因此随机种子默认设置为系统当前时间。每次运行程序，系统当前时间都不同，所以结果也不一样。如果在第 2 行前面设置随机种子，比如加一句 random.seed(2)或 random.seed("ok")等，则程序多次运行的结果会一样。如果在第 2 行和第 3 行之间设置随机种子，则程序多次运行时，第 2 行输出结果不一样，后面的输出结果都一样。这充分证明计算机产生的随机性不够真实。

下面的程序模拟 4 个玩家玩一副扑克牌（52 张）的洗牌、发牌过程。洗牌就是随机打乱。

```
#prg1060.py
1.  import random
2.  cards = [str(i) for i in range(2,11)] + list("JQKA")
3.  #cards 是['2','3','4','5','6','7','8','9','10','J','Q','K','A']
4.  allCards = [s+c for c in cards for s in "♣♦♥♠"]  #一副扑克牌，元素形式如'♠3'
5.  random.shuffle(allCards)                          #随机打乱 52 张牌
6.  for i in range(4):
7.      onePlayer = allCards[i::4]                    #每个玩家都隔 3 张牌取一张
8.      onePlayer.sort()                              #扑克牌排序规则略复杂，这里就当作字符串排序
9.      print(onePlayer)
```

程序输出：

```
['♠10', '♠6', '♣5', '♣7', '♣8', '♥5', '♥7', '♥A', '♥J', '♦4', '♦6', '♦8', '♦K']
['♠7', '♠8', '♠9', '♠A', '♠J', '♣9', '♣K', '♥4', '♥6', '♥K', '♦10', '♦5', '♦Q']
['♠4', '♠K', '♣4', '♣Q', '♥10', '♥2', '♥3', '♥8', '♥9', '♥Q', '♦3', '♦9', '♦A']
['♠2', '♠3', '♠5', '♠Q', '♣10', '♣2', '♣3', '♣6', '♣A', '♣J', '♦2', '♦7', '♦J']
```

11.4 分词库 jieba

在一句话中将词分割出来，就是分词。英文句子是天然分好词的，所以分词是中文以

及和中文一样不用空格分隔词汇的文字特有的问题。分词需要一个包含各种词汇的词典，但即便有词典，分词也并不容易。比如，"研究生命的起源"，该不该把"研究生"看作一个词呢？"买马上战场"应该分成"买 马 上 战场"还是"买 马上 战场"呢？人很容易回答这样的问题，但是要让计算机知道怎么做则比较困难。因此，中文的分词是一个很值得研究的课题。有人编写了 Python 的分词库 jieba 用于分词，但它也不能做到非常准确。

执行 pip install jieba 可以安装 jieba 库，然后在程序里执行 import jieba，就可以使用它。jieba 库用法示例如下：

```
1.  import jieba
2.  s = "中国科技大学在安徽"
3.  lst = jieba.lcut(s)              #分词的结果是一个列表
4.  #默认用精确模式分词，分出来的结果正好可以拼成原文
5.  print(lst)                       #>>['中国科技大学', '在', '安徽']
6.  print(jieba.lcut(s,cut_all = True))   #用全模式分词，输出所有可能的词
7.  #>>['中国', '中国科技大学', '科技', '大学', '在', '安徽']
8.  print(jieba.lcut_for_search(s)) #用搜索引擎模式分词
9.  #>>['中国', '科技', '大学', '中国科技大学', '在', '安徽']
10. s =  "拼多多是个网站"
11. print(jieba.lcut(s))            #>>['拼', '多多', '是', '个', '网站']
12. jieba.add_word("拼多多")        #往词典里添加新词
13. print(jieba.lcut(s))            #>>['拼多多', '是', '个', '网站']
14. s = "高克丝马微中"
15. print(jieba.lcut(s))            #>>['高克丝', '马微', '中']
16. jieba.load_userdict("tmpdict.txt")
17. print(jieba.lcut(s))            #>>['高克', '丝马', '微中']
18. print(jieba.lcut("显微中，容不得一丝马虎。"))
19. #>>['显微', '中', '容不得', '一丝', '马虎', '。']
```

jieba.lcut()是分词函数。分词的结果是一个由词构成的列表。默认情况下，分出来的词不会重叠，拼起来等于整个句子，如第 5 行所示。

第 8 行：jieba.lcut_for_search()用于以搜索引擎模式分词，其特点是对长词会进一步切分。

第 12 行：jieba.add_word()函数用于往 jieba 的词典里添加新词，这样"拼多多"就会被识别成一个词。不过添加的词只在本程序起作用。

第 15 行："高克丝马微中"这句话本来就莫名其妙，所以 jieba 也只能胡乱分词，它把"高克丝"和"马微"看作人名或地名。

第 16 行：可以用文件批量往 jieba 的词典里添加词汇。文件必须是 UTF-8 纯文本文件，每行一个词。比如 tmpdict.txt 文件内容如下：

```
高克
丝马
微中
```

那么第 17 行就分出了这几个词。但是从第 19 行的输出结果看，这些词并没有很高的优先级，所以没有分出"微中"和"丝马"。

下面的程序粗略统计《三国演义》中出场或被提到次数最多的人名：

```python
#prg1310.py
1.   import jieba
2.   f = open("三国演义 utf8.txt","r",encoding="utf-8")
3.   text = f.read()              #字符串 text 就是全部《三国演义》文本
4.   f.close()
5.   words = jieba.lcut(text)    #words 是分出来的所有词
6.   result = {}
7.   for word in words:
8.       if len(word) == 1:
9.           continue
10.      elif word in ("诸葛亮","孔明曰"):
11.          word = "孔明"
12.      elif word in ("关公","云长","关云长"):
13.          word = "关羽"
14.      elif word in ("玄德","玄德曰"):
15.          word = "刘备"
16.      elif word in ("孟德","操贼","曹阿瞒"):
17.          word = "曹操"
18.      result[word] = result.get(word,0) + 1
19.  noneNames = ('将军','却说','荆州','二人','不可','不能','如此','丞相',
20.   "商议","如何","主公","军士","左右","军马","引兵","次日" )
21.  for word in noneNames: #删除 noneNames 中的词
22.      result.pop(word)
23.  items = list(result.items())
24.  items.sort(key = lambda x : -x[1])
25.  for i in range(15):
26.      print(items[i][0],items[i][1],end=",")  #输出人名出现次数
```

一个人有不同的称呼，而且经试验发现 jieba 库会把"孔明曰"算成一个词，所以要做一些人名的合并，比如"诸葛亮""孔明曰"都应该算成"孔明"。

第 19、20 行：实际上，本程序就是输出《三国演义》里面出现最多的 15 个词，这 15 个词不一定都是人名。noneNames 里面的词出现次数特别多，干扰了输出结果，所以要把这些词排除掉。

程序输出：

孔明 1366，刘备 1204，曹操 969，关羽 814，张飞 349，吕布 299，孙权 264，大喜 262，东吴 252，天下 252，赵云 251，于是 250，今日 242，不敢 234，魏兵 234，

这里面出现了 8 个人名。想要得到更多人名，就要将这里面的非人名加入排除列表 noneNames，再运行程序。程序运行需要几秒。

11.5 图像处理库 PIL

用 Python 进行图像的处理，需要知道一些基本的常识。

我们在计算机和手机上看到的图像是由像素构成的。我们说一幅图像是 1024 像素×768 像素的，指的是这幅图像有 768 行，每行有 1024 像素。一般 27 寸显示器的屏幕分辨率从

1920 像素×1080 像素到 3840 像素×2160 像素不等, 5.5 寸手机的屏幕分辨率从 1280 像素×720 像素到 1920 像素×1080 像素不等。我们在屏幕上看到的每个像素点是由 3 个挨得非常近的物理显示点构成的，这 3 个物理显示点分别发出红光、绿光和蓝光。由于它们挨得太近，人眼无法区分，所以在人眼看来它们就混合成一个点，且这个点的颜色取决于红色、绿色、蓝色 3 个颜色分量的比例。

因此，要在计算机内部表示一个彩色像素，只需用元素是 3 个整数的元组(r,g,b)表示其红色、绿色、蓝色 3 个颜色分量即可。一般来说，每个分量的取值范围是[0,255]。那么，(255,255,255)表示白色，(0,0,0)表示黑色，(255,0,0)表示红色，(0,255,0)表示绿色，(255,255,0)表示黄色，(240,240,240)表示很接近白色的浅灰色……

如果一幅图像的像素是由红色、绿色、蓝色 3 个颜色分量表示的，我们就称这幅图像是 RGB 模式的。有的图像，像素里面还加了一个 A 分量（全称是 Alpha 分量），表示像素的透明度，那么它就是 RGBA 模式的。对于 RGBA 模式的图像，其像素用元组(r,g,b,a)表示，a 的取值范围也是[0,255]。若 a=255，则表示该像素完全不透明；若 a=0，则表示该像素完全透明，实际上就是看不到。

彩色图像还可以是 CYMK 模式的，这时一个像素有青色（Cyan）、品红色（Magenta）、黄色（Yellow）、黑色（K 代表黑）4 个分量，即每个像素用元组(c,y,m,k)表示，对应彩色打印机或者印刷机的 4 种颜色的墨水。

黑白照片那样的灰度图像是 L 模式的，每个像素可以是一个[0,255]的整数。

不同模式的图像可以互相转换，比如可以把一个 RGB 模式的图像转换成 CYMK 模式或者 L 模式的图像。有固定的公式可以用于在不同模式的图像之间转换。对于 CYMK 模式的图像，要将其在屏幕上显示出来，最终要将其转换成 RGB 模式的图像；对于 RGB 模式的图像，要将其打印或者印刷出来，最终要将其转换成 CYMK 模式的图像。不过这些转换常常是系统自动进行的。

PIL 库是一个很方便的、用于处理图像的第三方库。PIL 库由于缺乏维护，不能用于 Python 3。有人在 PIL 库的基础上编写了 Pillow 库，在 Python 3 中用它进行图像文件的处理十分方便。用命令 pip3 install pillow 可以安装 Pillow 库。

11.5.1 图像的基本变换

下面的程序演示了如何缩放图像文件：

```
#prg1320.py
1.   from PIL import Image           #导入 PIL 库中的 Image 类进行图像处理
2.   img = Image.open("grass.jpg")   #将图像文件载入对象 img
3.   w,h = img.size                  #获取图像的宽度和高度（单位:像素），img.size 是一个元组
4.   newSize = (w//2,h//2)           #生成一个新的图像尺寸
5.   newImg = img.resize(newSize)    #得到一个原图像一半大小的新图像
6.   newImg.save("grass_half.jpg")   #保存新图像文件
7.   newImg.thumbnail((128,128))     #变成宽度和高度都不超过 128 像素的缩略图
8.   newImg.save("grass_thumb.png", "PNG") #保存新图像文件为 PNG 文件
9.   newImg.show()                   #显示图像文件
```

第 2 行：Image.open()用于打开一个图像文件，将其载入 Image 对象，并返回该 Image

对象。图像处理的各种功能都需要通过 PIL 库中的 Image 对象来实现。

第 3 行：img.size 是一个有两个元素的元组，img.size[0]是宽度，img.size[1]是高度。

第 5 行：resize()函数不会改变 img，但是会生成一个新的 Image 对象并返回。新的 Image 对象——newImg 里的图像，大小由 newSize 决定。如果 newSize 比原图像尺寸大，那么可能会导致新图像模糊。如果宽度、高度的比例和原图像的不同，那么可能会导致新图像失真。

第 7 行：thumbnail()的作用是生成图像的缩略图，它会改变 newImg 中存放的图像。缩略图只能比原图像更小。本行将 newImg 中的图像变成一个宽度和高度都不超过 128 像素的缩略图。缩略图会维持原图像的比例，因此要么宽度是 128 像素，要么高度是 128 像素。

第 8 行：save()方法可以将 Image 对象里面的图像保存成文件。保存时可以指定文件的格式，比如 JPEG（JPG 文件）、PNG、BMP、TIFF 等。save()方法也可以自动根据文件的扩展名来选择文件保存的格式，不一定要写 JPEG 等。

第 9 行：调用操作系统默认的图像显示软件显示图像文件。

下面的程序演示了如何旋转、翻转图像，以及如何为图像加滤镜效果：

```
#prg1330.py
1.  from PIL import Image
2.  from PIL import ImageFilter          #用于实现滤镜效果
3.  img = Image.open("grass_half.jpg")
4.  print(img.format,img.mode)            #>>JPEG RGB
5.  newImg = img.rotate(90,expand = True) #图像逆时针旋转 90 度
6.  newImg.show()
7.  newImg = img.transpose(Image.FLIP_LEFT_RIGHT)  #左右翻转
8.  newImg = img.transpose(Image.FLIP_TOP_BOTTOM)  #上下翻转（颠倒）
9.  newImg = img.filter(ImageFilter.BLUR)          #模糊化效果
10. newImg.save("grass_blur.jpg")
```

第 4 行：img.format 表示图像的格式，如 JPEG、PNG、BMP 等；img.mode 表示图像模式。

第 5 行：如果旋转角度是负数，就表示顺时针旋转图像。expand=False 的效果请读者自行尝试。

第 9 行：生成一幅模糊化的图像。"模糊化"就是一种滤镜效果，如 Photoshop 软件中的模糊化效果。PIL 库还可以实现以下滤镜效果（没有全列出来）：

```
ImageFilter.CONTOUR        #轮廓效果
ImageFilter.EDGE_ENHANCE   #边缘增强效果
ImageFilter.EMBOSS         #浮雕效果
ImageFilter.SMOOTH         #平滑效果
ImageFilter.SHARPEN        #锐化效果
```

上面程序中 img 里面的图像一直没有变化。

配合 os.listdir()等函数，可以编写将一个文件夹下的所有照片文件缩小或放大旋转、加滤镜效果以后，保存到另一个文件夹的实用程序。

在用 Image 类处理通过手机拍摄的图像时，有时会发现图像在别的软件中显示正常，但是用 Image 类的 show()方法看到的却是倒着的或者横着的。

11.5.2 图像的裁剪

下面的程序将一幅图 grass.jpg 平均分割成 9 幅图并保存为 9 个文件。用这 9 个文件去发朋友圈会有图 11.5.1 所示的效果，称为九宫图。

图 11.5.1 九宫图

这个程序还另外生成了一幅图，样子类似图 11.5.1。

```
#prg1340.py
1.    from PIL import Image
2.    img = Image.open("grass.jpg")   #将图像文件载入对象 img
3.    w,h = img.size[0]//3,img.size[1]//3
4.    gap = 10                        #九宫图中相邻两幅子图间的空白宽度为 10 像素
5.    newImg =  Image.new("RGB",(w * 3 + gap * 2,h * 3 + gap * 2),"white")
6.    for i in range(0,3):
7.        for j in range(0,3):
8.            clipImg = img.crop((j*w,i*h,(j+1)*w,(i+1)*h))
9.            clipImg.save("grass%d%d.jpg" % (i,j))
10.           newImg.paste(clipImg,(j*(w + gap), i * ( h + gap)))
11.   newImg.save("grass9.jpg")       #保存九宫图
12.   newImg.show()
```

第 3 行：w、h 是 9 幅子图的宽度和高度（单位：像素），其均是原图高度和宽度的 1/3。

第 5 行：new() 函数能够新生成一幅图像。第一个参数"RGB"是图像模式；第二个参数 (w*3+gap*2,h*3+gap*2) 是图像的宽度和高度（加上子图之间的空白宽度像素 gap）；第三个参数"white"表明这个新图像是白色背景的。"white"参数也可以替换成元组(255,255,255)，该元组表示一种颜色，其红色、绿色、蓝色分量都是 255，即白色。

第 8 行：crop() 函数能够截取 img 中的图像的一部分，形成一幅新图像。被截取部分的位置和大小是用 crop() 函数的参数即形式为(x0,y0,x1,y1)的元组指出的，它表示一个矩形的左上角、右下角坐标，单位是像素。原始图像的左上角坐标是(0,0)。要想复制整幅图像，可以写 clipImg = img.copy()，这样 clipImg 里的图像就是 img 里图像的复制。

第 9 行：9 个子图的文件名分别是 grass00.jpg、grass01.jpg……grass10.jpg……grass22.jpg。

第 10 行：paste() 函数用于将图像 clipImg 粘贴到图像 newImg 中坐标为(j*(w+gap),i*(h+

gap))的位置，经过 9 次粘贴凑成九宫图。

11.5.3　在图像上书写文字和绘图

在图像上可以书写文字，也可以绘图，比如画矩形、圆形等，这可以通过 ImageDraw 对象来实现。下面的程序在一张照片的右上角写上了"Hello,World"，并且为照片添加了一个白色边框，效果如图 11.5.2 所示。

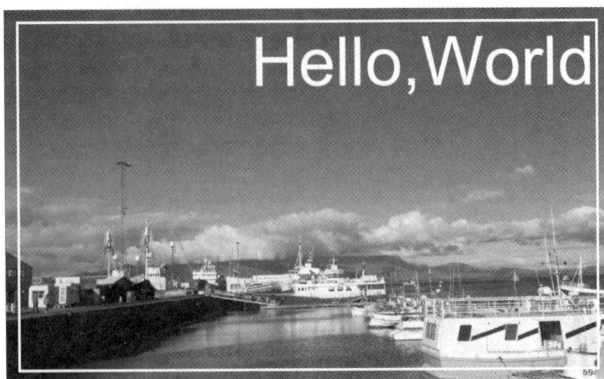

图 11.5.2　在图像上书写文字和绘图

```
#prg1358.py
1.  from PIL import Image,ImageDraw,ImageFont
2.  def writeTextToImage(img,text,myFont):
3.      #以字体 myFont 在 img 右上角书写字符串 text，此操作会改变 img 中的图像
4.      w,h = img.size
5.      fw, fh = myFont.font.getsize(text)[0]  #求 text 显示出来的高度和宽度
6.      draw = ImageDraw.Draw(img) #以后就可以通过 draw 在 img 上绘图、书写文字
7.      x, y = w - fw - 30, 30        #计算 text 的左上角的位置
8.      draw.text((x,y), text, (255, 255, 255), font=myFont)
9.  def addFrame(img):                #在图像 img 中画一个白色边框
10.     draw = ImageDraw.Draw(img)
11.     w, h = img.size
12.     margin = w * 0.02            #边框到图像边缘的距离
13.     draw.rectangle((margin,margin,w-margin,h-margin),
14.                 outline='white',width = 5) #边框宽度为 5 像素
15. imgDest = Image.open("iceland1.png ")
16. myFont = ImageFont.truetype('arial.ttf',size=164)
17. writeTextToImage(imgDest,"Hello,World",myFont)
18. addFrame(imgDest)
19. imgDest.show()
```

第 5 行：getsize()返回字符串 text 以 myFont 字体显示时的高度和宽度，单位为像素。其返回值是一个二维元组。

第 6 行：ImageDraw.Draw(img)返回一个 ImageDraw 对象，它和 img 关联，以后就可以通过该对象在 img 上绘图、书写文字。

第 8 行：使用 text()函数在图上书写文字。第一个参数是文字的坐标；第三个参数指定了文字的颜色是白色；font 指定字体，不写就使用默认字体。

第 13、14 行：算好位置，画一个矩形边框。outline 指明了边框颜色，width 指明了边框的宽度。如果再加一个参数如 fill='green'，则该矩形内部就会用绿色填充。ImageDraw 还有 line()、ellipse()等函数可以画线、画圆。

第 16 行：生成一个字体对象。字体来源于第一个参数指定的字体文件。arial.ttf 是 Windows 的 Fonts 文件夹下的一个文件。本行生成一个字体对象，字体是 Arial，字号（大小）是 164。

★★★11.5.4 给图像添加水印

下面的程序将图 11.5.3（a）所示的 Logo 作为水印添加到图 11.5.3（b）所示的风景图像的右下角。显然，添加之后 Logo 中白色的部分是完全透明的，而其他部分略微透明。实现的原理是将 Logo 粘贴到风景图像中，并且粘贴时要通过"掩膜"（Mask）指明每个像素的 Alpha 值。掩膜是一个和 Logo 大小相同的灰度图像，即 L 模式的图像，其每个像素的灰度值是 Logo 里对应像素粘贴到风景图像时的透明度，即 Alpha 值。如果粘贴过去的像素 Alpha 值是 255，即完全不透明，那么它就会完全遮盖原有的像素；如果 Alpha 值是 0，则相当于没有粘贴；如果 Alpha 值大于 0 且小于 255，则会和原有像素融合。Alpha 值越小，粘贴过去的像素就越透明。本例中，粘贴时应该将白色像素的 Alpha 值设为 0。该程序的核心是求得 Logo 图像的掩膜。

给图像添加
水印

```
#prg1360.py
1.    from PIL import Image,ImageDraw,ImageFont
2.    def pasteWatermark(imgDest,markFile):
3.        #将 markFile 中的图像作为水印粘贴到 imgDest 表示的图像上
4.        def getMask(img,isTransparent,alpha):
5.            #返回将水印图像 img 粘贴到别处时用的掩膜
6.            if img.mode != "RGBA":
7.                img = img.convert('RGBA')    #将图像转换成 RGBA 模式的图像
8.            w, h = img.size
9.            pixels = img.load()             #获取像素矩阵
10.           for x in range(w):
11.               for y in range(h):
12.                   p = pixels[x,y]    #p 是一个有 4 个元素的元组即(r,g,b,a)
13.                   if isTransparent(p[0],p[1],p[2]):
14.                       #判断 p 是否应该变成透明点
15.                       #p[0]、p[1]、p[2]分别是红色、绿色、蓝色 3 个分量的值
16.                       pixels[x,y] = (p[0],p[1],p[2],0)
17.                   else:
18.                       pixels[x,y] = (p[0],p[1],p[2],alpha)
19.           r, g, b, a = img.split()    #分离出 img 中的 4 个分量，a 就是掩膜
20.           return a
21.       imgLogo = Image.open(markFile)  #读取 Logo
22.       msk = getMask(imgLogo,
23.           lambda r, g, b: r > 245 and g > 245 and b > 245, 130)
24.       imgDest.paste(imgLogo,(imgDest.size[0] - imgLogo.size[0] - 30,
25.               imgDest.size[1] - imgLogo.size[1] - 30),mask = msk)
26.   def circleClip(img):  #在 img 右下角生成一个直径为 300 像素的圆形切片
27.       clipSize = (300,300)
```

```
28.    msk = Image.new("L",clipSize,0)  #生成 300 像素×300 像素的灰度图像，颜色为黑色
29.    draw = ImageDraw.Draw(msk)
30.    draw.ellipse((0,0,clipSize[0],clipSize[1]),fill = 255)  #画白色实心圆
31.    w,h = img.size
32.    clip = img.crop((w-300,h-300,w,h))  #取 img 右下角的 300 像素×300 像素的矩形切片
33.    result = Image.new("RGBA",clipSize,(0,0,0,0))  #生成 300 像素×300 像素的黑底图像
34.    result.paste(clip, (0, 0),mask = msk )
35.    return result
36. imgDest = Image.open("iceland1.png ")
37. pasteWatermark(imgDest,"pku.png")
38. imgDest.show()
39. circleClip(imgDest).save("c:\\tmp\\ttt.png")
```

（a）Logo

（b）风景图像

图 11.5.3　给图像添加水印

第 4 行：getMask()返回由 img 图像得到的掩膜。将 Logo 中的透明点在掩膜上对应的灰度值设为 0；非透明点的灰度值设为 alpha。alpha 越小，Logo 就越透明。参数 isTransparent 是一个函数，用来判断 Logo 上的某个点是否应该是透明点。通过调用 getMask()函数时给出不同的 isTransparent 参数，可以指定不同颜色的点作为透明点。

第 12 行：p 是一个有 4 个元素的元组。p[0]、p[1]、p[2]分别是红色、绿色、蓝色 3 个分量的值，p[3]是 Alpha 值。

第 13～16 行：调用 isTransparent()函数来判断 p 是否应该变成透明点。如果是，则将 img 中(x,y)处的点的 Alpha 值改成 0。

第 18 行：如果 p 不是透明点，则将 Alpha 值改成 alpha。

第 19 行：split()函数从 img 中分离出 4 个模式为 L 的图像（灰度图像）（如果图像模式是 RGB，就分离出 3 个图像），分别对应 img 的 4 个分量，并存放在 r、g、b、a 中。r、g、b、a 都是 Image 对象。a 中(x,y)点的灰度值是一个[0,255]的整数，和 img 中(x,y)点的 Alpha 值相等。a 就是所求的掩膜。

第 22、23 行：对应 isTransparent 参数的是一个 lambda 表达式，即无名函数。这个函数指明了如果一个点的红色、绿色、蓝色分量的值都大于 245，那么这个点就为透明点。白色的 3 个分量的值都是 255，很接近白色的浅灰色的 3 个分量的值接近 255。如果用作水印的图像是 JPG、PNG 等格式的有损压缩图像，就有可能发生本该是白色的地方变成虽然人眼看着是白色但实际上是浅灰色的现象。第 23 行的设定就是将很浅的灰色也当作白色看待。

第 24、25 行：将 imgLogo 粘贴到 imgDest 的右下角，往左和往上偏 30 像素。mask 参

数就是掩膜。注意，虽然 imgLogo 本身就包含 Alpha 值的信息，但这些信息在粘贴的时候没用。如果不指定 mask 参数，那么粘贴过去的每个像素都是完全不透明的，会完全遮盖 imgDest 原来的像素。在 getMask()函数中，将 img 转换成一个 RGBA 模式的图像其实不是必需的，本程序这么做只是为了方便得到用作掩膜的灰度图像 a。用 Image.new()函数新建一个和 img 一样大的 L 模式的图像 newImg，然后根据 img 中的对应像素是否透明，设置 newImg 像素灰度值为 0 或 alpha，最后返回 newImg 也是可以的。

第 30 行：在图像 msk 上画一个直径为 300 像素的白色实心圆。ellipse()函数的功能是画椭圆，其第一个参数是一个指明椭圆外接矩形的元组。

第 33 行：生成 300 像素×300 像素的黑底图像 result，其中第三个参数指明了每个像素的 4 个分量的值都是 0。

第 34 行：以 msk 作为掩膜将 clip 粘贴到 result 中，由于 msk 中圆形以外的部分颜色值为 0，因此 clip 中相应位置的像素相当于没有被粘贴到 result。

第 39 行：在完成添加 Logo 后的图像［见图 11.5.3（b）］的右下角取一个直径为 300 像素的圆形切片，保存到文件 C:\tmp\ttt.png 中。圆形切片如图 11.5.4 所示。

图 11.5.4　圆形切片

11.6　多模块程序设计

如果程序比较大，维护起来会有点麻烦。如果程序是多人合作编写的，大家在同一个.py 文件上进行修改总会出现问题。在这种情况下，"消耗数百根头发"编写的新函数被别人的函数覆盖是常有的事。因此，将一个大程序分成若干个.py 文件进行编写是很自然的需求，这就是"多模块程序设计"。一个.py 文件称为一个模块。一个模块可以使用其他模块中的函数和全局变量。

同一个程序的多个.py 文件需要放在同一个文件夹下。不论是用 PyCharm 运行程序，还是以命令行方式运行程序，都可以指定程序从某一个.py 文件开始运行，这个.py 文件就称为"启动模块"。假设程序由 a.py 和 b.py 构成，如果 a.py 用到 b.py 中定义的函数或者全局变量，在 a.py 中需要写：

```
import b
```

然后就可以通过 b.XXX 使用 b 中的函数或者全局变量 XXX。

在这种情况下，如果运行 a.py，则 import b 语句被执行时，会导致 b.py 中所有的全局语句（即不在任何函数中的语句）被执行。

如果同一个文件夹下放了太多.py 文件，会很混乱。此时，可以建立多个子文件夹，把.py 文件按照功能不同分别放到不同子文件夹中，每个子文件夹称为一个"包"，包的名字就是子文件夹的名字。有了"包"的概念，大程序就会更容易管理和维护。每个"包"里必须有一个名为"__init__.py"的文件，该文件的内容可以为空。若有一个包名为 X，其中有 __init__.py、h1.py、h2.py 文件，则在程序中执行

```
import X.h1,X.h2
```

或

```
from X import h1,h2
```

之后就可以使用 h1.py、h2.py 中的函数或全局变量。

图 11.6.1 所示是一个包含多个 .py 文件的 PyCharm 项目的示例，项目名称为 prg1380。

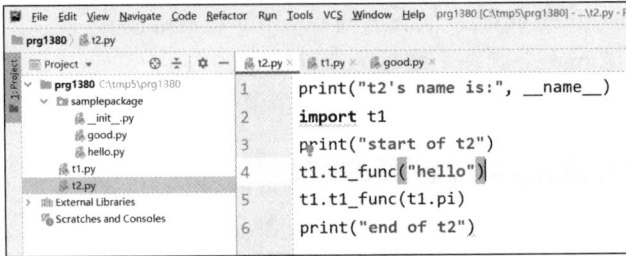

图 11.6.1　多模块程序结构示例

该项目位于 prg1380 文件夹下，该文件夹下有两个 .py 文件 t1.py 和 t2.py，以及一个子文件夹 samplepackage。子文件夹 samplepackage 中又有 __init__.py、good.py 和 hello.py 这 3 个文件，这使得子文件夹 samplepackage 成为一个"包"。__init__.py 是一个空文件，另外几个 .py 文件的内容如下。

```
#t1.py
1.   from samplepackage import hello      #导入 samplepackage 包中的 hello.py 文件
2.   import samplepackage.good            #导入 samplepackage 包中的 good.py 文件
3.   import samplepackage as smp
4.   pi = 3.14
5.   def t1_func(x):
6.       print("t1_func,x=", x)
7.   print("now t1's name is:", __name__)
8.   if __name__ == '__main__':
9.       print("this is t1")
10.      smp.hello.hello1()              #调用 samplepackage 包中的 hello.py 文件中的 hello1()函数
11.      smp.hello.hello2()
12.      smp.good.good1()
13.      print("smp.good.goodV =",smp.good.goodV)
14.      #goodV 是 good.py 文件中的全局变量
```

第 7 行：每个文件都有一个全局字符串变量 __name__。对于文件 X.py，如果它是启动模块，即在 PyCharm 中直接运行，或者在命令提示符窗口中以 "python X.py" 命令直接运行，则 __name__ 变量的值是 __main__。如果是由于在别的文件中执行了 "import X" 而被运行，则 __name__ 变量的值是 X。

第 8 行：只有 t1.py 被直接运行（即 t1.py 为启动模块）的情况下，本行的条件才会被满足。

```
#t2.py
1.   print("t2's name is:", __name__)
2.   import t1                          #此处会导致 t1.py 中的全局语句被执行
3.   print("start of t2")
4.   t1.t1_func("hello")
```

```
5.    t1.t1_func(t1.pi)
6.    print("end of t2")
```

```
#samplepackage/good.py
goodV = 100
def good1():
    print("good1")
```

```
#samplepackage/hello.py
def hello1():
    print("hello1")
def hello2():
    print("hello2")
```

若以 t1.py 作为启动模块，则整个程序输出：

```
now t1's name is: __main__
this is t1
hello1
hello2
good1
smp.good.goodV = 100
```

若以 t2.py 作为启动模块，则整个程序输出：

```
t2's name is: __main__
now t1's name is: t1
start of t2
t1_func,x= hello
t1_func,x= 3.14
end of t2
```

t2.py 中第 2 行的 import t1 导致 t1.py 中的全局语句被执行，即执行到 t1.py 中的第 7 行：

```
print("now t1's name is:", __name__)
```

此时由于 t1.py 不是启动模块，因此__name__的值不是__main__，而是 t1。

所以，if __name__ == '__main__': 这样的写法是为了使下面的语句只有在.py 文件被作为启动模块时才会被执行。如果某个.py 文件只是包含一些供别的文件调用的函数，并非启动模块，又想在这个文件中编写一些代码测试这个文件中的函数，就可以将测试代码写在上述 if 语句里面，这样就可以避免测试代码由于本文件被别的文件导入而被执行。

11.7 Python 程序的打包和分发

Python 是解释型语言，其程序必须由 Python 解释器边解释边执行。如果把自己编写的 Python 程序提供给别人使用，就要求别人的计算机上必须安装 Python，那么未免太不厚道了。一种简单的解决办法是使用 Pyinstaller 将 Python 程序和 Python 的解释器一起打包成一个可执行文件，这个可执行文件可以在没有安装 Python 的计算机上运行。在 Windows 上，具体做法如下。

（1）进入命令提示符窗口。

（2）执行 pip install pyinstaller 命令安装 Pyinstaller。

（3）用 cd 命令进入程序项目文件夹。

（4）执行 pyinstaller -i XXX.ico –F –W　YYY.py 命令。具体说明如下。

① –i　XXXX.ico：指定打包后的.exe 文件，图标来自图标文件 XXXX.ico。如果不需要特别指定图标，也可以没有这两项。

② –F：打包成一个.exe 文件。

③ –W：在程序运行时不显示命令提示符窗口，这样程序输出的结果就都看不见，适用于图形界面程序。

④ YYY.py：程序的启动模块。

第（4）步中的命令会导致在当前文件夹下生成一个 dist 文件夹，里面有打包的结果：可执行文件 YYY.exe。这个.exe 文件包含整个 Python 程序以及一个 Python 解释器，在计算机上运行它，会启动 Python 解释器并执行其中的 Python 程序。当然，很容易就能从这个.exe 文件中还原出 Python 程序源代码，这对于知识产权的保护不是什么好事，好在还是有一些方法能够解决这个问题的。

如果程序运行时需要用到一些数据文件，比如 A.db、b.txt 等，则可以将这些文件和 YYY.exe 放在同一个文件夹下，然后用 WinRAR 等工具压缩成.zip 文件再分发。

非常尴尬的是，用 Pyinstaller 打包的.exe 文件，往往会被 Windows 的防火墙判断为木马程序。目前并没有很简单的能避免这一问题的其他打包方案。

11.8　习题

以下是编程题，题目（1）可以到 OpenJudge 平台的"程序设计实习 MOOC"小组中和本书同名的比赛中进行提交。括号中的数是题目编号。

（1）时间处理（P0920）。求从给定时间开始过了给定时长后的时间。

（2）密码生成器。随机生成 10000 个密码。密码介于 8 到 10 位之间，且必须包含大写字母、小写字母、数字和下画线这 4 类字符；密码具有一定的概率均等性，即统计 10000 个密码，所有字母出现的概率基本相同，所有数字出现的概率基本相同；每个密码里有且只能有 1 个下画线，位置也要随机，最多有 4 个数字。

（3）反转照片并添加拍摄时间。配书资源包中有一些照片，有的照片上下颠倒了。请在这些照片上添加拍摄时间形成新照片。如果照片是上下颠倒的，要先颠倒过来。本题在配书资源包中有详细信息和提示，如果要完成，请务必阅读。

第12章 数据分析和可视化

可以使用 pandas 库从文件中读取数据进行统计分析。

数据经过分析后，往往需要以直观且容易理解的可视化方式展示出来。本章介绍的 Matplotlib 库是可视化展示数据的有力工具。

12.1 数据分析库 pandas

pandas 库是数据分析中常用的库。执行 pip install pandas 可以安装 pandas 库。pandas 库需要 NumPy 库才能工作，所以要使用 pandas 库必须安装 NumPy 库。NumPy 是另一个第三方库，主要用于向量、矩阵的运算。如果安装了 OpenPyXL、xlrd、xlwt 库，pandas 还能用于读写 Excel 文件。pandas 库的核心功能是在二维表格上做各种操作，比如增删数据、修改数据，以及求一列数据的和、方差、中位数、平均值等。pandas 库中重要的类是 DataFrame。DataFrame 表示一个带行、列标签的二维表格。

NumPy 库的基本用法

12.1.1 Series 的使用

Series 是 pandas 库中重要的类。DataFrame 中的每一列都是一个 Series。Series 是每个元素都有一个标签的一维表格。从使用形式上看，Series 兼具字典和列表的特点。示例程序如下：

Series 的使用

```
#prg1130.py
1.   import pandas as pd
2.   s = pd.Series(data=[80,90,100],index=['语文','数学','英语']) #index 是标签
3.   for x in s:                              #>>80 90 100
4.       print(x,end=" ")
5.   print("")
6.   print(s['语文'],s.iloc[1])              #>>80 90    标签和序号都可以作为下标来访问元素
7.   print(s[0:2]['数学'])                    #>>90     s[0:2]是切片。切片是视图
8.   print(s['数学':'英语'].iloc[1])          #>>100
9.   for i in range(len(s.index)):
10.      print(s.index[i],end = " ")         #>>语文 数学 英语
11.  s['体育'] = 110                          #在尾部添加元素，标签为'体育'，值为110
12.  s.pop('数学')                            #删除标签为'数学'的元素
13.  s2 = s.append(pd.Series([120],index = ['政治']))   #不改变 s
```

```
14.   print(s2['语文'],s2['政治'])          #>>80 120
15.   print(list(s2))                      #>>[80, 100, 110, 120]
16.   print(s.sum(),s.min(),s.mean(),s.median())
17.   #>>290 80 96.66666666666667 100.0 输出和、最小值、平均值、中位数
18.   print(s.idxmax(),s.argmax())          #>>体育 2       输出最大元素的标签和下标
```

第 2 行：创建了一个 Series。data 参数指明 Series 包含的元素，这些元素的类型可以不同。index 参数指明每个元素的标签，标签可重复。可以认为 s 是一个记录了 3 门课成绩的一维表格。如果省略 index 参数，则 3 个元素的标签就依次是整数 0、1、2。

第 7 行：Series 也支持切片操作，但其切片和列表切片不同。列表的切片是原列表一部分的复制，而 Series 的切片是原 Series 的视图，即依然是原 Series 的一部分。如果本行写 s[0:2]['数学']=1000，则会修改 s 里面标签为'数学'的元素的值。

第 8 行：Series 还支持用标签做切片。本行的切片从标签 '数学' 开始，到标签 '英语' 结束。用标签做切片时，是包含终点的。所以这个切片包含数学成绩和英语成绩。

第 13 行：可以用 append()函数完成两个 Series 的连接。append()函数返回连接后的新 Series。本行不会改变 s，且 s2 是一个新 Series，和 s 没有关联。

DataFrame 的构造和访问

12.1.2　DataFrame 的构造和访问

DataFrame 是一个带行标签和列标签的二维表格。构造和访问 DataFrame 的示例程序如下：

```
#prg1140.py
1.   import pandas as pd
2.   pd.set_option('display.unicode.east_asian_width',True) #输出对齐方面的设置
3.   scores = [['男',108,115,97],['女',115,87,105],['女',100,60,130],
4.              ['男',112,80,50]]
5.   names = ['刘一哥','王二姐','张三妹','李四弟']
6.   courses = ['性别','语文','数学','英语']
7.   df = pd.DataFrame(data=scores,index = names,columns = courses)
8.   print(df)
```

第 8 行输出结果如下：

	性别	语文	数学	英语
刘一哥	男	108	115	97
王二姐	女	115	87	105
张三妹	女	100	60	130
李四弟	男	112	80	50

第 2 行：DataFrame 中如果有中文，输出结果可能不会对齐。本行代码用于解决这个问题。

第 7 行：构造一个 DataFrame。data 是数据，可以指定为二维列表或者 NumPy 库的二维数组；index 是行标签，columns 是列标签，它们都可以是一维列表或 NumPy 库的数组。行标签和列标签既可以是字符串，又可以是整数。比如上面第 6 行，如果写

```
courses = ['性别',1000,'数学',2000]
```

也是可以的，这样就有两列的标签，分别是整数 1000 和 2000。

如果省略 index 参数，则行标签就是整数 0、1、2……如果省略 columns 参数，则列标签就是整数 0、1、2……

程序继续：

```
9.  print(df.values[0][1],type(df.values)) #>>108 <class 'numpy.ndarray'>
10. print(list(df.index))          #>>['刘一哥', '王二姐', '张三妹', '李四弟']
11. print(list(df.columns))        #>>['性别', '语文', '数学', '英语']
12. print(df.index[2],df.columns[2]) #>>张三妹 数学
13. s1 = df['语文']               #s1 是一个 Series，代表 "语文" 那一列
14. print(s1['刘一哥'],s1.iloc[0]) #>>108 108    刘一哥的语文成绩
15. print(df['语文']['刘一哥']) #>>108          先写列索引
16. s2 = df.loc['王二姐']         #s2 也是一个 Series，代表 "王二姐" 那一行
17. print(s2['性别'],s2['语文'],s2.iloc[2]) #>>女 115 87   王二姐的性别、语文成绩和数学成绩
```

第 9 行：values 是一个 NumPy 库的 ndarray 多维数组。values[i][j]就是 DataFrame 里第 i 行、第 j 列的元素。ndarray 的用法和多维列表的类似。

第 13 行：s1 中的元素是所有人的语文成绩，标签是每个人的名字。

第 16 行：s2 中的元素是王二姐的各科成绩，标签是科目名。

注意，如果有多个学生名叫 "王二姐"，则这里的 s2 就不再是 Series 了，而是 DataFrame，其中包含多个 "王二姐" 的信息。如果没有学生叫 "王二姐"，则运行第 16 行会产生异常。

注意，上面的 s1、s2 都是 df 的视图，即 df 的一部分。

DataFrame 有两个重要的属性，即 iloc 和 loc，可以用来做切片。iloc 用法如下：

iloc[行选择器, 列选择器]

列选择器可以省略，省略则表示取所有列——这种情况下逗号也不要写。

DataFrame 中行号、列号都是从 0 开始算的。行选择器的格式有两种（列选择器同理）。

（1）x:y 表示取第 x 行到第 y-1 行。起点终点可以省略，都省略则表示取所有行。

（2）[X1,X2,...,Xn]表示取 X1,X2,...,Xn 行，行号可以不连续。

iloc 属性用行号、列号作为选择器，loc 属性则用行标签、列标签作为选择器，用法和 iloc 的类似，只不过行号、列号都要换成标签。和 Series 一样，**DataFrame 的切片是视图**。

程序继续：

```
18. df2 = df.iloc[1:3]               #行切片（视图），选取第 1、2 行
19. df2 = df.loc['王二姐':'张三妹']   #和上一行等价
20. print(df2)
```

第 18 行和第 19 行效果是一样的，都是选取第 1、2 行。列选择器省略了，表示所有列都要选。注意，以标签作为选择器时，终点是包含的。

第 20 行输出结果如下：

	性别	语文	数学	英语
王二姐	女	115	87	105
张三妹	女	100	60	130

程序继续:

```
21. df2 = df.iloc[:,0:3]                  #列切片（视图），选取第 0、1、2 列
22. df2 = df.loc[:,'性别':'数学']          #和上一行等价
23. print(df2)
```

第 21 行：行选择器省略了起点和终点，表明选择所有行。

第 23 行输出结果如下：

	性别	语文	数学
刘一哥	男	108	115
王二姐	女	115	87
张三妹	女	100	60
李四弟	男	112	80

程序继续:

```
24. df2 = df.iloc[:2,[1,3]]                    #行、列切片
25. df2 = df.loc[:'王二姐',['语文','英语']]     #和上一行等价
26. print(df2)
```

第 24 行：行选择器选择了第 0、1 行，列选择器选择第 1、3 列。

第 26 行输出结果如下：

	语文	英语
刘一哥	108	97
王二姐	115	105

程序继续:

```
27. df2 = df.iloc[[1,3],2:4]                     #取第 1、3 行和第 2、3 列
28. df2 = df.loc[['王二姐','李四弟'],'数学':'英语']   #和上一行等价
29. print(df2)
```

第 29 行输出结果如下：

	数学	英语
王二姐	87	105
李四弟	80	50

12.1.3　DataFrame 的分析统计

程序继续:

```
30. print("---下面是 DataFrame 的分析统计---")
31. print(df.T)                        #df.T 是 df 的转置矩阵，即行和列互换的矩阵
32. print(df.sort_values('语文',ascending=False))  #按语文成绩降序排列
33. print(df.sum()['语文'],df.mean(numeric_only=True)['数学'],df.median(numeric_
only=True)['英语'])
34. #>>435 85.5 101.0  语文成绩之和、数学成绩的平均分、英语成绩的中位数
35. print(df.min()['语文'],df.max()['数学'])  #>>100 115   语文最低分，数学最高分
36. print(df.max(axis = 1,numeric_only=True)['王二姐'])  #>>115   王二姐的最高分科目的分数
```

```
37.  print(df['语文'].idxmax())           #>>王二姐    语文最高分所在行的标签
38.  print(df['数学'].argmin())           #>>2        数学最低分所在行的行号
39.  print(df.loc[(df['语文'] > 100) & (df['数学'] >= 85)])
```

第 32 行：sort_values()函数不会改变 df，它会返回一个新的 DataFrame，该 DataFrame 是 df 中的各行（即学生）按语文成绩降序排列后得到的。**如果加上 inplace=True 参数，则 sort_values()函数会返回 None，且 df 会变成排序后的结果**。sort_values()函数还有 axis 参数，其默认值为 0。如果 axis=1，则能将 df 中的各列排序。

第 33 行：df.sum()的返回值是一个 Series，包含每一列的和。本行其他函数类似。像 sum()、mean()这样的统计函数还有 min()、max()、std()（求标准差）、var()（求方差）等。

第 36 行：df.max()函数的 axis 参数默认为 0。axis=0 表示求每列的最大值；axis=1 表示求每行的最大值。所以此处是求"王二姐"那一行的最大值。

第 39 行：选取了语文成绩大于 100 分且数学成绩大于 85 分的学生。本行输出结果如下：

	性别	语文	数学	英语
刘一哥	男	108	115	97
王二姐	女	115	87	105

12.1.4 DataFrame 的增删和修改

程序继续（注意，到目前为止，最初那个成绩单 df 从来没被修改过）：

```
40.  print("---下面是 DataFrame 的增删和修改---")
41.  df.loc['王二姐','英语'] = df.iloc[0,1] = 150        #修改王二姐的英语成绩
42.  df['物理'] = [80,70,90,100]                        #为所有人添加物理成绩这一列
43.  df.insert(1,"体育",[89,77,76,45])                  #为所有人插入体育成绩到第 1 列
44.  df.loc['李四弟'] = ['男',100,100,100,100,100]       #修改李四弟全部信息
45.  df.loc[:,'语文'] = [20,20,20,20]                    #修改所有人的语文成绩
46.  df.loc['钱五叔'] =  ['男',100,100,100,100,100]       #增加一行
47.  df.loc[:,'英语'] += 10                              #所有人的英语成绩加 10 分
48.  df.columns = ['性别','体育','语文','数学','English','物理'] #修改列标签
49.  print(df)
```

第 49 行输出结果如下：

	性别	体育	语文	数学	English	物理
刘一哥	男	89	20	115	107	80
王二姐	女	77	20	87	160	70
张三妹	女	76	20	60	140	90
李四弟	男	100	20	100	110	100
钱五叔	男	100	100	100	110	100

程序继续：

```
50.  df.drop( ['体育','物理'],axis=1, inplace=True)    #删除体育和物理成绩
51.  df.drop( '王二姐',axis = 0, inplace=True)          #删除"王二姐"那一行
52.  print(df)
```

注意，drop()函数的 axis 参数用于表明是删除行还是删除列。inplace 参数若为 True，表示原地删除，即 df 会变化且 drop()函数会返回 None；若为 False，则 df 不会变化，drop()

函数会返回一个新的 DataFrame，内容是 df 经过删除操作后的结果。

第 52 行输出结果如下：

	性别	语文	数学	English
刘一哥	男	20	115	107
张三妹	女	20	60	140
李四弟	男	20	100	110
钱五叔	男	100	100	110

要删除连续若干行或若干列，参考下面两行代码，分别删除了第 1、2 行和第 0~2 列。

```
df.drop([df.index[i] for i in range(1,3)],axis=0,inplace = True)
df.drop([df.columns[i] for i in range(3)],axis = 1,inplace = True)
```

12.1.5 用 pandas 读写 Excel 文件

用 pandas 读写扩展名为 ".xlsx" 的 Excel 文件，需要安装 OpenPyXL 库；读写扩展名为 ".xls" 的 Excel 文件，需要安装 xlrd 库和 xlwt 库。

用 pandas 读写 Excel 文件比直接用 OpenPyXL 等库读写 Excel 文件要慢，而且用 pandas 写入 Excel 文件时，不能指定单元格的字体、颜色等样式。

pandas 的 read_excel() 函数可以读取 Excel 文件，其格式如下：

```
pandas.read_excel(filename,sheet_name=0,header=0,index_col=None,...)
```

除了第一个参数（文件名）没有默认值，其他参数都有默认值。大多数参数这里并未列出。

表 12.1.1 列出了 sheet_name 参数的取值及其作用。

表 12.1.1 sheet_name 参数的取值及其作用

sheet_name 取值	read_excel()函数功能
整数 n	返回一个 DataFrame，其包含文件中的第 n 个工作表（n 从 0 开始算）的数据
字符串'XXX'	返回一个 DataFrame，其包含文件中的名为'XXX'的工作表的数据
列表[s1,s2,s3,...]	s1,s2,s3,...可以有的是整数，有的是字符串。整数代表工作表的序号，字符串代表工作表的名字。函数返回一个字典，其中每个元素对应一个工作表，即元素的键分别是 s1,s2,s3,…，值分别是包含工作表 s1,s2,s3,...数据的 DataFrame
None	读取所有工作表并返回一个字典，字典中每个元素对应一个工作表，键是工作表的名字，值是包含该工作表数据的 DataFrame

header 若为 n，则表示取工作表中第 n 行（n 从 0 开始算）的各个单元值作为 DataFrame 的列标签。如果不想这么做，则应让 header=None，这样 DataFrame 的列标签就是整数 0、1、2……

index_col 若为 n，则表示取工作表中第 n 列（n 从 0 开始算）的各个单元值作为 DataFrame 的行标签。如果不想这么做，则应让 index_col=None，这样 DataFrame 的行标签就是整数 0、1、2……

工作表的内容被读进 DataFrame 时，DataFrame 里面不会包含单元格里公式的原始形式，只会包含公式被计算出来的结果。

下面以图 12.1.1 所示的有 3 个工作表、名为 excel_sample.xlsx 的 Excel 文件为例进行介绍。

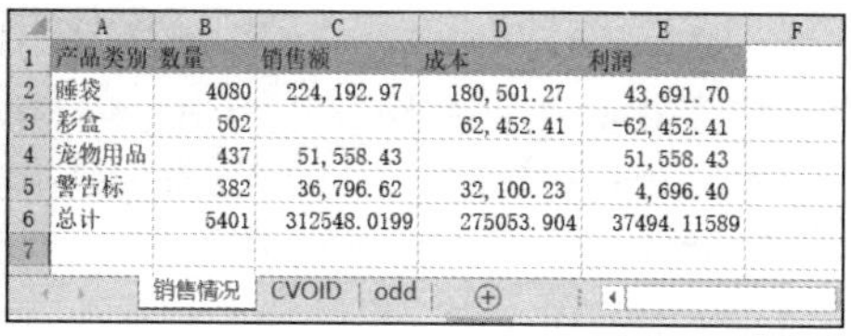

	A	B	C	D	E	F
1	产品类别	数量	销售额	成本	利润	
2	睡袋	4080	224,192.97	180,501.27	43,691.70	
3	彩盒	502		62,452.41	-62,452.41	
4	宠物用品	437	51,558.43		51,558.43	
5	警告标	382	36,796.62	32,100.23	4,696.40	
6	总计	5401	312548.0199	275053.904	37494.11589	
7						

图 12.1.1　excel_sample.xlsx 文件

下面的程序读取上述 Excel 文件：

```
#prg1146.py
1.  import pandas as pd
2.  pd.set_option('display.unicode.east_asian_width',True)
3.  dt = pd.read_excel("excel_sample.xlsx",sheet_name=['销售情况',1],
4.                index_col=0)    #读取第 0、1 个工作表
5.  df = dt['销售情况']            #dt 是字典，df 是 DataFrame
6.  print(df.iloc[0,0],df.loc['睡袋','数量'])    #>>4080 4080
7.  print(df)
```

第 7 行输出结果如下：

```
            数量          销售额          成本          利润
产品类别
睡袋        4080    224192.969785   180501.266580   43691.703206
彩盒         502              NaN    62452.410032  -62452.410032
宠物用品     437     51558.425403             NaN   51558.425403
警告标       382     36796.624662    32100.227353    4696.397309
总计        5401  3 12548.019850   275053.903964   37494.115886
```

输出结果中看上去很突兀的“产品类别”可以不必理会。从第 6 行的输出结果可以看到，这个 DataFrame 的第 0 行、第 0 列的值是 4080。

可以看到，工作表中为空的单元格在 DataFrame 输出时显示为 NaN。pandas.isnull()函数可以判断一个元素是否为 NaN。也有函数可以替换所有 NaN。

程序继续：

```
8.  print(pd.isnull(df.loc['彩盒','销售额']))       #>>True
9.  df.fillna(0,inplace=True)                       #将所有 NaN 用 0 替换
10. print(df.loc['彩盒','销售额'],df.iloc[2,2])    #>>0.0 0.0
```

若 df 是一个 DataFrame，则 df.to_excel()函数可以将 df 的内容（包括行、列标签）写入一个 Excel 文件，用法如下：

```
df.to_excel(filename,sheet_name="Sheet1",na_rep='',...)
```

其中，filename 是要写入的文件名，也可以是一个 ExcelWrite 对象；sheet_name 是工作表名，默认是“Sheet1”；na_rep 是 NaN 元素在工作表中对应单元格的值，默认是空串。如果文件 filename 已经存在，则该函数会覆盖原文件，而不是往原文件里面新增一个工作表。

如果往一个 Excel 文件里写入多个工作表，就需要用到 ExcelWrite 对象。

程序继续：

```
11. writer = pd.ExcelWriter("new.xlsx")            #创建 ExcelWriter 对象
12. df.to_excel(writer,sheet_name="S1")
```

```
13. df.T.to_excel(writer,sheet_name="S2")       #写入转置矩阵
14. df.sort_values('销售额',ascending= False).to_excel(writer,
15.                   sheet_name="S3")           #按销售额排序的新 DataFrame 写入工作表 S3
16. df['销售额'].to_excel(writer,sheet_name="S4")      #只写入一列
17. writer.save()
```

上面这一段代码往 new.xlsx 文件里写入了 4 个工作表。

第 16 行：哪怕只写入一列，行标签也会一并写入。

12.1.6 用 pandas 读写 CSV 文件

用 pandas 读取 CSV 文件的函数和读取 Excel 文件的函数类似，如下：

```
pandas.read_csv(filename,sep=",",header=0,index_col=None,...)
```

sep 代表一行中各单元的分隔字符，默认是 "，"。

若 df 是一个 DataFrame，则 df.to_csv()函数可以将 df 的内容写入 CSV 文件。用法举例：

```
df.to_csv("result.csv",sep=",",na_rep='NA',float_format="%.2f",
  encoding="gbk")
```

float_format="%.2f"指明小数保留小数点后面 2 位。最好指定编码是 GBK,否则用 Excel 打开该 CSV 文件，汉字会变成乱码。

12.2 用 Matplotlib 绘制统计图

对数据进行分析或者统计的结果，通常需要用柱状图、饼图、雷达图等展示出来。第三方库 Matplotlib 就提供这方面的功能。本节的例子只是演示 Matplotlib 的简单用法，实际上用它能绘制比本节的例子复杂得多的图，而且能绘制的图的种类也很多，有热力图、散点图、箱型图等数十种。到 Matplotlib 官网可以看到 Matplotlib 能绘制的各种炫酷图案。

12.2.1 绘制柱状图

1．基本柱状图

柱状图也叫直方图。下面的程序绘制图 12.2.1 所示的基本柱状图。

绘制基本柱状图

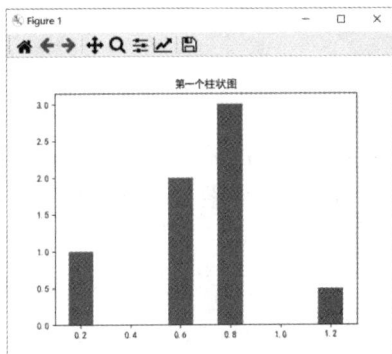

图 12.2.1　基本柱状图

```
#prg1210.py
1.   import matplotlib.pyplot as plt
2.   from matplotlib import rcParams
3.   rcParams['font.family'] = rcParams['font.sans-serif'] = 'SimHei'
4.   #设置中文支持，中文字体为简体黑体
5.   ax = plt.figure().add_subplot()              #建图，获取子图 ax
6.   ax.bar(x = (0.2,0.6,0.8,1.2),height = (1,2,3,0.5), width = 0.1)    #绘制柱状图
7.   ax.set_title ('第一个柱状图')                  #设置标题
8.   plt.savefig("bar.png")                        #将图保存为文件
9.   plt.show()                                    #显示绘图窗口
```

窗口上方的一些图标是固有的，用于对图进行滚动、放大等操作。单击最右侧的图标可以将柱状图保存为图像文件。

第 2、3 行：这两行的作用是设置中文支持。'SimHei' 表示简体黑体。'SimSun'表示简体宋体，'KaiTi' 表示楷体，'LiSu' 表示隶书……后面绘制折线图、饼图等图时需要显示中文，只需照抄这两行。

第 5 行：建图并获取子图。plt.figure()会建立一个图。该函数有很多参数，用于控制图的大小、位置、颜色等。例如，如果写 plt.figure(figsize=(6,3))，绘制的图宽 6 个单位、高 3 个单位。此处没有给参数，那么窗口大小和位置由 Python 决定。绘图不是直接在窗口上进行的，而是在窗口的"子图"上进行的。可以用窗口的 add_subplot()函数在窗口上添加多个位置和大小不同的子图，如果调用它时不指定任何参数，则该子图大小基本覆盖整个窗口。ax 就是一个子图。

第 6 行：子图的 bar()函数用于绘制柱状图。参数 x 有 4 个元素，表示柱状图共有 4 根柱子，其中心横坐标分别是 0.2、0.6、0.8、1.2；参数 height 表示 4 根柱子高度分别是 1、2、3、0.5；参数 width 表示每根柱子的宽度是 0.1。width 也可以是一个元组，比如写 width=(0.1,0.15,0.1,0.2)，就可以指定 4 根柱子不同的宽度。默认情况下，图上 x（横轴）、y（纵轴）坐标的范围正好比能容纳所有的柱子稍微宽一点。

第 7 行：设定整个柱状图的标题。

第 8 行：如果需要，可以将画出来的图保存为文件。不需要保存就不用写这一行。

第 9 行：显示绘图窗口。

⚠ 注意：使用 Matplotlib 绘制各种图的时候，默认情况下，两个坐标轴交点处的坐标不一定是(0,0)，Python 会自动设置。可以通过函数指定 x 和 y 坐标从什么数值开始。

如果绘制图 12.2.2 所示的横向柱状图，只需要修改第 6 行为：

```
ax.barh(y = (0.2,0.6,0.8,1.2),width = (1,2,3,0.5), height = 0.1)
```

2．堆叠柱状图

下面的程序绘制图 12.2.3 所示的堆叠柱状图。

```
#prg1220.py
1.   import matplotlib.pyplot as plt
2.   ax = plt.figure(facecolor='w').add_subplot()    #facecolor='w'表示图是白底
3.   labels = ['Jan', 'Feb', 'Mar', 'Apr']
4.   num1 = [20, 30, 15, 35]              #Dept1 的数据
```

```
5.  num2 = [15, 30, 40, 20]                    #Dept2 的数据
6.  cordx = range(len(num1))                    #x 轴刻度位置是 0、1、2、3
7.  ax.bar(x = cordx, height=num1, width=0.5, color='red', label="Dept1")
8.  ax.bar(x = cordx, height=num2, width=0.5, color='green', label="Dept2",
    bottom=num1)
9.  ax.set_ylim(0, 100)                         #y 轴坐标范围
10. ax.set_ylabel("Profit")                     #y 轴含义（标签）
11. ax.set_xticks(cordx)                        #设置 x 轴刻度位置。不设置则由 Python 决定刻度位置
12. ax.set_xticklabels(labels)                  #设置 x 轴刻度下方文字
13. ax.set_xlabel("In year 2020")               #x 轴含义（标签）
14. ax.set_title("My Company")
15. ax.legend()                                 #在右上角显示图例
16. plt.show()
```

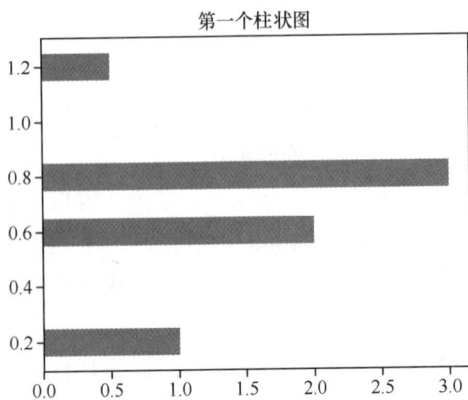

图 12.2.2　横向柱状图

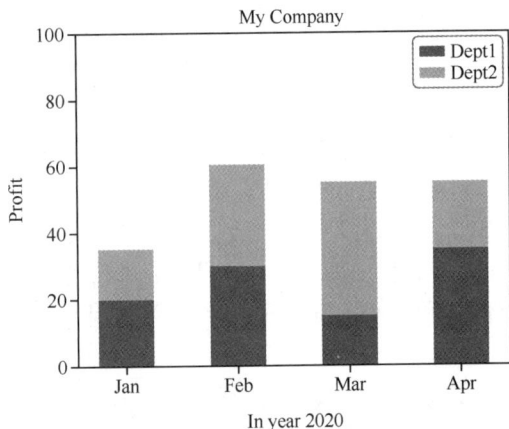

图 12.2.3　堆叠柱状图

第 8 行：绘制一组数据来源于 num2 的绿色柱状图。bottom 参数指明每根柱子底部的位置正好是第 7 行绘制的红色柱状图的顶部，因此产生堆叠效果。

3. 多组对比柱状图

下面的程序绘制图 12.2.4 所示的多组对比柱状图。一共有 Beijing、Shanghai、Shenzhen 这 3 组数据，每组数据有 6 根柱子，每根柱子代表一个月的数据。每个月的 3 根柱子，从左到右依次属于 Beijing、Shanghai、Shenzhen。

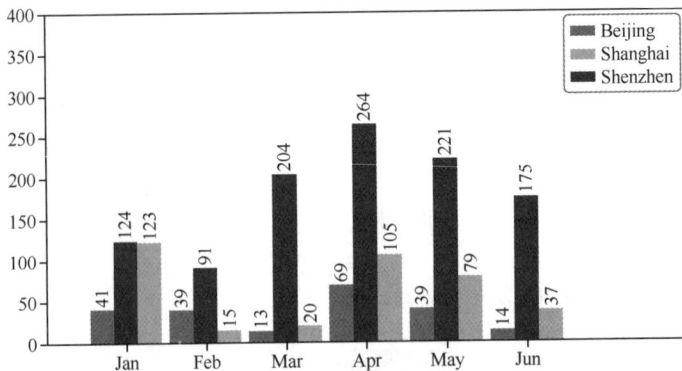

图 12.2.4　多组对比柱状图

```
#prg1230.py
1.    import matplotlib.pyplot as plt
2.    ax = plt.figure(figsize=(10,5)).add_subplot()        #建图，获取子图 ax
3.    ax.set_ylim(0,400)                                   #设置 y 坐标范围
4.    ax.set_xlim(0,80)                                    #设置 x 坐标范围
5.    #以下是 3 组柱状图的数据
6.    x1 = [7, 17, 27, 37, 47, 57]        #第 1 组柱状图每根柱子中心点的横坐标
7.    x2 = [13, 23, 33, 43, 53, 63]       #第 2 组柱状图每根柱子中心点的横坐标
8.    x3 = [10, 20, 30, 40, 50, 60]       #第 3 组柱状图每根柱子中心点的横坐标
9.    y1 = [41, 39, 13, 69, 39, 14]       #第 1 组柱状图每根柱子的高度
10.   y2 = [123, 15, 20, 105, 79, 37]     #第 2 组柱状图每根柱子的高度
11.   y3 = [124, 91, 204, 264, 221, 175]  #第 3 组柱状图每根柱子的高度
12.   rects1 = ax.bar(x1, y1, color='red', width=3, label = 'Beijing')
13.   rects2 = ax.bar(x2, y2, color='green', width=3, label = 'Shanghai')
14.   rects3 = ax.bar(x3, y3, color='blue', width=3, label = 'Shenzhen')
15.   ax.set_xticks(x3)                        #在 x3 中的各坐标点下面加刻度
16.   ax.set_xticklabels(('Jan','Feb','Mar','Apr','May','Jun'))
17.   #指定 x 轴上每一个刻度下方的文字
18.   ax.legend()                              #在右上角显示图例
19.   def label(ax,rects):                     #在 rects 的每根柱子顶端标注高度
20.          for rect in rects:
21.                 height = rect.get_height()       #获取柱子 rect 的高度
22.                 ax.text(rect.get_x() + rect.get_width()/2.0, height+14,
23.                      str(height),rotation=90)    #文字逆时针旋转 90 度
24.   label(ax,rects1)
25.   label(ax,rects2)
26.   label(ax,rects3)
27.   plt.show()
```

第 3、4 行：指定 x、y 坐标的范围。如果不指定，那么 Python 会自行决定，使得图的上方和右方都略有空白。这种情况下坐标轴交叉点的坐标未必是(0,0)。

第 12 行：bar()函数的返回值 rects1 是一根柱子的序列（不一定是列表），序列的每一个元素都代表一根柱子。

第 19 行：label()函数用于在子图 ax 中的一组柱状图 rects 里的每根柱子 rect 的顶部标注其高度（即数值）。

第 22、23 行：text()函数用于在指定位置书写指定文字。该函数前两个参数分别是文字的 x 坐标和 y 坐标，坐标系就是柱状图中的坐标系。14 并不是 14 像素的意思，而是在该坐标系下的长度 14。第三个参数是要写的文字。rect.get_x()返回柱子 rect 的 x 坐标，rect.get_width()返回柱子 rect 的宽度。

12.2.2　绘制折线图和散点图

下面的程序绘制图 12.2.5 所示的折线图和散点图。

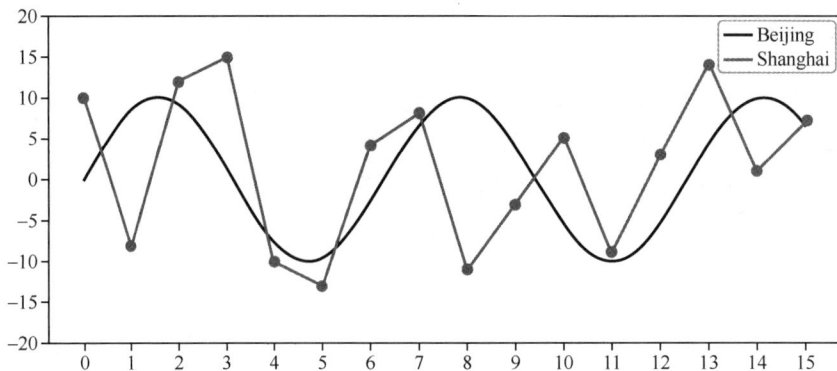

图 12.2.5　折线图和散点图

```
#prg1240.py
1.  import math,random
2.  import matplotlib.pyplot as plt
3.  def drawPlot(ax):
4.      xs = [i/100 for i in range(1500)]  #1500 个点的 x 坐标，坐标间隔为 0.01
5.      ys = [10*math.sin(x) for x in xs]  #曲线 y=10*sin(x)上 1500 个点的 y 坐标
6.      ax.plot(xs,ys,"red",label = "Beijing")  #画曲线 y=10*sin(x)
7.      ys = list(range(-18,18))
8.      random.shuffle(ys)
9.      ax.scatter(range(16), ys[:16], c = "blue")  #画散点
10.     ax.plot(range(16), ys[:16], "blue", label="Shanghai")  #画折线
11.     ax.legend()                          #在右上角显示图例
12.     ax.set_xticks(range(16))             #在 x 坐标 0,1,...,15 处加刻度
13.     ax.set_xticklabels(range(16))        #指定 x 轴每个刻度下方显示的文字
14.     ax.set_yticks(range(-20,21,5))       #在 y 坐标-20,-15,-10,...,15,20 处加刻度
15.     ax.set_yticklabels([str(i) for i in range(-20,21,5)])
16. ax = plt.figure(figsize=(10, 4),dpi=100).add_subplot()  # 设置图像长度、宽度和清晰度
17. drawPlot(ax)
18. plt.show()
```

第 6 行：plot()函数用于画折线。给出一些点，plot()函数用线段从左到右将这些点连接起来，形成一条折线。给出 1500 个点，xs 中存放着它们的 x 坐标，ys 中存放着它们的 y 坐标。这些点都在曲线 $y=10\sin(x)$ 上。由于点很密，所以画出来就不像折线，而是曲线。label 是线的名字。

第 9 行：scatter()函数用于画一些点。这些点的 x 坐标在 range(16)中，y 坐标在 ys[:16]中。

第 10 行：plot()函数用线段连接 range(16)和 ys[:16]代表的 16 个点。

第 16 行：指明画出的图宽 10 个单位、高 4 个单位，dpi=100 说明每英寸 100 个像素。

调用 plot()函数时，还可以指定 linestyle 参数为 ":" "——" "-." "-" 等来指定不同的线型（虚线、点画线等）。

12.2.3　绘制饼图

下面的程序绘制图 12.2.6 所示的饼图。

```
#prg1250.py
1.    import matplotlib.pyplot as plt
2.    def drawPie(ax):
3.        lbs = ('A', 'B', 'C', 'D')                #4个扇区的标签
4.        sectors = [16, 29.55, 44.45, 10]          #4个扇区的份额（百分比）
5.        expl = [0, 0.1, 0, 0]                     #4个扇区的突出程度
6.        ax.pie(x=sectors, labels=lbs, explode=expl,
7.                    autopct='%.2f',shadow = True,labeldistance = 1.1,
8.                    pctdistance = 0.6,startangle = 90)
9.        ax.set_title("pie sample")                #饼图标题
10.   ax = plt.figure().add_subplot()
11.   drawPie(ax)
12.   plt.show()
```

第 4 行：多个扇区的份额加起来应该是 100。否则系统会自动调整。

第 5 行：本行设置扇区 B 要向外突出一些，突出的距离是 0.1 倍半径。

第 6 ~ 8 行：pie()函数用于绘制饼图。shadow=True 表示添加阴影效果；labeldistance=1.1 表示标签('A','B','C','D')到圆心的距离是 1.1 倍半径；pctdistance=0.6 表示份额数 (16.00,29.55,44.45,10.00)到圆心的距离是 0.6 倍半径；饼图的扇区是按逆时针顺序画的，startangle=90 表示第 0 个扇区是从 90 度开始画的。

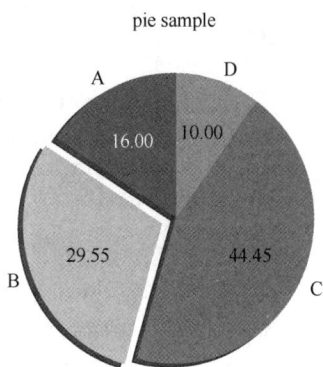

图 12.2.6　饼图

12.2.4　绘制热力图

下面的程序绘制的热力图是直观展示二维数据的好手段。图 12.2.7 所示为不同城市在不同年份的销量的热力图。颜色越亮表示数值越大。

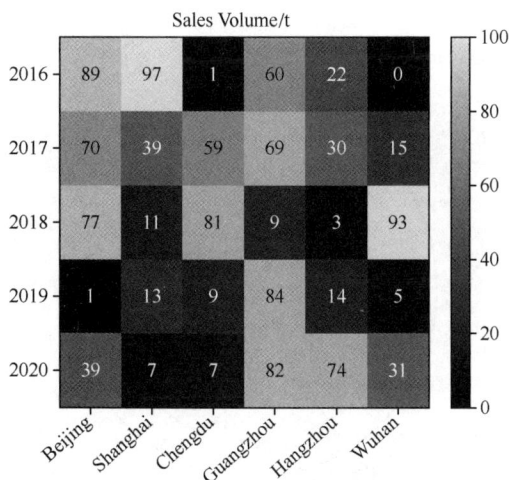

图 12.2.7　热力图

```
#prg1260.py
1.  import random
2.  from matplotlib import pyplot as plt
3.  data = [[random.randint(0,100) for j in range(6)] for i in range(5)]
4.  #生成一个5行6列、元素在[0,100]内的随机矩阵
5.  xlabels = ['Beijing', 'Shanghai', 'Chengdu', 'Guangzhou', 'Hangzhou', 'Wuhan']
6.  ylabels = ['2016', '2017', '2018', '2019', '2020']
7.  ax = plt.figure(figsize=(10,8)).add_subplot()
8.  ax.set_yticks(range(len(ylabels)))    #在y坐标0、1、2、3、4处加刻度
9.  ax.set_yticklabels(ylabels)           #设置y轴刻度文字
10. ax.set_xticks(range(len(xlabels)))    #在x坐标0、1、2、3、4、5处加刻度
11. ax.set_xticklabels(xlabels)
12. heatMp = ax.imshow(data, cmap=plt.cm.hot, aspect='auto',
13.                     vmin = 0,vmax = 100)
14. for i in range(len(xlabels)):
15.     for j in range(len(ylabels)):
16.         ax.text(i,j,data[j][i],ha = "center",va = "center",
17.                 color = "blue",size=26)
18. plt.colorbar(heatMp)                  #绘制右侧的颜色-数值对照柱
19. plt.xticks(rotation=45,ha="right")    #将x轴刻度文字进行逆时针旋转，且水平方向右对齐
20. plt.title("Sales Volume/t")
21. plt.show()
```

第3行：生成一个5行6列的矩阵，30个元素的值随机，范围为[0,100]。

第12、13行：imshow()函数用于绘制热力图。第一个参数是数据矩阵。plt.cm.hot表示绘制的图是颜色越暗数值越小，颜色越亮数值越大。这里还可以有plt.cm.cool等多种选择。vmin是最暗颜色的数值，vmax是最亮颜色的数值。如果不给出这两个值，则data中的最大值为最亮，最小值为最暗。

第16行：在第i行、第j列的方块上写上数值，(i,j)表示数值的坐标。ha是文字的水平对齐方式，值为"center"说明文字的水平方向中心点的 *x* 坐标是i。va是垂直对齐方式。size是字体大小。

绘制雷达图

12.2.5　绘制雷达图

下面的程序绘制图12.2.8所示的雷达图。

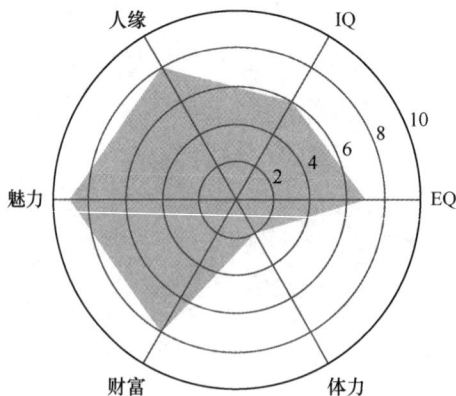

图12.2.8　雷达图

```
#prg1270.py
1.   import matplotlib.pyplot as plt
2.   from matplotlib import rcParams      #用于处理汉字
3.   def drawRadar(ax):
4.       pi = 3.1415926
5.       labels = ['EQ','IQ','人缘','魅力','财富','体力'] #6个属性的名称
6.       attrNum = len(labels)   #attrNum是属性种类数,此处等于6
7.       data = [7,6,8,9,8,2]    #6个属性的值
8.       angles = [2*pi*i/attrNum  for i in range(attrNum)]
9.       #angles是以弧度为单位的6个属性对应的6条半径线的角度
10.      angles2 = [x * 180/pi for x in angles]
11.      #angles2是以角度为单位的6个属性对应的6条半径线的角度
12.      ax.set_ylim(0, 10)                #限定半径线上的坐标范围
13.      ax.set_thetagrids(angles2,labels,fontproperties="SimHei" )
14.      #绘制6个属性对应的6条半径线
15.      ax.fill(angles,data,facecolor= 'g',alpha=0.25)#以透明度alpha填充
16.  rcParams['font.family'] = rcParams['font.sans-serif'] = 'SimHei'
17.  ax = plt.figure().add_subplot(projection = "polar")   #生成极坐标形式的子图
18.  drawRadar(ax)
19.  plt.show()
```

第 12 行：set_ylim()用于限定圆的半径线上最大坐标值是 10。如果没有这一行，则半径上最大坐标值是各个属性里面的最大值，即 9。

第 13 行：set_thetagrids()用于绘制 6 条半径线。第一个参数必须是以角度为单位的角度的列表。有了 fontproperties="SimHei"才能显示中文名称。

第 15 行：fill()用于绘制以 6 个属性的值为顶点的多边形。此时，第一个参数必须是以弧度为单位的角度的列表，第二个参数是属性值的列表。facecolor='g' 表示要用绿色填充该多边形。alpha 的值和透明度相关，alpha=1 表示完全不透明，alpha=0 表示完全透明。

第 17 行：projection="polar"指明生成的子图是极坐标形式的，而非默认的直角坐标形式。画雷达图必须如此。

下面的程序绘制图 12.2.9 所示的多重雷达图。

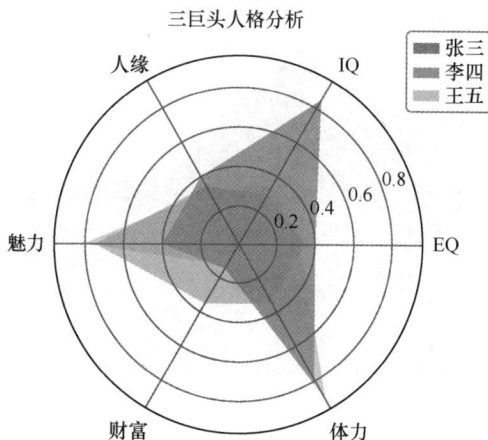

图 12.2.9 多重雷达图

```
#prg1280.py
1.    import matplotlib.pyplot as plt
2.    from matplotlib import rcParams
3.    rcParams['font.family'] = rcParams['font.sans-serif'] = 'SimHei'
4.    pi = 3.1415926
5.    labels = ['EQ','IQ','人缘','魅力','财富','体力']  #6 个属性的名称
6.    attrNum = len(labels)
7.    names = ('张三','李四','王五')
8.    data = [[0.40,0.32,0.35], [0.85,0.35,0.30],
9.              [0.40,0.32,0.35], [0.40,0.82,0.75],
10.             [0.14,0.12,0.35], [0.80,0.92,0.35]]    #3 个人的数据
11.   angles = [2*pi*i/attrNum  for i in range(attrNum)]
12.   angles2 = [x * 180/pi for x in angles]
13.   ax = plt.figure().add_subplot(projection = "polar")
14.   ax.fill(angles,data,alpha= 0.25)
15.   ax.set_thetagrids(angles2,labels)
16.   ax.set_title('三巨头人格分析',y = 1.05)      #y 指明标题垂直位置
17.   ax.legend(names,loc=(0.95,0.9))            #画出右上角不同人对应的颜色索引
18.   plt.show()
```

第 8 ~ 10 行：data 这个二维列表用于存放 3 个人的 6 个属性值。[0.40,0.32,0.35]表示张三、李四、王五的 EQ 分别是 0.40、0.32 和 0.35。其他以此类推。

第 16 行：y=1.05 表示标题的顶端位置是整个雷达图高度的 1.05 倍的位置。

第 17 行：legend()函数用于画出右上角不同人对应的颜色索引。loc 参数表示该索引的位置。

12.2.6　绘制面积图

下面的程序使用 stackplot()函数绘制图 12.2.10 所示的面积图。

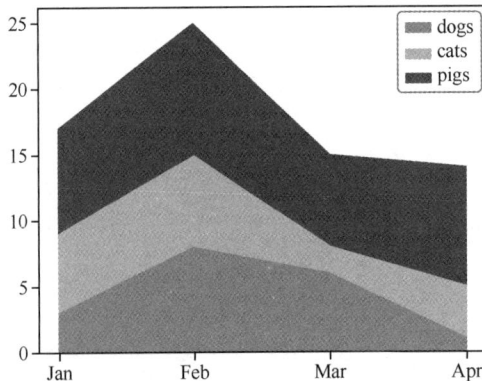

图 12.2.10　面积图

```
#prg1286.py
1.   import matplotlib.pyplot as plt
2.   x = ['Jan','Feb','Mar','Apr']
3.   y = [[3,8,6,1],[6,7,2,4],[8,10,7,9]]
4.   ax = plt.figure().add_subplot()
5.   ax.stackplot(x,y[0],y[1],y[2], colors = ['r','g','b'])
6.   ax.legend(['dogs','cats','pigs'],loc="upper right")
7.   plt.show()
```

12.3 习题

下面的习题在配书资源包中有详细信息和提示，如果要完成，请务必阅读。

（1）用 pandas 处理 Excel 文件。配书资源包中有一个多城市、多月份、多种商品销售情况的 Excel 文件。指定城市和月份，请抽取该城市在该月份的数据，并将其存放在一个新建的 Excel 文件。

（2）三国人名词云。"词云"是一种有趣的数据展示方式。请应用配书资源包中的《三国演义》文本和 3 个 .png 图片，制作分布在这 3 个图片上的词云。

第13章 网络爬虫

网络爬虫简称爬虫。爬虫可以自动从各种网站上获取数据。搜索引擎公司每天24小时不间断地运行爬虫，从全世界的网站上爬取网页，然后根据关键字为这些网页建立索引并存储在数据库中，这样响应用户的搜索请求时，才可以快速地从数据库中找到相关的网页。日常工作中需要编写的爬虫不需要去爬取全世界的网站，只需要针对一个或几个网站，能够自动获取其内容。除了获取数据，爬虫还可以快速、重复模拟人工在网站上的一系列操作以达到一定目的。比如网上选课、网络平台挂号、购物网站抢购等，都可以用爬虫来代替人工实现。如果你是一个录入员，需要经常在网站上录入上百人的各种信息，那么也可以编写一个爬虫来模拟录入的一系列操作，从而快速完成任务。

令人沮丧的是，许多网站都有很强的反爬虫设计，要编写能在这些网站上工作的爬虫，往往需要非常专业的技能。

基础的爬虫只能获取静态的网页，这样的网页在服务器是什么样的，在浏览器里显示就是什么样的，而且不需要登录就能够获取。高级一点的爬虫，可以爬取包含 JavaScript 程序的动态网页。再高级一点的爬虫，可以爬取需要登录以后才能看到的网页。更高级的爬虫，就是能对付各种反爬措施的爬虫，那是职业爬虫工程师才能编写的。本章只介绍到可以自动登录的爬虫。

13.1 基础爬虫四步走

浏览器里看上去图文并茂的网页，本质上是纯文本，用记事本就可以查看。在浏览器中网页空白处右击，然后在弹出的菜单中选择"查看网页源代码"或"查看源"之类的选项（不同浏览器可能选项不同），就可以看到纯文本形式的网页。这些文本是网站服务器发送给浏览器的，里面包含文字、文字的排版信息、图片的地址，以及一些程序。浏览器将这些纯文本表示的内容渲染成图文并茂的样子呈现出来。

一般来说，浏览器上方地址栏里的内容就是它呈现的网页的地址，称为统一资源定位符（Uniform Resource Locator，URL），也可以叫"网址"或者"链接地址"，形式如 https://www.ryjiaoyu.com。有了 URL，就可以获取相应的网页。

用 Python 编写基础爬虫，大致有以下 4 个步骤，其中前两个步骤是手动的。

（1）找出要爬取的网页对应的 URL。

（2）用浏览器打开要爬取的网页，并查看网页源代码，找出包含目标信息的字符串的模式。目标信息可能是文件名、链接地址等。

（3）用 requests 库、pyppeteer 库或 selenium 库等编程获取 URL 对应的网页。

（4）用正则表达式或 BeautifulSoup 库抽取网页中想要的内容并保存。

本节的爬虫，可以爬取百度图片的搜索结果。想要得到描述"猫""跳远""desk""happy"等词的图片，就可以用这个爬虫来完成。

注意，本书的爬虫示例都针对某具体网站。如果网站更改了设计，爬虫可能就无法工作，但这些程序的思路依然是有效的。

下面介绍百度图片爬虫的设计过程。

第一步，手动找出合适的 URL。

如果要爬取的是固定的网页，比如人邮教育社区，URL 就很简单，即 https://www.ryjiaoyu.com。但这个例子不是这样的。

基础爬虫的
写法

进入百度图片，在搜索文本框输入"cat"，如图 13.1.1 所示。

图 13.1.1　百度图片搜索文本框

得到图 13.1.2 所示的百度图片搜索结果网页。

图 13.1.2　百度图片搜索结果网页

将浏览器上方地址栏中的内容复制下来，得到以下 URL：

```
https://image.baidu.com/search/index?tn=baiduimage&ipn=r&ct=201326592&cl=2&lm=
-1&st=-1&fm=result&fr=&sf=1&fmq=1600166741539_R&pv=&ic=0&nc=1&z=&hd=&
latest=&copyright=&se=1&showtab=0&fb=0&width=&height=&face=0&istype=2&ie=utf-
8&sid=&word=cat
```

发现 word=cat 似乎表明要搜索的词是 "cat"。猜想如果将 "cat" 替换成 "dog" 或 "狗"，然后将修改后的 URL 粘贴到浏览器地址栏并按 Enter 键，也许就能得到一些狗的照片。事实果然如此。于是，我们就获得了合适的 URL。要搜词汇 X 的图片，用 X 替换 cat 即可。

⚠ **注意：** 在寻找合适的 URL 的过程中，要尽量用英文，不要用中文。比如在搜索文本框里面输入 "cat" 比输入 "猫" 好得多。因为中文在 URL 里面会变成 "%E7%8C%AB" 之类的字符串，即汉字的十六进制 UTF-8 编码，这样不利于观察。

第二步，手动查看 URL 对应的网页的源代码，找出包含目标信息的字符串的模式。

图 13.1.2 所示的百度图片搜索结果网页中每张图片都是一张缩略图，并且每张图片右下角都有一个 "下载原图" 图标，如图 13.1.3 中画圈处所示，单击该图标即可下载该图。

右击该图标，在弹出的菜单中选择 "复制链接"，如图 13.1.4 所示，即可得到图片的 URL：

```
https://image.baidu.com/search/down?tn=download&ipn=dwnl&word=download&ie=utf8&
fr=result&url=https%3A%2F%2Fd.c-launcher.com%2Fwallpaper%2Fimg%2F953%2F53b26650e4b0d
c540acf5681%2F1404200528681%2Fwallpaper.jpg&thumburl=https%3A%2F%2Fimg0.baidu.com%2F
it%2Fu%3D439444810%2C3139167824%26fm%3D253%26fmt%3Dauto%26app%3D138%26f%3DJPEG%3Fw%3
D563%26h%3D500
```

图 13.1.3 "下载原图" 图标

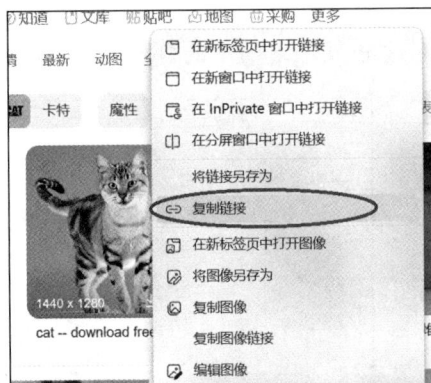

图 13.1.4 选择 "复制链接"

这个 URL 看上去非常复杂，包含 "%3A" "%2F" 等以 "%" 开头的字符串，它们是字符的十六进制 UTF-8 编码。比如 "%3A" 是 ":" 的编码，"%2F" 是 "/" 的编码，"%25" 是 "%" 的编码。例如，执行 print('\x3A\x2F\x25') 的输出结果是 ":/%"。

将上面的 URL 作为下面程序的输入：

```python
from urllib.parse import unquote
s = input()
print(unquote(s, "utf-8"))
```

程序的输出结果就是十六进制编码被相应字符替换后的 URL，如下：

```
https://image.baidu.com/search/down?tn=download&ipn=dwnl&word=download&ie=utf8&
fr=result&url=https://d.c-launcher.com/wallpaper/img/953/53b26650e4b0dc540acf5681/
1404200528681/wallpaper.jpg&thumburl=https://img0.baidu.com/it/u=439444810,3139167824&
fm=253&fmt=auto&app=138&f=JPEG?w=563&h=500
```

该 URL 中有两处图片的 URL（第一处为加黑、加粗部分，第二处为斜体字部分），猜想第一处应该是原图的 URL，第二处应该是百度搜到原图后留存的原图的缩略图的 URL。将这两个 URL 复制并粘贴到浏览器的地址栏中，都可以显示猫的图片，前者的图更大、更精细，即原图；后者的图小一些，即缩略图。猜想得到证实。

由于原图有可能因来自国外网站而访问不了，所以不妨让 Python 程序直接从缩略图 URL 爬取图片。缩略图 URL 如下：

```
https://img0.baidu.com/it/u=439444810,3139167824&fm=253&fmt=auto&app=138&f=JPEG?
w=563&h=500
```

在图 13.1.2 所示的网页里面找到 5 个不同的缩略图 URL，就可以下载 5 张图片。查看该网页的源代码，看到的是一大堆很复杂的文本，没有头绪，但可以猜测文本里面一定包含上面的缩略图 URL，因此在文本里面搜索 "u=439444810,3139167824&fm=253&fmt=auto&app=138&f=JPEG"，可以找到：

```
......
{"thumbURL":"https://img0.baidu.com/it/u=439444810,3139167824&fm=253&fmt=auto&app=
138&f=JPEG?w=563&h=500",
......
```

猜测缩略图 URL 都有上面黑体部分的模式，即"thumbURL":后面应该跟着图片的 URL。查找几处"thumbURL":，将其后的疑似 URL 输入浏览器地址栏，即可看到图片，从而证实了这一猜测。至此，第二步已经完成，即找到了图片 URL 在搜索结果网页中出现的字符串的模式。

第三步和第四步直接用下面的程序来说明。程序的核心函数是 getBaiduPictures()。getBaiduPictures("dog",4)表示从百度图片搜索 "dog" 的结果中下载 4 幅图并保存为文件，文件名分别是 dog0、dog1、dog2、dog3。文件的扩展名和原图的扩展名一样。

```
#prg1390.py
1.    import re
2.    import requests              #requests 库用于获取网络资源
3.    def getHtml(url):           #获取网址为 url 的网页
4.        #具体实现见 13.2 节
5.    def getBaiduPictures(word,n):  #下载 n 个从百度图片搜索的关于 word 的图片，并保存到本地
6.        url = "https://image.baidu.com/search/index?tn=baiduimage&ipn=r&ct=
201326592&cl=2&lm=-1&st=-1&fm=index&fr=&hs=0&xthttps=111111&sf=1&fmq=&pv=&ic=0&nc=
1&z=&se=1&showtab=0&fb=0&width=&height=&face=0&istype=2&ie=utf-8&word="
7.        url += word
8.        html = getHtml(url)
9.        pt = '\"thumbURL\":.*?\"(.*?)\"'     #正则表达式，用于寻找图片 URL
10.       i = 0
11.       for x in re.findall(pt, html):       #x 就是图片 URL
12.           x = x.lower()
13.           try:
14.               r = requests.get(x, stream=True)  #获取 x 对应的网络资源
15.               f = open('{0}{1}.jpg'.format(word,i),
```

```
16.                                "wb")           #"wb"表示以二进制写方式打开文件
17.                    f.write(r.content)          #将图片内容写入文件
18.                    f.close()
19.                    i = i + 1
20.             except Exception as e :
21.                    pass
22.         if i >= n:
23.                    break
24. getBaiduPictures("猫",3)
25. getBaiduPictures("狗",4)
```

第 2 行：requests 库不是 Python 自带的，是一个用于获取网络资源的第三方库。要先执行 pip install requests 来安装 requests 库。

第 3 行：getHtml()函数用于获取 url 对应的网页。由于网页就是纯文本，因此本函数的返回值是一个字符串，其中存放着在浏览器中查看网页源代码时看到的全部内容，即整个网页。此处没有给出这个函数的写法，具体写法详见 13.2 节。

第 7 行：执行完本行后，url 就是搜索 word 的图片时用到的 URL。

第 9 行：pt 是用于从网页中提取图片 URL 的正则表达式。它匹配的字符串形式如下：

```
"thumbURL":"https://img0.baidu.com/it/u=439444810,3139167824&fm=253&fmt=auto&app=
138&f=JPEG?w=563&h=500"
```

第 14 行：requests.get()函数用于获取网络资源，包括普通网页，或者图片、下载的压缩包等各种非网页的文件，其第一个参数是 URL。此处 x 对应一个图片文件，而不是一个网页，因此用 requests.get()获取它时，应指定参数 stream=True。本行模拟在搜索结果网页中单击该图片的缩略图的动作。如果此处 x 是一个网页的链接，就可以用 getHtml()函数去获取这个网页，相当于单击这个链接。

第 15、16 行：保存下来的图片文件名类似"猫 0.jpg""猫 1.jpg"……由于图片文件不是文本文件，因此打开时一定要指定模式为"wb"，表示以二进制写方式打开文件。

第 17 行：将图片内容写入文件。本行的 r 就是第 14 行 requests.get()的返回结果。

注意，程序中的 requests.get()被放到异常处理语句 try...except 中。因为访问某个 URL 很可能由于某种意外而失败，比如 URL 所在的网站已经更新等，所以一定要有异常处理机制。

这个百度图片爬虫程序已经是两年来作者写的第 4 个版本，也就是说，两年内百度图片改版了 3 次。第 1 次加上了反爬措施，第 2 次、第 3 次改变了图片 URL 的格式。所以爬虫的确比较脆弱，说不好什么时候突然就"爬"不动了。

建议读者尝试爬取原图作为练习。

13.2 网页获取三招式

获取指定 URL 的网页有 3 种常用的方法，分别是使用 requests 库、使用 selenium 库和使用 pyppeteer 库。

方法一：使用 requests 库。

程序如下：

```
#prg1400.py
1.    def getHtml(url):    #获取网址为 url 的网页
2.        import requests
3.        fakeHeaders = {'User-Agent':
4.                    'Mozilla/5.0 (Windows NT 10.0; Win64; x64)  \
5.                    AppleWebKit/537.36 (KHTML, like Gecko) \
6.                    Chrome/81.0.4044.138 Safari/537.36 Edg/81.0.416.77',
7.                     'Accept': 'text/html,application/xhtml+xml,*/*'
8.        } #用于伪装浏览器发送请求
9.        try:
10.               r = requests.get(url,headers = fakeHeaders)
11.               r.encoding = r.apparent_encoding    #确保网页编码正确
12.               return r.text    #返回值是一个字符串，其包含整个网页的内容
13.        except Exception as e:
14.               print(e)
15.               return None
```

网页也是有编码的，可能为 UTF-8、GB2312 等。如果用此函数获取的网页碰到了中文变成乱码的问题，可以使用 Chardet 库解决问题。请读者自己搜索研究。

使用 requests 库获取网页的优势是开发环境安装、设置简单，只需要执行 pip install requests 即可，同时将爬虫程序打包、分发也容易。此外，用 requests 库获取网页的速度比其他方法快几倍甚至数十倍、上百倍。此方法的局限，一是非常容易被反爬手段破坏；二是许多网页是由 JavaScript 动态生成的，即便没有反爬措施，用此方法也无法爬取。

方法二：使用 selenium 库。

selenium 是一个有较长历史的自动化网站测试库，实际上就是爬虫工具库，其工作原理和 pyppeteer 库的类似。相比 pyppeteer 库，selenium 库因为存在时间较长而被更多的网站反爬，且网络上各种 selenium 库的反反爬措施实际上基本都已经失效，因而实用性较差。而且，用 selenium 库获取网页的速度比 pyppeteer 库的慢十几倍甚至几十倍。因此作者认为 selenium 库已经过时，这里不详细介绍。

方法三：使用 pyppeteer 库。

Puppeteer 是谷歌公司推出的可以控制 Chrome 浏览器的一套网站自动化测试工具。一个日本工程师以 Puppeteer 为基础推出了 Python 版本，就叫 pyppeteer。使用 pyppeteer 库可以启动浏览器载入网页，并指挥浏览器做各种动作，包括拖曳浏览器滚动条，单击网页中的图标、按钮、链接，往网页的文本框里输入文字等。总之，在浏览器中，人能做的事情，它基本都能模拟，当然也能获取浏览器中显示的整个网页的源代码。用 pyppeteer 库一样可以轻松爬取由 JavaScrip 动态生成的网页。

而且，pyppeteer 库尚是"初生牛犊"，"老虎"们还没想到要对付它——针对它反爬的网站不多。

作者强烈推荐用 pyppeteer 库作为编写爬虫的首选工具。

执行 pip install pyppeteer 可以安装 pyppeteer 库。

pyppeteer 库要求 Python 的版本是 3.6 或更高，而且需要和一个特殊版本的谷歌浏览器 Chromium 配合使用。第一次运行用 pyppeteer 库编写的程序时，pyppeteer 库会自动下载并安装 Chromium 浏览器。但这一步有可能失败，导致无法安装或者安装了也不能用。如果出错，就要自己下载 Chromium 压缩包。可以将 Chromium 压缩包随便解压在哪个文件夹，

然后在程序中指明 chrome.exe 的位置，也可以将 Chromium 压缩包解压到 pyppeteer 库的安装文件夹下。这个文件夹通常类似于：

```
C:\Users\username\AppData\Local\pyppeteer\pyppeteer\local-chromium\588429
```

把 username 换成 Windows 系统的用户名，588429 也可能是别的数。将 Chromium 压缩包里面的 chrome-win32 文件夹放在上面的文件夹里面即可。

使用 pyppeteer 库需要知道关于"协程"的知识。协程就是定义时在前面加了"async"的函数，例如：

```
async def f()
    return 0
```

函数 f() 就是协程。调用协程时，必须在函数名前面加"await"，例如：

```
await f()
```

而且，**await** 语句只能出现在协程里。初用协程，经常会因为调用协程 XXXX 时忘了加 await 导致下面的错误：

```
RuntimeWarning: coroutine 'XXXX' was never awaited
```

协程是一种特殊的函数，多个协程可以并行。假设有两个普通函数 A 和 B，执行这两个函数分别需要 3 秒和 2 秒，由于不能同时执行这两个函数，所以把它们都执行完需要 5 秒。但如果 A、B 是协程，那么它们就有可能同时执行，把它们都执行完可能只需要约 3 秒多。

使用 pyppeteer 库获取指定 URL 对应网页的函数如下，它可以获得百度图片搜索结果的网页。

```python
#prg1410.py
1.  def getHtml(url):
2.      import asyncio            #Python 3.6之后自带的协程库
3.      import pyppeteer as pyp
4.      async def asGetHtml(url):  #获取url对应网页的源代码的协程
5.          browser = await pyp.launch(headless=False)
6.          # 启动Chromium, browser 即 Chromium 浏览器, 非隐藏启动
7.          page = await browser.newPage()#在浏览器中打开一个新页面(标签)
8.          await page.setUserAgent(
9.              'Mozilla/5.0 (Windows NT 6.1; Win64; \
10.              x64) AppleWebKit/537.36 (KHTML, like Gecko) \
11.              Chrome/78.0.3904.70 Safari/537.36') #反反爬措施
12.          await page.evaluateOnNewDocument(
13.              '() =>{ Object.defineProperties(navigator, \
14.              { webdriver:{ get: () => false } }) }' ) #反反爬措施
15.          await page.goto(url)       # 载入 url 对应的网页
16.          text = await page.content()#page.coutent 就是网页源代码字符串
17.          await browser.close()      #关闭浏览器
18.          return text
19.      loop = asyncio.new_event_loop()
20.      asyncio.set_event_loop(loop)
21.      html=loop.run_until_complete(asGetHtml(url))#调用并获取 asGetHtml() 的返回值
22.      return html
```

pyppeteer 库中的函数都是协程。前面程序中的 browser、page 这些对象都来自 pyppeteer 库，所以它们的函数，如 browser.newPage()、page.goto()、page.content()等都是协程，调用时前面都要加 await。否则程序运行时会出错。

第 5 行：launch()函数用于启动 Chromium 浏览器，此后 browser 就代表 Chromium 浏览器。headless=False 很重要，表示不要以"无头"方式启动，即能看到 Chromium 浏览器。建议不要以"无头"方式启动浏览器，因为那样很容易被反爬。

如果 pyppeteer 库自动安装的 Chromium 浏览器有问题，手动安装 Chromium 浏览器到某个文件夹，比如 C:/tmp，则需要为 launch()函数加一个 executablePath 参数来指明 Chromium 浏览器所在的位置。Chromium 浏览器在工作期间会生成一些临时文件，有时会因为临时文件的存放问题导致错误，此时可以加一个 userdataDir 参数，指定一个可靠的存放临时文件的文件夹。例如：

```
browser = await launch(headless=False,
 executablePath="c:/tmp/chrome-win32/chrome.exe", userdataDir="c:/tmp")
```

第 7 行：browser.newPage()返回 Chromium 浏览器中的一个 page 对象。一个 page 对象对应 Chromium 浏览器中的一个页面。Chromium 浏览器和 Chrome 浏览器以及其他浏览器一样，可以同时打开多个页面，一个页面也被称作一个标签，不同页面可以显示不同网页。

第 8～14 行：用于反反爬，不必深究，使用时照抄即可。第 13 行的字符串参数是一段让浏览器去执行的 JavaScript 程序。

第 19～22 行：getHtml()只执行了这 4 条语句，这 4 条语句是在协程外部调用协程，并取得协程返回值的固定写法。第 19 行生成一个事件循环对象。在协程外部要调用协程，就要通过事件循环对象来进行。而在一个协程内部调用另外一个协程，则直接用 await 语句，如第 5、7、8 行等所示。

如果在第 15 行后面添加下面两条语句，就可以将搜索结果网页保存为 PNG 图像文件和 PDF 文件：

```
await page.screenshot({'path': 'c:/tmp/example.png'})    #将网页截屏成 PNG 图像文件
await page.pdf({'path': 'c:/tmp/example.pdf'})           #将网页存为 PDF 文件
```

screenshot()函数和 pdf()函数的参数都是一个字典。其中的键 'path' 对应的值指明要保存的文件名。

每次调用 getHtml()函数获取一个网页时，都会启动 Chromium 浏览器，并在浏览器里新建一个页面，取得网页后又关闭浏览器，这显然是非常浪费资源的。实际上可以只启动一次浏览器，并在浏览器中只生成一个页面，用该页面获取不同网页，直到不再需要获取网页才关闭浏览器。请读者自行尝试。

13.3 用 BeautifulSoup 分析网页

如果对正则表达式不太熟悉，也可以用第三方库 BeautifulSoup 来分析网页，提取想要的内容。执行 pip install beautifulsoup4 可以安装该库。在程序中使用该库，需要执行 import bs4。

网页的形式是纯文本。网页文件的扩展名通常是".htm"或".html"。用记事本打开一个网页（又称 HTML 文件）查看其纯文本，通常会看到图 13.3.1 所示的网页源代码。

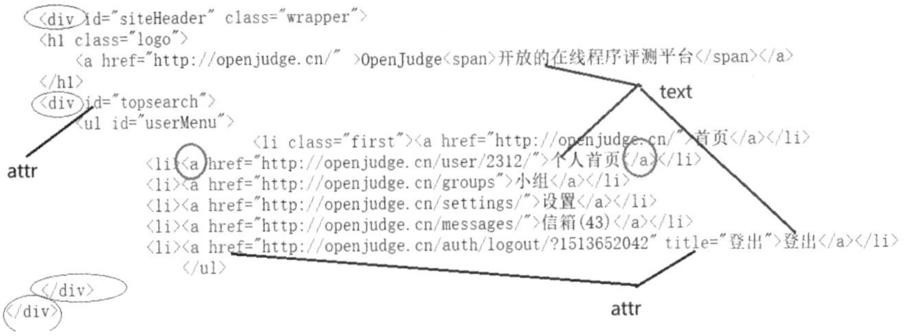

图 13.3.1　网页源代码

可见，HTML 文件是由一个个 tag（标签）构成的。tag 的格式通常如下：

```
<X attr1='xxx' attr2='yyy' attr3='zzz' ...>
    正文
</X>
```

X 是 tag 的名字。attr1、attr2、attr3 等都是 tag 的属性，"="后面跟着的是属性的值。一个 tag 的所有属性构成这个 tag 的属性集。例如下面这个 tag：

```
<a href="www.ryjiaoyu.com" id='mylink'>人邮教育</a>
```

"a"是 tag 的名字。这个 tag 有两个属性，分别是"href"（其值为"www.ryjiaoyu.com"）和"id"（其值为'mylink'）。这个 tag 的正文是"人邮教育"。一个 HTML 文件里会有大量名字相同的 tag。也有少数 tag 只有"<X ...>"部分，没有正文和"</X>"，比如表示换行的"
"。

tag 是可以嵌套的。例如：

```
<div id="siteHeader" class="wrapper">
    <h1 class="logo">
    <div id="topsearch">
        <ul id="userMenu">
        <li><a href="http://www.ryjiaoyu.com/">首页</a></li>
    </div>
</div>
```

这是一个名字为"div"的 tag，其内部包含两个 tag，名字分别为"h1"和"div"。内部名字为"div"的 tag 又包含两个 tag，名字分别为"ul"和"li"。

用 BeautifulSoup 库分析 HTML 文件的步骤如下。

（1）将 HTML 文件载入一个 BeautifulSoup 对象 x。

（2）用 x 对象的 find()、find_all()等函数去找想要的、包含特定信息的 tag 对象。

（3）在找到的 tag 对象中，还可以用 tag 对象的 find()、find_all()函数去找它内部包含的 tag 对象，即嵌套的 tag 对象。

（4）用 tag 对象的属性或函数获取 tag 对象中包含的有用信息。

若 x 是一个 BeautifulSoup 的 tag 对象，则其重要属性如表 13.3.1 所示。

表 13.3.1　BeautifulSoup 的 tag 对象的重要属性

属性	类型和含义
x.name	字符串，表示 HTML 文件中 tag 的**名字**
x.text	字符串，表示 HTML 文件中 tag 的**正文**
x.attrs	字典，表示 HTML 文件中 tag 的**属性集**。每个元素都是 tag 的一个属性，其键是属性名，值是属性值

载入 BeautifulSoup 对象的 HTML 文件可以来源于字符串，也可以来源于一个 HTML 文件。以来源于字符串为例：

```
#prg1420.py
1.    import bs4    #导入 BeautifulSoup 库，事先要执行 pip install beautifulsoup4
2.    str = '''
3.    <div id="siteHeader" class="wrapper">
4.        <h1 class="logo">
5.        <div id="topsearch">
6.            <ul id="userMenu">
7.            <li ><a href="http://www.ryjiaoyu.com/" name='ok'>首页</a></li>
8.        </div>
9.    </div>'''
10.   soup = bs4.BeautifulSoup(str,"html.parser")
11.   tag = soup.find("li")  #找名为"li"的 tag
12.   print(tag.text)        #>>首页
13.   tag = soup.find("a")   #找名为"a"的 tag
14.   print(tag.name)        #>>a
15.   print(tag.text)        #>>首页
16.   print(tag.attrs)       #>>{'href': 'http://www.ryjiaoyu.com/', 'name': 'ok'}
17.   print(tag["href"])     #>>http://www.ryjiaoyu.com/
18.   print(tag["name"])     #>>ok
```

第 10 行：将 HTML 文件 str 载入一个新建的 BeautifulSoup 对象 soup。"html.parser"参数总是需要的，它说明 str 里面文字的格式是 HTML 格式。

第 11 行：find()函数用于查找符合要求的 tag。第一个参数是 tag 的名字。还可以有其他参数。如果符合要求的 tag 不止一个，就返回第一个。

第 17 行：tag 对象有类似于字典的功能，可以用属性名作为关键字，查找属性的值。

第 18 行：许多 HTML 文件的 tag 的属性集里都会有 name 属性。不要把它和 tag 的名字搞混了。注意区分本行和第 14 行。

将一个来自网络的网页载入 BeautifulSoup 对象，可以这样写：

```
html = getHtml("https://www.ryjiaoyu.com")
soup = bs4.BeautifulSoup(html,'html.parser')
```

getHtml()是 13.1 节提到的函数，返回值是包含整个网页内容的字符串。

将一个 HTML 文件载入 BeautifulSoup 对象，可以这样写：

```
soup = bs4.BeautifulSoup(open("test.html",encoding="utf-8"),
            "html.parser")
```

假设 test.html 文件内容如下，且是 UTF-8 编码（行号只是为了后面引述方便，文件里是没有的）：

BeautifulSoup
实例

```
1.    <!DOCTYPE HTML>
```

```
2.    <html>
3.    <body>
4.    <div id="sample" style="display:block;">
5.        <div class="df_div2">
6.            <a href="https://image.baidu.com/search/index?tn=baiduimage&word=dog">
7.                    <span class="p1-4">dog 的图片</span> </a>
8.            <p></p>
9.            <a href="https://image.baidu.com/search/index?tn=baiduimage&word=cat">
10.                    <span class="p1-4">cat 的图片</span> </a>
11.            <p></p>
12.            <a href="http://www.baidu.com" id="searchlink1" class="sh1">百度</a>
13.            <a href="http://www.bing.com.cn" id="searchlink1" class="sh2">必应</a>
14.        </div>
15.    </div>
16.    </body>
17.    </html>
```

　　HTML 文件都有一个名为"html"的 tag，在上面的文档里，始于第 2 行，终于第 17 行。该 tag 内部又包含很多 tag。可见，所有的信息都是放在 tag 里面的。

　　用浏览器打开这个文件，会看到图 13.3.2 所示页面。

　　单击"dog 的图片"链接或"cat 的图片"链接，会自动到百度图片搜索这两种图片。单击"百度"链接或"必应"链接，会跳转到这两个网站的首页。

图 13.3.2　HTML 文件样例

　　"dog 的图片"链接是由下面这个 tag 显示出来的：

```
<a href="https://image.baidu.com/search/index?tn=baiduimage&word=dog">
        <span class="p1-4">dog 的图片</span> </a>
```

　　这个名字为"a"的 tag 的正文里面包含的文字"dog 的图片"被显示出来。该 tag 有 href 属性，说明它是一个链接，链接的地址是 href 属性的值，即"https://image.baidu.com/search/index?tn=baiduimage&word=dog"。

　　下面的程序用 BeautifulSoup 分析 test.html 文件：

```
#prg1430.py
1.    import bs4
2.    soup = bs4.BeautifulSoup(open("test.html",
3.                        encoding = "utf-8"),"html.parser")
4.    diva = soup.find("div",attrs={"id":"sample"})
5.    #寻找名字为"div"，且具有值为"sample"的属性"id"的 tag
6.    if diva != None:    #如果找到
7.        for x in diva.find_all("span",attrs={"class":"p1-4"}):
8.            print(x.text)
9.        #>>dog 的图片
10.        #>>cat 的图片
11.        for x in diva.find_all("a",attrs={"id":"searchlink1"}):
12.            print(x.text)
13.        #>>百度
14.        #>>必应
15.        x = diva.find("a",attrs={"id":"searchlink1","class":"sh2"})
```

```
16.      if x != None:                #查找成功
17.          print(x.text)            #>>必应
18.          print(x["href"])         #>>http://www.bing.com.cn
19.          print(x["id"])           #>>searchlink1
```

第 4 行：find() 的第一个参数是要找的 tag 的名字。attrs 参数是一个字典，里面的每个元素都是这个 tag 拥有的属性和值。这里要找一个名字为"div"的 tag，该 tag 具有"id"属性，且"id"属性的值为"sample"。这个 tag 在 test.html 里始于第 4 行，终于第 15 行。建议读者执行 print(diva.text) 看看结果是什么。不写名字参数，只根据 attrs 参数进行查找也是可以的，即：

```
diva = soup.find(attrs={"id":"sample"})
```

BeautifulSoup 对象还有 find_all() 函数，用来找所有符合条件的 tag。

第 7、8 行：tag 对象也有 find() 函数和 find_all() 函数，用来寻找其内部的 tag。第 7 行的 find_all() 用于寻找 diva 这个 tag 内部的所有名字为"span"且有值为"p1-4"的"class"属性的 tag，返回所有找到的 tag 对象构成的序列。test.html 的第 7 行和第 10 行各有一个满足条件的 tag，所以最终输出结果是：

dog 的图片
cat 的图片

find_all() 也可以不指定名字参数。

第 15 行：在 diva 内部找一个名字为"a"，有值为"searchlink1"的属性"id"和值为"sh2"的属性"class"的 tag。该 tag 在 test.html 中的第 13 行。

实际上，寻找一个 tag，并不是必须通过包含它的那个 tag 来进行。例如，在上面的程序中，直接用

```
soup.find_all("span",attrs={"class":"p1-4"})
```

也能查找到名字为"span"的 tag，不一定要通过 diva 来进行查找。此处也可以不给出"span"参数。

HTML 文件中的 tag 有"父子"和"兄弟"关系。如果 A 直接包含 B，即 B 位于 A 的下一级，那么 A 和 B 就是父子关系。如果 A 同时直接包含 B、C，那么 B、C 就是兄弟关系。

例如 test.html 中第 5 行的 div，终止于第 14 行，它的父 tag 就是第 4 行的 div。第 5 行的 div 有 4 个名字为"a"的子 tag 和 2 个名字为"p"的子 tag。BeautifulSoup 提供了寻找父子关系的 tag 的方法：

```
#prg1440.py
1.   import bs4
2.   soup = bs4.BeautifulSoup(open("test.html",
3.            encoding = "utf-8"),"html.parser")
4.   div = soup.find("div",attrs={"class":"df_div2"})  #test.html 中第 5 行的 tag
5.   for x in div.children:                    #遍历 div 的所有子 tag
6.       if x.name != None and x.name != 'p':
7.           print("name of son =", x.name)
8.           if hasattr(x,"attrs"):            #如果 x 有 attrs 这个属性，即有属性集
9.               print("attrs =",x.attrs)
```

```
10.   print(div.parent.name,div.parent["id"])#>>div sample
11.   for x in div.parents:      #>>div,body,html,[document]      遍历 div 的祖先
12.       print(x.name,end = ",")
```

第 6 行：div.children 里面会有一些名字为 None 的 tag，所以要跳过。

程序输出略。

需要注意的是，在 HTML 文件中，经常有很多 tag 名字一样，属性集也类似，有的包含想要找的信息，有的不包含，要注意区分。需要的 tag 不要漏掉，不需要的 tag 应该排除。

另外，除了 find() 函数和 find_all() 函数，BeautifulSoup 对象还有 select() 函数可以用来找 tag，请读者自行查阅。

13.4 用 pyppeteer 爬取由 JavaScript 动态生成的网页

有的网页，有一些文字在浏览器中查看源代码时找不到。比如，图 13.4.1 所示的东方财富网股票交易数据。

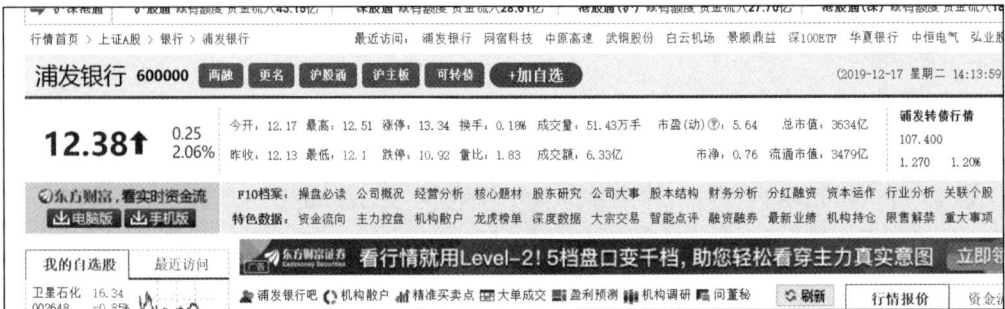

图 13.4.1　东方财富网股票交易数据

国内股市每只股票都有 6 位数的股票代码。东方财富网上一只股票的每日交易信息的网址形式是：

```
"https://quote.eastmoney.com/"+交易所代码+股票代码+".html"
```

上海证券交易所股票的交易所代码是"sh"，深圳证券交易所股票的交易所代码是"sz"。

网页显示"今开：12.17 最高：12.51……"等交易信息。想要爬取这些数据，却发现查看网页源代码时，源代码里面能找到"今开"和"最高"等，但是找不到"12.17""12.51"等，用 requests 库编写的 getHtml() 函数取得的网页里面也没有这些数据，从而无法进行爬取。出现这种情况，是因为浏览器收到服务器发来的网页（即查看源代码时看到的，也是 requests 版的 getHtml() 函数返回的结果）里面是没有这些数据的。但是网页里面有 JavaScript 程序，查看源代码时，查找"<script"就能发现 JavaScript 程序。浏览器执行网页中的 JavaScript 程序以后，就会生成这些数据并展示出来。鼠标右键单击"12.17"，在弹出的菜单中选择"检查"选项，可以看到"12.17"所属的 tag，其 text 就是 12.17，但这是运行了 JavaScript 程序之后的结果。因此 Python 爬虫程序需要在获取到网页后执行里面的 JavaScript 程序，才能得到股票数据。

用 pyppeteer 版的 getHtml() 函数可以获取 JavaScript 程序被执行后的网页，因为 Chromium 浏览器载入网页后会执行 JavaScript 程序。执行代码

```
print(getHtml("https://quote.eastmoney.com/sh600000.html"))
```

可以输出浦发银行当日股票交易信息网页的源代码，在输出结果中，可以找到以下内容：

```
<div class="brief_info_c"><table><tbody><tr><td class="n">今开: </td><td><span>
<span class="price_draw blinkblue">12.17</span></span></td><td class="n"> 最 高 :
</td><td><span><span class="price_up blinkred">12.51</span></span></td>
<td class="n">涨停: </td><td><span>
<span class="price_up blinkred">7.27</span></span></td>
<td class="n">换手: </td><td>
<span><span class="price_draw blinkblue">0.07%</span></span></td>
<td class="n">成交量: </td><td><span><span class="price_draw blinkblue">19.83 万
</span></span></td><td class="n">市盈(动)<span>
```

其中，发现了"今开""最高""12.17""12.51"等信息。使用正则表达式，可以抽取出这些信息，这些信息的模式类似：

```
<td class="n">今开: </td><td><span><span class="price_down blinkgreen">12.71</span>
</span></td>
```

程序如下：

```
#prg1442.py
1.   html = getHtml("https://quote.eastmoney.com/sh600000.html")
2.   #要用 pyppeteer 版的 getHtml() 函数
3.   pt = '<td class="n">([^<]*)</td><td><span><span class[^<]*>([^<]*)</span>
</span></td>'
4.   for x in re.findall(pt, html, re.DOTALL):
5.       if (x[1] != ""):
6.           print(x[0], x[1])
```

程序输出结果如下：

```
今开:  12.17
最高:  12.51
涨停:  13.34
换手:  0.18%
成交量:  51.43 万
总市值:  3634 亿
昨收:  12.13
最低:  12.1
跌停:  10.92
量比:  1.83
成交额:  6.33 亿
市净:  0.76
流通市值:  3479 亿
```

用 BeautifulSoup 也可以爬取上面的信息，程序如下：

```
#prg1444.py
1.   html = getHtml("https://quote.eastmoney.com/sh600000.html")
2.   soup = bs4.BeautifulSoup(html,"html.parser")
3.   diva = soup.find("div",attrs={"class":"brief_info_c"})
```

```
4.  titles = diva.find_all("td",attrs = {"class":"n"})
5.  for t in titles:
6.      sp = t.findNext("span")  #找 t 后面那个有 class 属性的 span
7.      print(t.text,sp.text)
8.      #print(sp) 可以看到对 sp 的整个 tag 的描述
```

因为很容易在网上查到所有股票的交易代码,所以可以编写获取所有股票每日交易信息的爬虫。注意,只需要启动一次 Chromium 浏览器,新建一个页面,就可以重复调用该页面的 goto()函数去载入不同股票的当日交易信息网页。

★13.5 用 pyppeteer 爬取需要登录的网站

有时,爬取网站数据必须在登录以后才能进行。比如,要爬取我在京东上的订单,必然要先用我的账号登录;要爬取我在 OpenJudge 平台上提交过的所有程序,也要先登录。有些网站甚至不登录就无法使用,比如有的小说网站不登录就不能看小说。登录这个操作,是无法用一个简单的 URL 表示的,因此无法用 getHtml()函数的方式进行登录。通过 pyppeteer/selenium,可以模拟用户在浏览器上的任何操作,包括登录操作。

用 pyppeteer 爬取需要登录的网站

下面这个爬虫,用账号登录 OpenJudge 平台以后,可以输出最后提交且通过的那两个程序。

OpenJudge 平台登录页面如图 13.5.1(a)所示。登录后,进入图 13.5.1(b)所示页面。

　　　　　(a)登录前　　　　　　　　　　　　　　(b)登录后

图 13.5.1　OpenJudge 平台登录页面

右击右上角的"个人首页",在弹出的菜单中选择"检查"选项,则 Chrome 浏览器会在右边弹出窗口显示一些网页的源代码,并且将"个人首页"这个元素高亮显示,可以看出,它是一个链接 tag(有 href 属性的 tag 称为链接 tag),如图 13.5.2 所示。

```
<a href="http://openjudge.cn/user/2312/">个人首页</a>
```

⚠ **注意**:用"检查"方式看到的东西,有可能是 JavaScript 程序执行后的结果,用"查看网页源代码"方式不一定能看到。不过本例不是这个情况。

图 13.5.2　OpenJudge 平台"个人首页"tag

关闭源代码窗口，单击"个人首页"，进入图 13.5.3 所示页面。

图 13.5.3　OpenJudge 平台个人提交记录

用同样的方法，查得第一个"Accepted"链接的 tag 如下：

```
<a href=http://cxsjsxmooc.openjudge.cn/2020t1fallall2/solution/25212869/
class="result-right">Accepted</a>
```

这个 tag 的 href 属性值如下：

```
http://cxsjsxmooc.openjudge.cn/2020t1fallall2/solution/25212869/
```

href 属性值是提交的程序所在的网页的网址。单击"Accepted"链接，就能看到显示提交的程序的网页（以后称为"源程序网页"），如图 13.5.4 所示。

图 13.5.4　源程序网页

查看该网页的源代码，会发现提交的程序是一个形式为"<pre>...</pre>"的 tag 的正文。

搞清楚上述事实后，就可以写出如下程序：

```
#prg1450.py
1.  import asyncio
2.  import pyppeteer as pyp
3.  async def antiAntiCrawler(page):  #为page添加反反爬虫的手段
4.      await page.setUserAgent('Mozilla/5.0 (Windows NT 6.1; \
5.              Win64; x64) AppleWebKit/537.36 (KHTML, like Gecko) \
6.              Chrome/78.0.3904.70 Safari/537.36')
7.      await page.evaluateOnNewDocument(
8.              '() =>{ Object.defineProperties(navigator, \
9.              { webdriver:{ get: () => false } }) }')
10. async def getOjSourceCode(loginUrl):
11.     width, height = 1400, 800    #网页宽度、高度
12.     browser = await pyp.launch(headless=False,
13.                                 userdataDir = "c:/tmp",
14.                                 args=[f'--window-size={width},{height}'])
15.     page = await browser.newPage()
16.     await antiAntiCrawler(page)
17.     await page.setViewport({'width': width, 'height': height})
18.     await page.goto(loginUrl)  #载入登录页面
19.     element = await page.querySelector("#email")       #寻找账号输入框
20.     await element.type("XXXXXX@pku.edu.cn")             #输入账号（邮箱）
21.     element = await page.querySelector("#password")    #寻找密码输入框
22.     await element.type("XXXXXX")                        #输入密码
23.     element = await page.querySelector(
24.             "#main > form > div.user-login > p:nth-child(2) > button")
25.     await element.click()                               #单击"登录"按钮
```

第 3 行：antiAntiCrawler()函数用于为 pyppeteer 的页面对象 page 添加反反爬虫的手段。

第 12～14 行：启动 Chromium 浏览器。args 参数可以设定很多选项，这里指定了浏览器窗口的宽度、高度。

第 16 行：只要生成新的 page 对象，就应调用 antiAntiCrawler()函数为其添加反反爬虫的手段。

第 17 行：指定网页宽度、高度。

第 19 行：在登录页面中寻找账号输入框。querySelector()函数用于寻找 tag，参数是一个 selector 字符串。每个 tag 都会对应一个 selector 字符串。在浏览器中的账号输入框上单击鼠标右键，然后在弹出的菜单中选择"检查"选项，就可以在右侧的源代码窗口定位该输入框的 tag。然后在源代码窗口右击这个 tag，在弹出的菜单中选择"Copy"→"Copy selector"选项（见图 13.5.5），就可以得到其 selector 字符串，即"#email"。"#email"的含义是一个 id 属性值为 email 的 tag。

⚠ 注意：将从浏览器里面复制出来的 selector 字符串粘贴到 PyCharm 里面，可能会由于 PyCharm 自动格式调整的原因导致中间各处加上空格，比如变成"# main"，这可能就不正确了。直接粘贴在字符串的引号里面，就不会被 PyCharm 自动调整。
selector 字符串的写法比较复杂，请读者在网上搜索"CSS Selectors"自行了解。

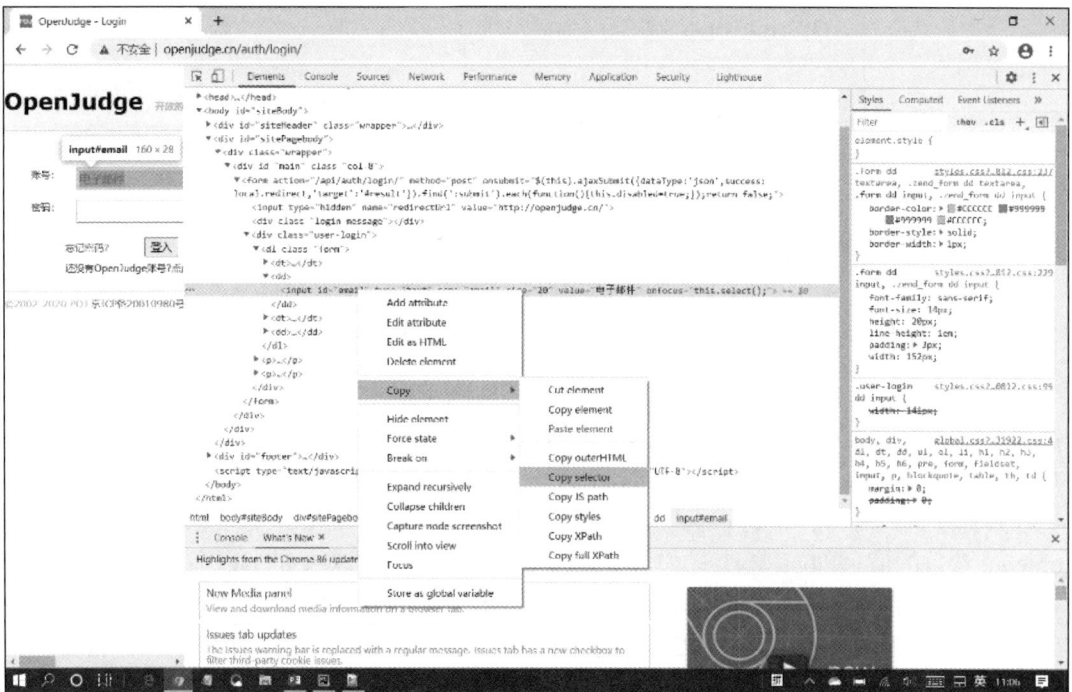

图 13.5.5　获取 tag 的 selector 字符串

第 20 行：element 就是账号输入框。type()函数可以往输入框里面输入文字。

第 23 行：用类似方法取得"登录"按钮的 selector 字符串，然后就可以在程序中找到"登录"按钮。

第 25 行：element 就是"登录"按钮。click()函数模拟用户单击该按钮。

第 19～25 行是用 pyppeteer 指挥浏览器自动登录。如果将这几行全部去掉，浏览器和本程序都会停下来，待手动输入账号、密码并单击"登录"按钮后，本程序才会继续执行。如果 OpenJudge 不友好，要求用户登录时做输入手机验证码、图形验证码或拖曳验证图形等不太容易用程序模拟的操作，则只能去掉这几行，用人工方式登录。

程序继续：

```
26.     await page.waitForSelector("#main>h2",
27.           timeout=30000)    #等待"正在进行的比赛……"标题出现
28.  element = await page.querySelector("#userMenu>li:nth-child(2)>a")
29.  #找"个人首页"链接
30.     await element.click()              #单击"个人首页"链接
31.     await page.waitForNavigation()     #等新网页载入完毕
```

第 26 行：第 25 行的 click()函数模拟"登录"按钮被单击，这导致浏览器开始进行登录操作。但是 click()函数不会等待登录操作完成后才返回，它会立即返回，这导致浏览器在进行登录操作的同时，本程序继续往下运行。然而本程序后续的部分必须在登录已经完成的情况下进行才有意义，登录尚未完成就执行，显然会导致各种错误。因此，必须让本程序在执行第 25 行后等待，直到登录操作完成才继续执行。登录操作完成的标志是浏览器载入了登录后的页面，即图 13.5.6 所示的页面。

图 13.5.6 OpenJudge 平台登录完成的页面

在该页面中，有"正在进行的比赛……"这样的文字，因此如果在 page 对象中发现了这串文字，就可以认为登录已经成功。经手动查看，发现这串文字的 selector 字符串是 "#main>h2"（代表一个 id 属性值为 main 的 tag 里面的名字是 h2 的 tag）。waitForSelector() 会导致程序进入等待，直到 page 中出现指定 selector 字符串的 tag 或者等待时间已经超过 timeout 参数的值（单位：毫秒）。如果 waitForSelector() 等来了想要的 tag，则程序正常继续，如果等待时间超过 timeout 参数的值，则会引发 RE。本行在等待 page 中出现 selector 字符串为 "#main>h2" 的 tag，即"正在进行的比赛……"这串文字。如果将第 19～25 行去掉，用人工方式登录，则应该在 30 秒内输入账号、密码并单击"登录"按钮。

第 28 行："#userMenu > li:nth-child(2)>a" 对应的 tag 名字为 "a"，它在一个名字为 "li" 的 tag 里面，而且该 tag 是一个 id 属性值为 userMenu 的 tag 的第二个子 tag。可见，在 selector 字符串里面，">" 表示 tag 间的父子关系，即包含关系。本行这个要找的 tag 就是"个人首页"链接。其实不需要理解 selector 字符串的含义，只要能取得 tag 的 selector 就可以了。

第 31 行：第 30 行单击了"个人首页"链接，因此浏览器会跳转到新的网页。waitForNavigation() 会等待新的网页载入完毕后才返回。其实本程序的第 26 行也可以使用 waitForNavigation() 函数，而不用 waitForSelector() 函数，使用 waitForSelector() 函数是为了演示其用法。有时，在浏览器中做某个操作会导致浏览器自动连续载入多个新页面，这种情况下要等待最后一个新页面的出现，就只能用 waitForSelector() 函数去等待只有在最后一个页面里才有的 tag 出现。

⚠️ 注意：和用 click() 载入新网页的情况不同，**程序中的 page.goto(url) 会等到 URL 对应网页载入完毕才返回，requests 库的 requests.get(url) 也会等到网页载入完毕才返回。**

程序继续：

```
32.        elements = await page.querySelectorAll(".result-right")
33.        #找所有"Accepted"链接，其有属性 class="result-right"
34.        page2 = await browser.newPage()                    #新建一个页面（标签）
35.        await antiAntiCrawler(page2)
36.        for element in elements[:2]:                        #只输出前两个程序
37.            obj = await element.getProperty("href")         #获取 href 属性
38.            url = await obj.jsonValue()
39.            await page2.goto(url)                           #在新页面（标签）中载入新网页
40.            element = await page2.querySelector("pre")      #查找名为 pre 的 tag
41.            obj = await element.getProperty("innerText")
42.            text = await obj.jsonValue()
```

```
43.          print(text)
44.          print("-------------------------")
45.      await browser.close()
46.  def main():
47.      url = "http://openjudge.cn/auth/login/"
48.      asyncio.get_event_loop().run_until_complete(getOjSourceCode(url))
49.  main()
```

第 32 行：".result-right"表示有 class 属性值为 result-right 的 tag。本行找所有符合这个 selector 字符串的 tag。返回值是一个元素为这些 tag 的列表。实际上就是找所有"Accepted"链接。

第 34 行：新建一个页面对象 page2，用来载入图 13.5.4 所示的源程序网页。不能用 page 来做这件事，因为 elements 是和 page 的内容相关的，如果将 page 载入新的网页，elements 里的元素就会全部失效。

第 37、38 行：element 是一个"Accepted"链接 tag，形式如下：

```
<a href="http://cxsjsxmooc.openjudge.cn/2020pyfall5/solution/25400756/"
class="result-right">Accepted</a>
```

这两行代码取得了这个链接里面的 href 属性，即提交的程序的 URL。

第 39 行：载入图 13.5.4 所示的源程序网页。

第 40、41 行：提交到 OpenJudge 平台的程序在网页中是形式为"<pre>...</pre>"的 tag 的 text。但是这里不能写 element.getProperty("text")，必须写 element.getProperty("innerText")。因为 pyppeteer 和 BeautifulSoup 在一些关于 tag 的称呼上有所不同。

如果使用 BeautifulSoup，则第 40～42 行也可以用下面两行替代：

```
soup = BeautifulSoup(await page2.content(),"html.parser")
text = soup.find("pre").text
```

本程序只爬取"个人首页"中第一页里面的前两个 Accepted 程序。读者可以尝试改写程序，使其能爬取包括后面多页的所有提交的 Accepted 程序。

特别提示：并不是一定要模拟用户在浏览器中的每一步操作。比如，用户登录成功以后，要单击某链接到达网页 A_1，再单击 A_1 中的某按钮到达网页 A_2，再单击 A_2 中的某图标到达网页 A_3，那么在爬虫程序中，如果只想访问 A_3，那么并不一定需要完整模拟上述步骤。只要知道 A_3 的 URL，登录成功之后，立即用 A_3 的 URL 载入 A_3，也是可能成功的。

13.6 如何应对反爬虫措施

有些网站有一些反爬虫设计，一旦发现短时间内的多次连续请求，就会觉得不是人在手动操作，而是爬虫在工作，从而拒绝请求。所以为了"装"得像人，可以在相邻两次请求之间加一两秒延时。获取新网页、单击按钮等操作都算是请求。加延时的函数是 time.sleep(n)，这样能让程序等待 n 秒（n 可以是小数）。要用这个函数，需要执行 import time。

13.7 习题

1. 给定一个文本文件，每行一个单词。请编写爬虫程序，到必应词典爬取这些单词的同义词和图片，将所有单词的同义词都存入一个结果文本文件，为每个单词爬取一幅图片并存为"单词.png"文件。本题在配书资源包中有详细信息和提示，如果要完成，请务必阅读。

★2. 改进本书中的 OpenJudge 爬虫，使其能够爬取所有提交的 Accepted 程序。

★3. 编写爬虫，爬取你自己的京东订单。要求程序自动输入用户名和密码进行登录。

第14章 tkinter 图形界面程序设计

让用户在命令提示符窗口以字符输入的形式进行复杂的交互是非常不友好的。因此，对于复杂一点的程序，往往需要提供图形界面。

tkinter 是 Python 自带的图形界面库。用 tkinter 实现的图形界面不够美观，对商业软件来说有些"寒酸"。但是对于小范围内使用的工具软件已经足够。tkinter 的优点是简单、易学、易上手。想要设计精美的界面，可以使用学习成本更高的 PyQt 等其他工具。

用 tkinter 进行图形界面程序设计，需要掌握控件、布局、控件值的绑定、事件响应、菜单、对话框等内容。设计图形界面程序的基本操作就是创建一个窗口，往窗口中摆放按钮、编辑框、图文标签等各种控件，然后为各种控件编写事件响应函数，这样用户做单击按钮等交互操作的时候，程序才能做出正确的反应。当然，还需要获取控件相关的值，比如编辑框里面的文字、列表框当前被选中的一项等。

使用 tkinter 需要执行 import tkinter。本书程序中写成：

```
import tkinter as tk
```

因此在本书中，不论程序中还是程序讲解中，"tk"都代表 tkinter。

本章简略介绍 tkinter 的用法。更多内容，如使用 Notebook、PanedWindow 和 TreeView 等高级控件，以及在图形界面上绘制 Matplotlib 统计图等，请参看作者开设的慕课或编写的进阶图书。

14.1 控件概述

图形界面上用于显示信息或和用户交互的元素统称为"控件"（Widget）。tkinter 中常用的控件见表 14.1.1，字体加粗的尤为常用。

表 14.1.1　tkinter 中常用的控件

控件名称	描述
Button	按钮
Canvas	画布，显示图形如线条或文本
Checkbutton	复选框（方形）
Entry	单行编辑框（输入框）
Frame	框架，其中可以摆放多个控件
Label	图文标签，显示文本和图像

控件名称	描述
LabelFrame	带文字标签的框架，其中可以摆放多个控件
Listbox	列表框
Menubutton	带菜单的按钮
Menu	菜单
Message	消息，显示多行文本
OptionMenu	带下拉菜单的按钮
Radiobutton	单选按钮（圆形）
Scale	滑块标尺，可以做一定范围内的数值选择
Scrollbar	滚动条，使内容在显示区域内上下滚动
Text	多行编辑框（输入框）
Toplevel	顶层窗口，可以用于弹出自定义对话框

表 14.1.1 中的控件称为标准 tkinter 控件。

通过 tk.控件名(参数列表)可以创建一个控件。创建控件时要用第一个参数指明控件的归属，称为"母体"。生成控件的代码如下：

```
1.  import tkinter as tk
2.  win = tk.Tk()                        #生成一个窗口 win
3.  tk.Label(win,text="提示: ")          #在窗口 win 上生成一个 Label 控件
4.  rb = tk.Radiobutton(win,text="九折")  #在窗口 win 上生成一个 Radiobutton 控件
5.  frm = tk.Frame(win)                  #在窗口 win 上生成一个 Frame 控件
6.  bt = tk.Button(frm,text="登录")       #在 frm 上生成一个 Button 控件
```

第 3 行：在窗口 win 上生成一个 Label 控件，该控件上的文字是"提示:"。该控件以 win 为母体，只能摆放在 win 上面。

第 6 行：Frame 控件可以作为摆放其他控件的母体。本行生成的 Button 控件以 frm 为母体。

tkinter 中有一个名为 ttk 的包，表 14.1.1 列出的控件 ttk 包中都有，名称和功能相同，但是样子更为美观，用法则和标准 tkinter 控件的略有不同。此外，ttk 包还包含一些标准 tkinter 控件中没有的控件，部分如表 14.1.2 所示。

表 14.1.2　ttk 包中常用的控件

控件名称	功能
Combobox	组合框，既有编辑框，又有下拉列表
LabeledScale	带文字的滑块标尺
Notebook	多页标签
PanedWindow	推拉窗控件，一个窗口分两半，可以在中间通过推拉改变两半的大小
ProgressBar	进度条
Treeview	树形列表

生成 ttk 包中控件的代码如下，注意控件名称前面是"ttk"：

```
import tkinter as tk
```

```
from tkinter import ttk
win = tk.Tk()
ttk.Label(win,text="提示：")
tree = ttk.Treeview(win)
```

程序中可以同时使用标准 tkinter 控件和 ttk 包中的控件。图 14.1.1 和图 14.1.2 所示的窗口显示了一些常用控件。

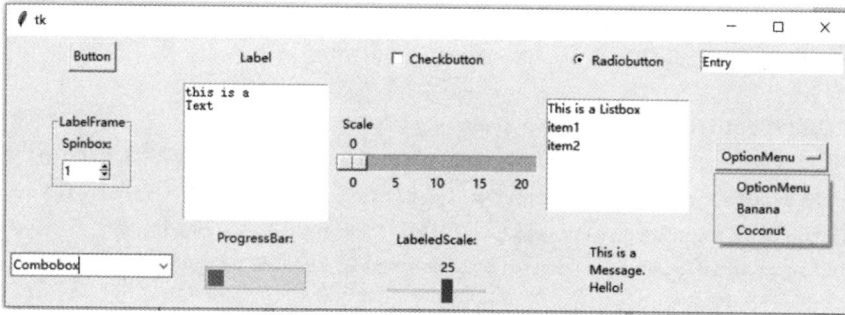

图 14.1.1　一些常用控件

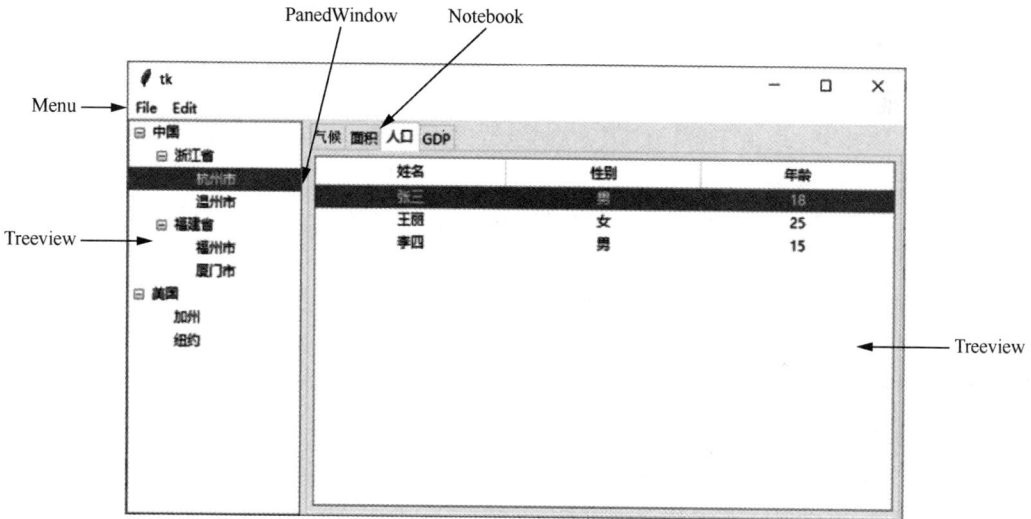

图 14.1.2　Menu、PanedWindow、Notebook 和 Treeview 控件

由于篇幅有限，不能总结各控件的属性和函数，只能在示例程序中讲述，请读者仔细阅读示例程序及其注释。

14.2　图形界面的布局

将控件摆放在母体上合适的位置，称为布局。运行下面的程序，弹出图 14.2.1 所示的窗口，窗口上有 Label、Entry、Button 这 3 种控件。注意，图中的虚线表示网格（Grid），虽然存在，但程序运行时不会显示出来。

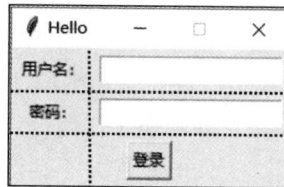

图 14.2.1　基本网格布局

网格布局基础

```
#prg1560.py
1.    import tkinter as tk
2.    win = tk.Tk()                              #创建窗口
3.    win.title("Hello")                         #指定窗口标题
4.    label1 = tk.Label(win,text="用户名: ")      #创建属于win上的图文标签控件
5.    label2 = tk.Label(win,text="密码: ")
6.    etUsername = tk.Entry(win)                 #创建属于win的单行编辑框控件,用于输入用户名
7.    etPassword = tk.Entry(win)                 #创建密码输入框
8.    label1.grid(row=0,column=0,padx=5,pady=5)
9.    #label1摆放在第0行、第0列,上、下、左、右都留白5像素
10.   label2.grid(row=1,column=0,padx=5,pady=5)
11.   etUsername.grid(row=0,column = 1,padx=5,pady=5)#用户名输入框摆放在第0行、第1列
12.   etPassword.grid(row=1,column = 1,padx=5,pady=5)#密码输入框摆放在第1行、第1列
13.   btLogin = tk.Button(win,text="登录")        #创建属于win的按钮控件
14.   btLogin.grid(row=2,column=0,columnspan=2,padx=5,pady=5)
15.   #btLogin摆放在第2行、第0列,跨2列
16.   win.mainloop()                             #显示窗口
```

第 8 行：所有控件都有 pack()、place()和 grid()这 3 个函数用于布局，用 grid()函数进行的布局称为网格布局。网格布局功能强大。使用网格布局时，窗口上会生成一个若干行、若干列的网格。此处将 label1 放置在窗口 win 上的网格中的第 0 行、第 0 列。窗口中的网格有多少行、多少列，取决于各控件用 grid()函数进行布局时用到的最大行列号。在本例中，最大行号出现在第 14 行（row=2），最大列号出现在第 11 行和第 12 行（column=1），因此网格一共有 3 行、2 列，共 6 个单元格，如图 14.2.1 中虚线所示，但实际上网格线并不可见。在默认情况下：

（1）一个单元格只能摆放一个控件，控件在单元格中居中摆放；

（2）不同控件高、宽可以不同，因此网格不同行可以不一样高，不同列也可以不一样宽，但同一行的单元格是一样高的，同一列的单元格也是一样宽的；

（3）一行的高度以该行中包含最高控件的那个单元格为准，单元格的高度等于该单元格中摆放的控件的高度加上控件的上、下留白高度，列宽度也是类似的处理方式；

（4）若不指定窗口的大小和显示位置，则窗口大小和网格大小一样，即恰好能包裹所有控件，显示位置则由 Python 自行决定。

第 8 行中 padx=5 表示控件外部左、右各留白 5 像素，pady=5 表示控件外部上、下各留白 5 像素。有了留白，一个控件就不会和其他控件或窗口边缘靠得太近，从而影响美观。

第 14 行：将 btLogin 摆放在第 2 行、第 0 列。columnspan=2 指明它要跨 2 列。因此 btLogin 实际上会占据第 2 行、第 0 列和第 2 行、第 1 列，并且居中摆放。如果需要，还可以用 rowspan 参数指定控件占多少行。

第 16 行：只有调用 win.mainloop()，窗口才会显示出来并等待用户交互。如果没有这一行，程序创建窗口、完成控件布局后就立即结束。

若指定了窗口大小，窗口太小则控件显示不全；窗口太大则右边或下边会多出来空白，这些空白不属于网格，即不属于任何行、列。如果允许用户拖曳窗口边框改变窗口大小，那么当窗口变大时，上面的控件并不会改变位置和大小。如果不希望用户改变窗口大小，可以加上以下代码：

```
win.resizable(False, False)     #禁止通过拖曳窗口边框改变窗口大小
```

如果想让窗口在屏幕中居中显示,可以编写下面的 centerWin()函数,调用 centerWin(win)就能让窗口 win 居中显示:

```
#prg1570.py
1.   def centerWin(win):   #win 是一个窗口对象
2.       win.update() #刷新窗口数据。不调用则后面获取的窗口宽、高等数据可能不是最新的
3.       sw,sh=win.winfo_screenwidth(),win.winfo_screenheight() #获取屏幕宽、高
4.       rw, rh = win.winfo_width(), win.winfo_height()
5.       #获取窗口宽、高,使用前应调用 update()
6.       win.geometry("+%d+%d"%((sw-rw)/2,(sh-rh)/2)) #指定窗口的大小和显示位置
```

第 6 行:geometry()函数用于指定窗口的大小和显示位置。其参数是一个字符串,下面是其 3 种形式样例及含义:

```
"800x500"           #中间是字母 x,窗口宽 800 像素、高 500 像素
"+200+100"          #窗口左上角屏幕坐标为(200,100),即水平方向距离屏幕左边界 200
                    #像素,垂直方向距离屏幕上边界 100 像素
"800x500+200+100"   #窗口宽 800 像素、高 500 像素,左上角在屏幕坐标(200,100)处
```

prg1560.py 中如果加上 win.geometry("500x200")来指定窗口宽度和高度,则窗口显示如图 14.2.2 所示。

此时网格只覆盖了一小部分窗口,窗口右边和下边有大量不属于网格的空白。可以做到不让控件都堆积在窗口左上角,而将它们均匀地分布在窗口中,使得显示效果如图 14.2.3 所示。

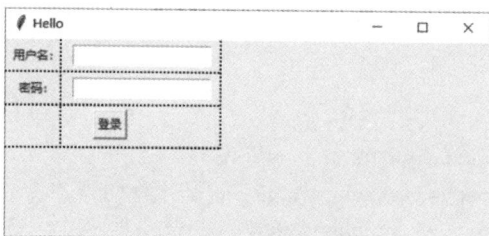

图 14.2.2 网格固定的布局

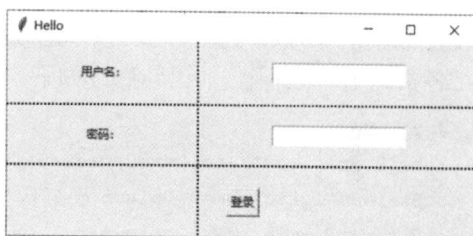

图 14.2.3 网格自动伸缩的布局

图 14.2.3 所示的网格覆盖整个窗口,各控件在其所属的单元格中居中显示。注意,"登录"按钮是跨 2 个单元格的,它在 2 个单元格中居中显示。

即便用户拖曳窗口边框改变窗口大小,这些控件也能自动调整位置和大小,保持均匀分布。

在 prg1560.py 中最后的 win.mainloop()前加入下面几行代码,就可以得到上述的效果:

```
#prg1580.py
win.geometry("500x200")
win.columnconfigure(0,weight = 1)     #指定第 0 列增量分配权重为 1
win.columnconfigure(1,weight = 1)
win.rowconfigure(0,weight = 1)        #指定第 0 行增量分配权重为 1
win.rowconfigure(1,weight = 1)
win.rowconfigure(2,weight = 1)
```

母体（可以是窗口或 Frame 等控件）上的网格中的每行、每列都有一个 weight 属性，表示"增量分配权重"，默认值是 0。一个网格中 weight 值不为 0 的行（列），在母体大小发生变化时，高度（宽度）也会增减，母体高度（宽度）的增减总量会按照行（列）的 weight 相对大小按比例进行分配。例如一个窗口上的网格有 4 行，从上到下 weight 值分别为 0、1、2、3，则窗口因为用户拖曳窗口边框而使得高度增加 H 时，网格中第 0 行高度不变，第 1 行高度增加 $H/6$，第 2 行高度增加 $H/3$，第 3 行高度增加 $H/2$。H 可以是负数。

行列增量分配权重

如果创建窗口时指定了高度和宽度，则比网格多出来的高度（宽度）也会根据 weight 按比例分配给各行（列），这样就不会出现所有控件缩在窗口左上角，窗口右边和下边有大片空白的情况。

如果希望控件在单元格中不居中，而是靠左、靠右、靠上、靠下，或同时靠左且靠右，即水平方向占满整个单元格，或者垂直方向占满整个单元格，则需要在调用控件的 grid() 函数进行布局时使用 sticky 参数。sticky 参数非常重要，它指明控件在单元格中的"贴边方式"，即是否要贴着单元格的 4 条边。该参数可以是一个字符串，包含 E、W、S、N 这 4 个字符中的一个或多个。这 4 个字符分别代表东、西、南、北，即右、左、下、上。sticky 参数若为"N"，则说明控件要贴着单元格的上边；若为"E"，则说明控件要贴着单元格的右边，以此类推。如果不给出 sticky 参数，则控件在单元格中居中显示。

sticky 参数

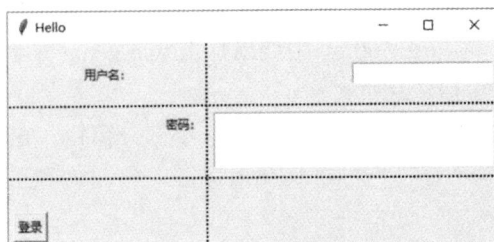
图 14.2.4　指定 sticky 参数的布局

通过修改 prg1560.py 中各控件调用 grid() 函数时的语句，可以得到图 14.2.4 所示的效果。

各条调用 grid() 函数的语句修改如下：

```
#prg1590.py
label2.grid(row=1,column=0,padx=5,pady=5,sticky="NE")      #密码标签靠右上角
etUsername.grid(row=0,column = 1,padx=5,pady=5,sticky="E")    #用户名输入框靠右
etPassword.grid(row=1,column = 1,padx=5,pady=5,sticky="EWSN")#密码输入框占满单元格
btLogin.grid(row=2,column=0,columnspan=2,padx=5,pady=5,sticky="SW")  #登录按钮靠左下
```

有时窗口中控件比较多，控件大小差别较大且摆放无规律，那么要准确计算每个控件的行列号和跨距是比较困难的。这种情况下，可以使用 Frame 控件。一个 Frame 就是一个可以在上面摆放控件的框架。可以在窗口合适位置摆放几个 Frame，然后在 Frame 内部摆放控件，这样每个 Frame 都可以有一个互不影响的网格。用 grid() 函数在一个 Frame 内部摆放控件时，计算行列号和跨距就只需要处理好和同一个 Frame 内部的其他控件的相对位置即可，这容易很多。在 14.4 节中会演示 Frame 的用法。

控件属性和事件响应概述

14.3　为控件绑定状态变量和事件响应函数

大部分控件在创建的时候，可以为其绑定一个 tkinter 变量，这样控件的属性发生变化，tkinter 变量的值就会改变；tkinter 变量的值改变，控件的

属性也会发生变化。控件的属性指的是单选按钮是否被选中、编辑框里面的文字是什么、列表框当前被选中的是哪一项等。tkinter 变量是用 tk.IntVar()、tk.StringVar()、tk.BooleanVar() 等函数创建的对象，要获取 tkinter 变量的值，需要调用其 get()函数；要设置 tkinter 变量的值，需要调用其 set()函数。

一些控件在创建的时候，可以为其指定一个特定事件的响应函数。用户对控件的操作通常会导致控件上产生特定事件，当该特定事件发生的时候，事件响应函数就会被调用。应将对用户操作做出反应的代码写在事件响应函数中。

对 Button 控件来说，这个特定事件就是单击按钮。但是，一个控件可以响应多个事件，这就需要用控件的 bind()方法来绑定某个事件，以及响应该事件的函数。这些事件的名称是特定的字符串。表 14.3.1 列出了一些常用的鼠标事件。

表 14.3.1　常用的鼠标事件

鼠标事件名称	发生的时刻
\<Button-1\>	单击鼠标左键（按下但马上又松开叫单击）
\<ButtonPress-1\>	按下鼠标左键
\<ButtonRelease-1\>	松开鼠标左键
\<Double-Button-1\>	双击鼠标左键
\<Motion\>	移动鼠标指针
\<MouseWheel\>	滚动鼠标滚轮
\<Enter\>	鼠标指针进入控件的那一瞬间，可以响应此事件使得鼠标指针进入控件时让控件改变外观
\<Leave\>	鼠标指针离开控件的那一瞬间，可以响应此事件使得鼠标指针离开控件时让控件恢复原样

数字 1 表示鼠标左键，数字 2 表示鼠标滚轮，数字 3 表示鼠标右键。比如，"\<Button-3\>"表示单击鼠标右键。假设 x 是某个控件，绑定事件和事件响应函数的写法样例如下：

```
x.bind("<Button-1>",someFunction)
```

如果用鼠标左键单击 x，就会导致 someFunction() 被调用。someFunction()是一个单参数函数。bind 绑定的事件响应函数必须是单参数函数，当然也可以是单参数 lambda 表达式。事件响应函数被调用时，该参数内部会包含一些和事件相关的信息，比如事件发生在哪个控件上，以及事件发生时鼠标指针的位置等。

运行下面的程序，弹出的界面以及各控件在程序中的名字如图 14.3.1 所示。

图 14.3.1　控件属性和事件响应示例

输入用户名和密码，单击"登录"按钮。如果用户名和密码正确，lbHint 的文字变为"登录成功"；如果用户名或密码错误，lbHint 的文字则变为红色的"用户名或密码错误，请重新输入!"，并且清空两个输入框内容。如果选中"显示密码"复选框，则密码输入框中会显示密码，否则只会显示若干个 "*"。单击"退出"按钮，则结束程序。

这个程序还有几个有趣的功能。用鼠标左键单击"用户名:"，"请登录"就会变成红色；用鼠标左键单击"密码:"，"请登录"就会变成蓝色；用鼠标右键单击"请登录"，它会恢复成黑色。将鼠标指针移到"登录"按钮上

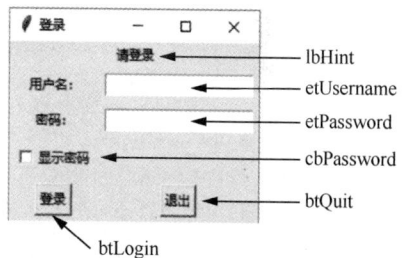

控件属性和事件响应例程

时，按钮上的字变成红色；将鼠标指针移出去，按钮上的字恢复成黑色。这些功能用来展示如何用控件的 bind() 方法来进行事件响应。

程序如下：

```python
#prg1600.py
1.  import tkinter as tk
2.  def btLogin_click():    # "登录"按钮的事件响应函数，单击该按钮时会被调用
3.      if username.get()== "pku" and password.get()== "123":#用户名和密码正确
4.          lbHint["text"] = "登录成功!"   #修改 lbHint 的文字
5.          lbHint["fg"] = "black"  #文字变成黑色, "fg"表示前景色, "bg"表示背景色
6.      else:
7.          username.set("")         #将用户名输入框内容清空
8.          password.set("")         #将密码输入框内容清空
9.          lbHint["fg"] = "red"     #文字变成红色
10.         lbHint["text"] =  "用户名或密码错误，请重新输入!"
11. def cbPassword_click():              # "显示密码"复选框的事件响应函数，选中该复选框时会被调用
12.     if showPassword.get(): #showPassword 是和 cbPassword 绑定的 tkinter 布尔型变量
13.         etPassword["show"] = ""      #使得密码输入框能正常显示密码。Entry 有 show 属性
14.     else:
15.         etPassword["show"] = "*"     #使得密码输入框只显示"*"字符
16. win = tk.Tk()
17. win.title("登录")
18. username,password = tk.StringVar(),tk.StringVar()
19. #两个字符串变量，分别用于关联用户名输入框和密码输入框
20. showPassword = tk.BooleanVar() #用于关联"显示密码"复选框
21. showPassword.set(False)   #使 cbPassowrd 一开始是未选中状态
22. lbHint = tk.Label(win,text = "请登录")
23. lbHint.grid(row=0,column=0,columnspan=2)
24. lbUsername = tk.Label(win,text="用户名: ")
25. lbUsername.grid(row=1,column=0,padx=5,pady=5)
26. lbPassword = tk.Label(win,text="密码: ")
27. lbPassword.grid(row=2,column=0,padx=5,pady=5)
28. etUsername = tk.Entry(win,textvariable = username)
29. #输入框 etUsername 和变量 username 关联
30. etUsername.grid(row=1,column = 1,padx=5,pady=5)
31. etPassword = tk.Entry(win,textvariable = password,show="*")
32. #Entry 的属性 show="*"表示不论内容是什么，该输入框只显示"*"字符，为""则正常显示
33. etPassword.grid(row=2,column = 1,padx=5,pady=5)
34. cbPassword = tk.Checkbutton(win,text="显示密码",
35.                     variable=showPassword,command=cbPassword_click)
36. #cbPassword 关联变量 showPassword，其事件响应函数是 cbPassword_click(),
37. #即它被选中时，会调用 cbPassword_click()
38. cbPassword.grid(row=3,column = 0,padx=5,pady=5)
39. btLogin = tk.Button(win,text="登录",command=btLogin_click)
40. #单击 btLogin 会调用 btLogin_click()
41. btLogin.grid(row=4,column=0,pady=5)
42. btQuit = tk.Button(win,text="退出",command=win.quit)
43. #单击 btQuit 会调用 win.quit(), win.quit()导致窗口关闭，于是整个程序结束
44. btQuit.grid(row=4,column=1,pady=5)
```

```
45.    def mouse_click(event):   #单击 lbHint、lbUsername、lbPassword 都会执行此行
46.        if event.widget == lbUsername:   #event.widget 是发生事件的控件
47.            lbHint["fg"] = "red"
48.        elif event.widget == lbPassword:
49.            lbHint["fg"] = "blue"
50.        elif event.widget == lbHint:
51.            lbHint["fg"] = "black"
52.    lbHint.bind("<Button-1>",mouse_click)          #绑定单击鼠标左键事件
53.    lbUsername.bind("<Button-1>",mouse_click)
54.    lbPassword.bind("<Button-3>",mouse_click)      #绑定单击鼠标右键事件
55.    def enterButton(event):
56.        btLogin["fg"] = "red"
57.    def leaveButton(event):
58.        btLogin["fg"] = "black"
59.    btLogin.bind("<Enter>",enterButton)  #鼠标指针进入 btLogin 就执行 enterButton()
60.    btLogin.bind("<Leave>",leaveButton)  #鼠标指针离开 btLogin 就执行 leaveButton()
61.    win.mainloop()
```

第 2 行和第 39 行：许多控件在创建时可以用 command 参数来指明事件响应函数，如第 39 行指明按钮 btLogin 的事件响应函数是第 2 行的 btLogin_click()，即该按钮被单击时，btLogin_click()就会被调用。注意，这里 command 参数的写法是"command=函数名"，而不是"command=函数名()"，后者会导致函数被调用，且用函数的返回值给 command 赋值，那么除非函数的返回值也是一个函数，结果肯定会出错。一般来说，command 参数代表的事件响应函数都是无参数函数，也可以是无参数 lambda 表达式。比如可以写：

```
command = lambda:print("hello")
```

则 btLogin 被单击时，就会输出"hello"，不过不是在图形界面中输出。本书前面所有程序的 print()函数在哪里输出，此处也在哪里输出。

第 3 行、第 18 行和第 28 行：第 3 行中的 username 是在第 18 行定义的一个字符串变量。username.get()即返回其值。第 28 行在创建 etUsername 时，参数 textvariable=username 使得 username 和 etUsername 绑定，etUsername 的 text 属性，即输入框中的文字，就存放在 username 中。password 的情况类似。

第 4 行：控件有类似于字典的用法。比如，lbHint["text"]就表示其 text 属性。Label 的 text 属性就是其中显示的文字。想要知道控件有哪些属性，可以调用其 keys()函数，例如 print(lbHint.keys())可以输出 lbHint 的属性名称列表，一部分如下：

```
[...,'background', 'bd', 'bg', 'bitmap',...,'fg', 'font',..., 'image',..., 'text',
'textvariable',...]
```

欲使用一个控件,却不清楚它有哪些属性可用,就可以用这种办法查看。控件没有 items() 函数，这一点和字典不同。

用 dir()函数可以查看控件有哪些方法，比如 dir(tk.Label)。

第 7 行：username 和 etUsername 绑定，所以 username 的文字变了，etUsername 的文字也跟着变。

第 11 行：cbPassword_click()函数在第 34、35 行创建 cbPassword 时被指定为事件响应函数。cbPassword 被点击时，先改变状态（是否选中），然后才调用事件响应函数。

第 12 行：如果 cbPassword 被选中，则 showPassword 的值为 True，否则为 False。

第 21 行：由于 showPassword 是和 cbPassword 绑定的，因此 showPassword 初始值为 False，导致 cbPassword 一开始是未选中状态。

本程序的两个按钮没有居中显示，不太协调。改进办法是用一个 Frame 占满网格第 4 行，然后将两个按钮摆放在该 Frame 上。

14.4 综合示例——Python 火锅店点菜系统

下面的程序实现 Python 火锅店点菜系统，4 行 4 列的网格和大部分控件名称如图 14.4.1 所示。

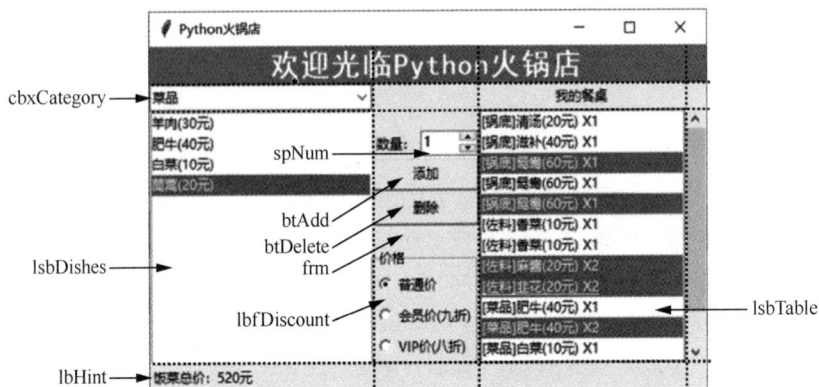

图 14.4.1　Python 火锅店点菜系统

cbxCategory 是一个组合框（Combobox），可以下拉出 "锅底" "佐料" "菜品" 3 个选项，选择不同选项，lsbDishes 列表框（Listbox）就会列出不同菜单。在 lsbDishes 列表框中选中一项后，可以用 spNum 数值选择框（Spinbox）控件指定数量，然后单击 "添加" 按钮 btAdd，将选中的项目加进列表框 lsbTable。单击 "删除" 按钮 btDelete，可以将 lsbTable 中选中的项目删除。lbfDiscount 是一个 LabelFrame 控件，性质和 Frame 控件的一样，只是可以带文字和边框（文字是 "价格"）。lbfDiscount 里有一个 3 行 1 列的网格，每行各放一个单选按钮（Radiobutton），表示折扣。根据折扣不同，在 lbHint 显示 "饭菜总价"。frm 是一个 Frame 控件，占据窗口第 2 行、第 1 列整个单元格，spNum、btAdd、lbfDiscount 等控件都以它为母体。frm 内部有一个 4 行 2 列的网格。

用户可以拖曳窗口边框改变窗口大小。如果窗口变大，lsbDishes 和 lsbTable 会同比例变宽、变高，cbxCategory 会变宽，frm 宽度不变但高度增加，lbfDiscount 依然贴在 frm 底部，如图 14.4.2 所示。

程序如下：

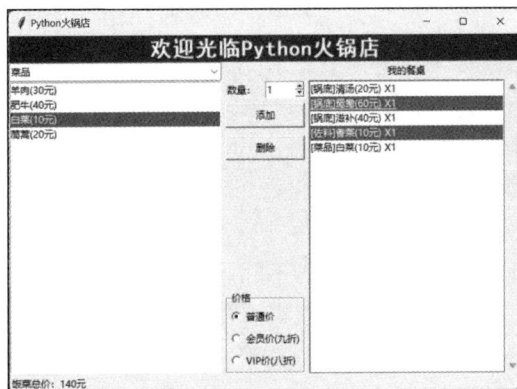

图 14.4.2　窗口扩大的 Python 火锅店点菜系统

```
#prg1610.py
```

```
1.   import tkinter as tk
2.   from tkinter import ttk          #ttk 包中有更多控件
3.   gWin = None                      #gWin 是窗口对象
4.   gDishes = ( ("清汤(20元)","滋补(40元)","鸳鸯(60元)"),   #锅底
5.              ("香菜(10元)","麻酱(20元)","韭花(20元)"),   #佐料
6.              ("羊肉(30元)","肥牛(40元)","白菜(10元)","茼蒿(20元)"))  #菜品
7.   def addToListbox(listbox,lst):
8.       for x in lst:
9.           listbox.insert(tk.END,x)  #将 x 添加到列表框尾部
10.  def doDiscount():
11.      gWin.discount = [1,0.9,0.8][gWin.custom.get()]
12.      gWin.lbHint["text"] = "饭菜总价: " + \
13.              str(int(gWin.totalCost*gWin.discount)) + "元"
14.      gWin.lbHint["fg"] = "black"
15.  def categoryChanged(event):
16.      #cbxCategory 选项变化时被调用，令 lsbDishes 载入不同点菜单
17.      gWin.lsbDishes.delete(0,tk.END)  #删除全部内容。delete(x,y)可以删除第 x 项到第 y 项
18.      idx = gWin.cbxCategory.current()  #gWin.cbxCategory 当前选中的是第 idx 项
19.      addToListbox(gWin.lsbDishes,gDishes[idx])  #载入相应点菜单
20.      gWin.lsbDishes.select_set(0, 0)  #select_set(x,y)可以选中第 x 项到第 y 项（包括 y）
```

第 3、4 行：gWin 和 gDishes 都是全局变量，被各函数共享。gWin 是一个窗口对象，Python 允许随时为该对象添加属性，所以为了方便，本程序将几乎所有被各函数所共享的变量，如表示饭菜总价的 totalCost、表示折扣的 discount，以及各个控件，如组合框 cbxCategory、列表框 lsbDishes、图文标签 lbHint 等，都添加为 gWin 的属性。

第 10 行：用户选中"普通价""会员价(九折)""VIP 价(八折)"这几个 Radiobutton 时都会调用 doDiscount()函数重新计算饭菜总价。

第 11 行：gWin.custom 是在第 102 行定义的变量，它和表示价格折扣的 3 个 Radiobutton 相关联，取值为 0、1 或 2，取决于哪个 Radiobutton 被选中。

程序继续：

```
21.  def btAdd_click():    # "添加"按钮的事件响应函数
22.      sel = gWin.lsbDishes.curselection()  #sel 是包含被选中项索引的元组，形如(0,2,3)
23.      if sel == ():    #如果没有任何一项被选中
24.          gWin.lbHint["text"] = "您还没有选中要添加的菜"
25.          gWin.lbHint["fg"] = "red"
26.      else:
27.          dish = gWin.lsbDishes.get(sel[0])
28.          price,num = int(dish[3:5]),gWin.dishNum.get()
29.          gWin.lsbTable.insert(tk.END,    #插入列表框尾部
30.                      "["+gWin.category.get()+"]"+dish+" X"+num)
31.          gWin.totalCost += price * int(num)
32.          gWin.lbHint["text"] = "饭菜总价: " + \
33.                      str(int(gWin.totalCost*gWin.discount)) + "元"
34.          gWin.lbHint["fg"] = "black"
35.  def btDelete_click():  # "删除"按钮的事件响应函数
36.      sel = gWin.lsbTable.curselection()
37.      if sel == ():
```

```
38.              gWin.lbHint["text"] = "您还没有选中要删除的菜"
39.              gWin.lbHint["fg"] = "red"
40.          else:
41.              for i in sel:
42.                  dish = gWin.lsbTable.get(i)
43.                                  #取lsbTable的第i项，结果是字符串
44.                  price = int(dish[7:9])
45.                  price *= int(dish[dish.index("X")+1:])
46.                  gWin.totalCost -= price
47.              gWin.lbHint["text"] = "饭菜总价: " +  \
48.                              str(int(gWin.totalCost*gWin.discount)) + "元"
49.              gWin.lbHint["fg"] = "black"
50.              for i in sel[::-1]:
51.                  gWin.lsbTable.delete(i)
```

第 27 行：因为 lsbDishes 在后面被设置成只能选中一项，所以 sel 这个元组里面最多只有一个元素，sel[0]就是唯一的被选中项。

程序继续：

```
52. def main():
53.     global gWin
54.     gWin = tk.Tk()
55.     gWin.title("Python 火锅店")
56.     gWin.geometry("520x300")
57.     gWin.totalCost, gWin.discount = 0, 1   #饭菜总价和折扣
58.     lb = tk.Label(gWin,text="欢迎光临 Python 火锅店",bg="red",fg="white",
59.                     font=('黑体', 20,'bold'))  #背景颜色为红色, 文字颜色为白色, 字号为20
60.     lb.grid(row=0,column=0,columnspan=4,sticky="EW")
61.     gWin.category = tk.StringVar()  #对应组合框 gWin.cbxCategory 为收起状态时显示的文字
62.     gWin.cbxCategory =   ttk.Combobox(gWin,textvariable=gWin.category)
63.     gWin.cbxCategory["values"] = ("锅底", "佐料", "菜品")  #下拉时显示的选项
64.     gWin.cbxCategory["state"] = "readonly"   #将 cbxCategory 设置为不可输入, 只能选择
65.     gWin.cbxCategory.current(0)                  #选中第 0 项
66.     gWin.cbxCategory.grid(row=1,column=0,sticky="EW")
67.     gWin.lsbDishes = tk.Listbox(gWin,selectmode=tk.SINGLE,exportselection=False)
68.     #exportselection=False 使得列表框即使失去输入焦点也能保持选中项
```

第 62 行：组合框 Combobox 包含一个编辑框和下拉列表。编辑框里面可以输入文字，编辑框里的文字和组合框绑定的变量（在本行就是 gWin.category）是一致的。

第 64 行：本行将 cbxCategory 设置成不可输入，只能选择，所以 cbxCategory 中就没有了编辑框，其收起状态时显示的文字就是变量 gWin.category 的值。

许多控件都有 state 属性。state 属性常用于使控件失效，比如，如果 bt 是一个 Button 控件，让其变成不可单击，可以写 bt["state"] = tk.DISABLED；让其恢复正常，可以写 bt["state"] = tk.NORMAL。

第 67 行：selectmode=tk.SINGLE 指明 lsbDishes 同一时刻只能有一项被选中。创建列表框时一般都要加上 exportselection=False。

程序继续：

```
69.    gWin.lsbDishes.bind("<Double-Button-1>", lambda e:btAdd_click())
70.    gWin.lsbDishes.bind("<<ListboxSelect>>", lambda e:gWin.dishNum.set("1"))
71.    addToListbox(gWin.lsbDishes,gDishes[0]) #载入锅底菜单
72.    gWin.lsbDishes.select_set(0,0) #select_set(x,y)可以选中第x项到第y项(包括y)
73.    gWin.lsbDishes.grid(row=2,column=0,sticky="EWNS")
74.    gWin.cbxCategory.bind("<<ComboboxSelected>>",categoryChanged)
75.    #当组合框下拉后有选项被选中时，会发生ComboboxSelected事件
76.    #此处指定该事件发生时，会调用gWin.categoryChanged()函数
77.    gWin.lsbTable = tk.Listbox(gWin,selectmode=tk.EXTENDED,exportselection=False)
78.    gWin.lsbTable.grid(row=2,column=2,sticky="EWNS")
79.    tk.Label(gWin,text="我的餐桌").grid(row=1,column=2)
80.    gWin.lbHint = tk.Label(gWin,text="饭菜总价: 0 元")
81.    gWin.lbHint.grid(row = 3,column=0,columnspan=3,sticky="W")
82.    scrollbar = tk.Scrollbar(gWin,width=20, orient="vertical",
83.        command=gWin.lsbTable.yview) #宽度为20像素，方向垂直
84.    gWin.lsbTable.configure(yscrollcommand=scrollbar.set)
85.    #绑定lsbTable和scrollbar
86.    scrollbar.grid(row=2,column=3,sticky="NS")
87.    frm = tk.Frame(gWin)
88.    frm.grid(row=2, column=1, sticky="NS")
89.    frm.rowconfigure(3, weight=1)
90.    tk.Label(frm,text="数量: ").grid(row=0,column=0) #摆放在frm的网格的第0行、第0列
91.    gWin.dishNum = tk.StringVar(value="1")
92.    gWin.spNum = tk.Spinbox(frm,width=5,from_=1,to=1000,
93.        textvariable=gWin.dishNum) #宽为5个字符，数量调节范围为1~1000
94.    gWin.spNum.grid(row=0,column=1) #摆放在frm的网格的第0行、第1列
```

第 69 行：本行为 lsbDishes 绑定双击鼠标左键的事件响应函数，该函数是一个 lambda 表达式，调用了 btAdd_click()。本行产生的效果是，双击某个选项就会调用 btAdd_click()，并将选中的选项添加到 lsbTable。实际上，双击过程中，第一次单击就会选中一个选项，并且触发 lsbDishes 上的<<ListboxSelect>>事件。

第 70 行："<<ListboxSelect>>"表示"选项被选中"事件。本行为该事件指定的响应函数将变量 gWin.dishNum 的值设置为 1。gWin.dishNum 是在第 92、93 行和 spNum 绑定的变量，代表 spNum 控件上显示的文字。因此，一旦有 lsbDishes 的选项被选中，spNum 显示的份数就自动变为 1，以免顾客点多了。

一般来说，鼠标、键盘等通用的事件用"<>"括起来，与具体控件相关的事件则用"<<>>"括起来。

第 82~84 行：滚动条不是列表框的一部分。如果希望列表框因内容太多显示不下时可以用滚动条滚动显示，则需要创建一个滚动条，并将其和列表框绑定在一起。记住这几行的固定写法即可，不必细究。

第 87、88 行：gWin 上网格的第 2 行、第 1 列摆放了 Frame 控件 frm，btAdd、btDelete 以及 spNum 等控件都是属于 frm 的。frm 上有独立的网格，btAdd、spNum 等控件就摆放在 frm 的网格上。sticky="NS"使得 frm 贴住其所在单元格的上沿和下沿，若该单元格高度

变化，frm 的高度也会变化。

第 89 行：从后面程序可以看出，frm 上的网格一共有 4 行，第 0 行摆放"数量："Label 和 spNum，第 1 行摆放 btAdd，第 2 行摆放 btDelete，第 3 行摆放 lbfDiscount。本行程序使得当 frm 高度变化时，高度增量全部给第 3 行网格。后面第 100 行指定 lbfDiscount 的 sticky="S"，因此当 gWin 高度发生变化时，lbfDiscount 始终贴着 gWin 第 2 行网格的底部。

程序继续：

```
95.       btAdd = tk.Button(frm,text="添加",command=btAdd_click)
96.       btAdd.grid(row=1,column=0,columnspan=2,sticky="EW",padx=5,pady=5)
97.       btDelete = tk.Button(frm,text="删除",command=btDelete_click)
98.       btDelete.grid(row=2,column=0,columnspan=2,sticky="EW",padx=5,pady=5)
99.       lbfDiscount = tk.LabelFrame(frm,text="价格")
100.      lbfDiscount.grid(row=3,column=0,columnspan=2,sticky="S",padx=5)
101.      #sticky="S"确保 lbfDiscount 始终贴着其所在单元格的底部
102.      gWin.custom = tk.IntVar()
103.      #如果写 gWin.custom=tk.IntVar(value=0)就可以不用写下一行
104.      gWin.custom.set(0)
105.      rb = tk.Radiobutton(lbfDiscount,text="普通价",value=0,
106.          variable=gWin.custom,command=doDiscount)
107.      rb.grid(row=0,column=0,sticky="W")
108.      rb = tk.Radiobutton(lbfDiscount,text="会员价(九折)",
109.              value=1,variable=gWin.custom,command=doDiscount)
110.      rb.grid(row=1,column=0,sticky="W")
111.      rb = tk.Radiobutton(lbfDiscount,text="VIP 价(八折)",
112.      value=2,variable=gWin.custom,command=doDiscount)
113.      rb.grid(row=2,column=0,sticky="W")
114.      gWin.columnconfigure(0,weight = 1)
115.      gWin.columnconfigure(2,weight = 1)
116.      gWin.rowconfigure(2,weight = 1)        #只有第 2 行的高度会自动变化
117.      gWin.mainloop()
118.
119. main()
```

如果几个 Radiobutton 绑定同一个变量，则这几个 Radiobutton 只能有一个被选中。绑定不同变量的 Radiobutton 则互相无关，可以都被选中。如第 105 ~ 106 行、第 108 ~ 109 行、第 111 ~ 112 行所示，本程序中的 3 个 Radiobutton 都绑定变量 gWin.custom，因此只能选中一个。生成一个 Radiobutton 时，指定 value 参数的值为 n，则该 Radiobutton 被选中时，其绑定的变量的值就是 n。反之，设定绑定变量的值，即选中相应的 Radiobutton。

★14.5 菜单

下面的程序演示了菜单的用法。请运行它，再对照程序学习。程序运行结果如图 14.5.1 所示。窗口中有一个菜单栏，里面包含 File 和 Edit 两个菜单。单击某个菜单项，在窗口中间的 Label 上就会显示该菜单项的文字，比如单击"Copy"菜单项，就会显示"Copy"。选中"Big Font"，窗口中间 Label 的字体就会变大、变粗；不选中它，Label 的字体就会变小。

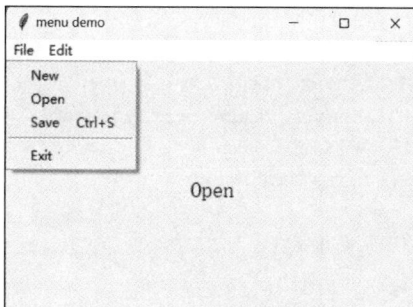

（a）单击"Open"菜单项　　　　　　　　　（b）选中"Big Font"

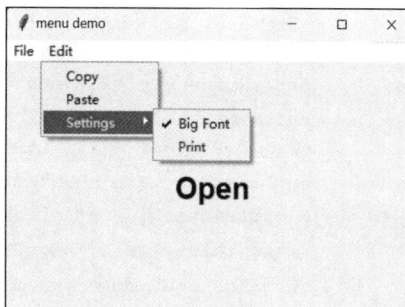

图 14.5.1　菜单示例程序运行结果

```
#prg1650.py
1.  import tkinter as tk
2.  gWin = None          #窗口
3.  def menuCmd(title):
4.          def cmd(): #闭包
5.                  gWin.msgLabel["text"] = title
6.          return cmd
7.  def muSave_click(): # "Save" 菜单项被单击时执行
8.          gWin.msgLabel["text"] = "Save"
9.  def muBigFont_click(): # "Big Font" 被单击时执行
10.         if gWin.isBigFont.get() == 1:
11.         #isBigFont是记录"Big Font"是否被单击的tk变量
12.                 gWin.msgLabel["font"] = ('Arial', 20,'bold')
13.         else:
14.                 gWin.msgLabel["font"] = (8)
15. def main():
16.         global gWin
17.         gWin = tk.Tk()
18.         gWin.geometry("500x200")
19.         gWin.title("menu demo")
20.         gWin.menubar = tk.Menu(gWin)     #生成菜单栏
21.         gWin.fileMenu = tk.Menu(gWin.menubar, tearoff=0)
22.     #生成"File"菜单，tearoff=0 表示去掉菜单顶端横线
23.         gWin.menubar.add_cascade(label='File', menu=gWin.fileMenu)
24.     #将"File"菜单添加到菜单栏
25.         gWin.fileMenu.add_command(label='New',
26.                 command=menuCmd("New")) #为"File"菜单添加一个菜单项
27.         gWin.fileMenu.add_command(label='Open',
28.                 command=menuCmd("Open"))
29.         gWin.fileMenu.add_command(label='Save',
30.                 command= muSave_click,
31.                 accelerator="Ctrl+S") #菜单项上显示快捷键是"Ctrl+S"
32.         gWin.fileMenu.add_separator()     #加分割线
33.         gWin.fileMenu.add_command(label='Exit', command=gWin.quit)
34.         editMenu = tk.Menu(gWin.menubar, tearoff=0)
35.         gWin.menubar.add_cascade(label='Edit', menu=editMenu)
36.         editMenu.add_command(label='Copy',
37.                 command=menuCmd("Copy"))
```

```
38.            editMenu.add_command(label='Paste',
39.                 command=menuCmd("Paste"))
40.            settingsMenu = tk.Menu(editMenu,tearoff=0)
41.            editMenu.add_cascade(label='Settings', menu=settingsMenu)
42.            gWin.isBigFont = tk.IntVar()
43.            settingsMenu.add_checkbutton(label="Big Font",
44.               command=muBigFont_click,
45.               variable = gWin.isBigFont) #此菜单项有选中和不选中两种状态
46.            settingsMenu.add_command(label="Print",
47.                 command=menuCmd("Print"))
48.            gWin.config(menu=gWin.menubar) #将菜单栏menubar添加到窗口
49.            gWin.msgLabel = tk.Label(gWin,text="Menu Demo",font=(8))
50.            gWin.msgLabel.grid(row=0, column=0,sticky="NWSE")
51.            gWin.rowconfigure(0,weight=1)
52.            gWin.columnconfigure(0, weight=1)
53.            gWin.bind_all("<Control-s>", lambda event:muSave_click())
54.            gWin.mainloop()
55. main()
```

第 25、26 行：往 fileMenu（"File"菜单）中添加菜单项"New"。往菜单中添加菜单项的时候，要通过 command 参数指定菜单项被单击时的事件响应函数。command 参数的值可以是一个函数的名字，如第 30、33 行所示。但是在第 26 行，以及第 28、37 行等添加菜单项时，command 参数的值是一个闭包。第 26 行中，menuCmd("New") 的返回值是函数 menuCmd()内部定义的 cmd，cmd 是一个闭包（参见 5.8 节），带一个自由变量 title。调用 menuCmd()时的参数不同，menuCmd()返回的闭包中的 title 也不同。例如，由于菜单项"Open"的事件响应函数是 menuCmd("Open")，因此 "Open"菜单项被单击时，执行闭包 cmd，且该闭包中的自由变量 title 的值是字符串"Open"。

第 53 行："Save"菜单项的快捷键是 Ctrl+S，为了做到按 Ctrl+S 快捷键就相当于单击"Save"菜单项，此处为所有控件和整个窗口都绑定了"<Control-s>"键盘事件响应函数，这个函数会调用 muSave_click()函数。

★14.6 对话框

对话框是一种弹出的小窗口，可以显示提示信息，让用户选择确定还是取消，或者输入一个整数、一个字符串等简单的信息。图 14.6.1 所示是几种常见的对话框。

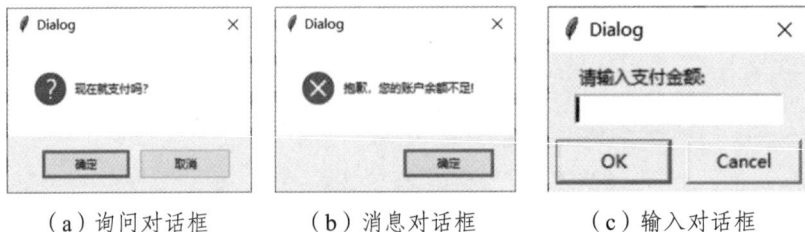

（a）询问对话框　　　（b）消息对话框　　　（c）输入对话框

图 14.6.1　几种常见的对话框

还有"打开文件"对话框，可以让用户选择文件，如图 14.6.2 所示。

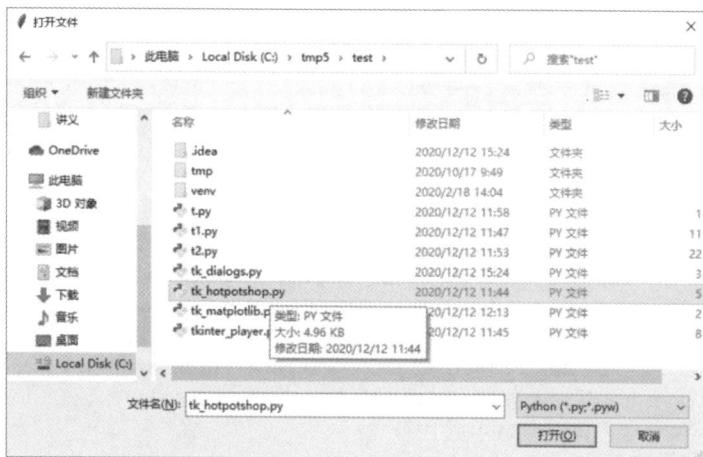

图 14.6.2 "打开文件"对话框

对话框示例程序如下。tkinter 中的 messagebox、simpledialog、filedialog 这 3 个类各有一系列对话框函数,用以生成各种对话框。对话框示例程序运行结果如图 14.6.3 所示。

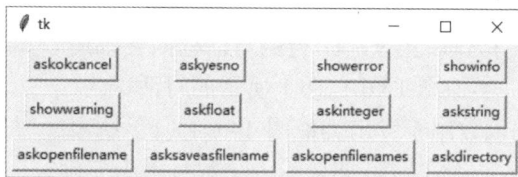

图 14.6.3 对话框示例程序运行结果

按钮的文字就是不同对话框函数的名称,单击按钮会弹出不同的对话框。

```
#prg1620.py
1.   import tkinter as tk
2.   from tkinter import messagebox
3.   from tkinter import simpledialog
4.   from tkinter import filedialog
5.   def cmd(n):
6.       def innerCmd(): #innerCmd 是一个闭包
7.           if n == 0: value = messagebox.askokcancel("Dialog", titles[n])
8.           elif n == 1: value = messagebox.askyesno("Dialog", titles[n])
9.           elif n == 2: value = messagebox.showerror("Dialog",titles[n])
10.          elif n == 3: value = messagebox.showinfo("Dialog", titles[n])
11.          elif n == 4: value = messagebox.showwarning("Dialog",titles[n])
12.          elif n == 5: value = simpledialog.askfloat("Dialog",titles[n])
13.          elif n == 6: value = simpledialog.askinteger("Dialog",titles[n])
14.          elif n == 7: value = simpledialog.askstring("Dialog", titles[n])
15.          elif n == 8: value = filedialog.askopenfilename(title='打开文件',
16.                  filetypes=[('Python', '*.py *.pyw'), ('All Files', '*')])
17.          elif n == 9: value = filedialog.asksaveasfilename(title='保存文件',
18.          initialdir='c:/tmp', initialfile='hello.py') #initialdir 是初始文件夹
19.          elif n == 10: value = filedialog.askopenfilenames(title='打开文件',
20.                  filetypes=[('Python', '*.py *.pyw'), ('text','*.txt'),
21.                                ('All Files', '*')])
```

```
22.              elif n == 11: value = filedialog.askdirectory(title='打开文件',
23.                      initialdir='c:/tmp2')
24.              print(n,value,type(value))
25.        return innerCmd
26.
27. win = tk.Tk()
28. titles = ["askokcancel", "askyesno", "showerror",
29.           "showinfo", "showwarning", "askfloat", "askinteger",
30.           "askstring", "askopenfilename", "asksaveasfilename",
31.           "askopenfilenames", "askdirectory"]
32. for i in range(12):
33.     button = tk.Button(win, text = titles[i], command=cmd(i))
34.     button.grid(row=i//4,column=i%4,padx=5,pady=5)
35. win.columnconfigure(0,weight=1)
36. win.mainloop()
```

第 7 行：askokcancel()函数用于弹出图 14.6.4 所示的对话框。

函数的第一个参数是显示在对话框标题栏的文字，第二个
参数是对话框中的文字。单击"确定"按钮，函数的返回值为
True；单击"取消"按钮，函数的返回值为 False。第 8 行的
askyesno()和 askokcancel()类似。第 9～11 行的对话框函数都用
于弹出一个消息对话框，类似图 14.6.1（b）所示的对话框。

图 14.6.4　askokcancel 对话框

第 12 行：askfloat()函数用于弹出类似图 14.6.1（c）所示
的对话框，等待用户输入一个小数。如果输入小数且单击"确定"按钮，则函数返回输入
的小数，返回值类型是 float；如果单击"取消"按钮，则返回值是 None。

第 13、14 行：askinteger()和 askstring()与 askfloat()类似。但是，如果在 askstring 对话
框中用户什么也没有输入而直接单击"确定"按钮，则函数返回空串，而不是 None；单击
"取消"按钮则返回 None。

第 15、16 行：askopenfilename()函数用于弹出图 14.6.2 所示的"打开文件"对话框，
让用户选择一个文件。filetypes 是预设的文件扩展名。如果用户选好文件并且单击"打开"
按钮，则函数返回完整路径的文件名；如果用户单击"取消"按钮，则函数返回空串。

第 17、19、22 行：filedialog 中的 asksaveasfilename()函数用于让用户选择一个文件来
保存数据。askopenfilenames()函数允许用户一次选择多个文件，返回值为由选中的文件名
构成的元组。如果单击"取消"按钮，则返回值为空串。askdirectory()函数用于让用户选
择一个文件夹。

本程序的第 7～14 行可以用下面几行替代：

```
#prg1630.py
        if n <= 4:
                func = eval("messagebox." + titles[n])
                value = func("Dialog", titles[n])
        elif n <= 7:
                func = eval("simpledialog." + titles[n])
                value = func("Dialog", titles[n])
```

因为 eval("messagebox.askyesno")的值就是函数 messagebox.askyesno。

第 18 行：不指定 initialdir 参数也不错，这样每次打开这个对话框，会记住上一次选择

文件的那个文件夹。

第 33 行：根据第 25 行，cmd(i)的返回值是 cmd()内部定义的 innerCmd。innerCmd 是一个闭包，内部有一个变量 n。i 不同，cmd(i)返回的闭包也不同，因为 cmd(i)内部的变量 n 的值等于 i。由于第 i 个按钮的事件响应函数是 cmd(i)，因此单击第 i 个按钮时，执行 innerCmd，且此时 innerCmd 内部的 n 的值是 i。

有时，一个简单的对话框不能满足交互的需要。比如下面的程序，单击"登录"按钮就会弹出对话框让用户输入用户名和密码（见图 14.6.5），此时就需要用自定义对话框。

图 14.6.5 自定义对话框

自定义对话框是一个 Toplevel 窗口，控件布局方式、事件响应方式和普通窗口的一样。若 gWin 是初始的窗口，则下面两条语句会生成一个对话框 dialog 并弹出，且对话框弹出期间 gWin 不能响应用户操作。

```
dialog = tk.Toplevel(gWin)
dialog.grab_set()            #显示对话框，并使其独占输入焦点
```

要关闭自定义对话框 dialog，只需要执行 dialog.destroy() 即可。自定义对话框示例程序如下：

```
#prg1640.py
1.   import tkinter as tk
2.   from tkinter import messagebox
3.   gDialog = gWin = None
4.   def btOk_click():
5.       username = gDialog.etUsername.get()
6.       password = gDialog.etPassword.get()
7.       gDialog.destroy() #关闭对话框
8.       messagebox.showinfo("消息","您的用户名是: " +
9.                           username + ",密码是: " + password)
10.  def passwordDialog():
11.      global gDialog
12.      gDialog = tk.Toplevel(gWin)         #创建对话框窗口
13.      gDialog.grab_set()                  #让对话框 gDialog 独占输入焦点
14.      gDialog.title("请输入用户名和密码")
15.      gDialog.resizable(False, False)
16.      label1 = tk.Label(gDialog, text="用户名: ")
17.      label2 = tk.Label(gDialog, text="密码: ")
18.      gDialog.etUsername = tk.Entry(gDialog)
19.      gDialog.etPassword = tk.Entry(gDialog)
20.      label1.grid(row=0, column=0, padx=5, pady=5)
21.      label2.grid(row=1, column=0, padx=5, pady=5)
```

```
22.         gDialog.etUsername.grid(row=0, column=1, padx=5, pady=5)
23.         gDialog.etPassword.grid(row=1, column=1, padx=5, pady=5)
24.         btOk = tk.Button(gDialog, text="确定",command = btOk_click)
25.         btOk.grid(row=2, column=0, padx=5, pady=5)
26.         btCancel = tk.Button(gDialog,text="取消",command=gDialog.destroy)
27.         btCancel.grid(row=2, column=1, padx=5, pady=5)
28.
29. gWin = tk.Tk()
30. gWin.geometry("300x300")
31. tk.Button(gWin,text="登录",command=passwordDialog).grid(row=0,column=0)
32. gWin.columnconfigure(0,weight=1)
33. gWin.rowconfigure(0,weight=1)
34. gWin.mainloop()
```

14.7 习题

为第 13 章习题 1 编写图形界面查询程序。要求可以在界面中输入单词，然后到必应词典爬取同义词、反义词和图片并显示在界面中。